荣获中国石油和化学工业优秀出版物奖·教材奖

化学工业出版社"十四五"普通高等教育规划教材

环保设备及应用

第三版

段金明　周敬宣　主　编

王琳玲　　副主编

化学工业出版社

·北京·

内容简介

《环保设备及应用》(第三版) 共 11 章,介绍了:环保设备材料、泵、风机、管道、阀门、管件及其选用;大气污染控制、污水处理、噪声控制、固体废物处理等领域若干典型设备的原理、结构、选用等;环保设备技术经济分析;环保设备自动化及 PLC 在环保中的应用;环保设备课程设计内容。书中列出了若干题目,供学生训练,培养学生的工程素质和创新能力,使课堂教学与学生动手设计保持同步。为便于教学参考和学生理解,章节后面附有思考题与习题。本书根据近年来环保设备更新变化情况,在《环保设备及应用》(第二版)基础上进行了修编,在兼顾实用性的同时尽可能准确地体现国内外环境污染治理领域的先进技术和发展趋势。

本书可作为高等院校环境工程专业的教学用书,也可作为环境工程领域从事环境工程设计、环境工程建设管理等人员的参考书。

图书在版编目(CIP)数据

环保设备及应用/段金明,周敬宣主编;王琳玲副主编. —3 版. —北京:化学工业出版社,2023.1(2024.2重印)

化学工业出版社"十四五"普通高等教育规划教材
ISBN 978-7-122-42393-1

Ⅰ.①环⋯ Ⅱ.①段⋯②周⋯③王⋯ Ⅲ.①环境保护-设备-高等学校-教材 Ⅳ.①X505

中国版本图书馆 CIP 数据核字(2022)第 194338 号

责任编辑:满悦芝　　　　　　　　　　　文字编辑:孙月蓉
责任校对:王鹏飞　　　　　　　　　　　装帧设计:张　辉

出版发行:化学工业出版社(北京市东城区青年湖南街 13 号　邮政编码 100011)
印　　装:大厂聚鑫印刷有限责任公司
787mm×1092mm　1/16　印张 18　字数 441 千字　　2024 年 2 月北京第 3 版第 2 次印刷

购书咨询:010-64518888　　　　　　　　售后服务:010-64518899
网　　址:http://www.cip.com.cn
凡购买本书,如有缺损质量问题,本社销售中心负责调换。

定　　价:58.00 元　　　　　　　　　　　　　版权所有　违者必究

前　言

党的二十大报告指出，深入推进环境污染防治。环保设备是环保技术的重要载体，是环境保护的重要物质基础，是环保产业的核心内容。当今，环保产业蓬勃兴起，需要大量环保设备研发、环境工程设计、环保设施运营管理的从业人员。

以前国内众多院校的环境工程专业开设的专业课程基本是以污染治理技术原理、工艺为主，虽对废水、废气、固体废物、噪声的处理控制设备做了介绍，但内容略分散，教学深度有限，尤其对泵、风机、管道、管件、阀门、材料防腐、设备自动化、设备经济分析等知识及其应用缺乏系统介绍，而这些知识正是环境工程设计、施工和管理人员必备的专业知识。目前许多高校已开设或准备开设环保设备及应用这门课程，需要一本较全面介绍环保设备的专业课教材。

化学工业出版社于 2007 年出版发行了《环保设备及课程设计》，2014 年修订后更名为《环保设备及应用》（第二版）并于 2017 年荣获中国石油和化学工业优秀出版物奖·教材奖。十几年来，本书被众多院校选作相应的教材使用；不少环境工程领域的从业人员也对本书的出版给予了关注。我们根据相关院校、环保企业专家学者和各界学子的意见和建议，为了提升教材质量、锤炼精品教材，决定对教材再次修订，编写第三版。

本次修编参与者均为一线教师，他们为在校研究生、本科生主讲了环保设备、环境工程设计、污水处理、大气污染治理等课程，且对环境工程项目实施过程中环保设备的选型、设计、安装施工、运营管理有一定的体会。

本次修订原则仍然是"纳新弃错，突出重点和特色，不求面面俱到"，基本继承沿用第二版的框架体系，但下大力气重点关注教材的内涵质量，强调与时俱进，树立工程观念，作出了必要增删添补和适时更新，尤其是对第 1 章绪论、第 5 章大气污染控制设备、第 6 章污水处理设备进行了细致深入的修改，并增加了一章介绍环保设备自动化，使之契合技术发展。本书遵循工程训练贯穿教学过程的人才培养精神，注重实用性和创新性，力求编写内容与工程基础和专业技术类课程以及工程实践环节相衔接，引导学生加深对环保设备选择、设计等知识的理解和运用，为工程实践奠定基础。

参加第一版、第二版编写、修订的人员有周敬宣、段金明和冯旭东，其中第 2 章环保设备材料及其选用由北京工商大学冯旭东教授编写。

本教材第三版由集美大学段金明教授、华中科技大学周敬宣教授担任主编和主审，华中科技大学王琳玲教授担任副主编。第1章由王琳玲修编；第2章由龚建宇修编；第3~6章由段金明修编；第7章由侯慧杰、江章宁修编；第8章由梁莎修编；第9章由周敬宣和黄浩修编；新增第10章环保设备自动化及PLC的应用，由华中科技大学陈赜高级工程师、黄浩博士编写；第11章由周敬宣、段金明修编。本版修订得到了华中科技大学王松林教授、周涛博士以及齐文豪、杨帆、汤明亮、吕昊、苏晓明、李永杰、孙燕等研究生的支持和帮助，在此表示真诚的感谢。

本书在编写过程中参考了多种资料，在此向有关作者致以谢忱。限于编者水平和经验不足，疏漏之处在所难免，恳请读者批评指正。

编者

2024年2月

目 录

第5章　大气污染控制设备　　86

第6章　污水处理设备　　127

第 7 章　噪声控制设备　　195

第 8 章　固体废物处理与处置设备　　213

第 11 章　环保设备课程设计　　266

参考文献　　276

第 1 章 绪 论

1.1 环保设备的概念

当前的环保产业主要是指环保设备制造业、环境工程建设和环境保护服务业及自然生态保护三大部分。环保设备是环境保护设备的简称，是以控制环境污染为主要目的的设备。环保设备制造业是环保产业的主体。环保装备是制造业的重要组成部分，是实现绿色发展和生态文明建设的重要技术支撑。当前国家对推动经济高质量发展提出了新的更高的要求，要坚持问题导向，深入研究环保装备产业发展的方向和目标，充分发挥行业协会等咨询服务机构的作用，加快提升技术水平和国际竞争力，实现产业健康可持续发展。

1.2 环保设备的分类

1.2.1 按设备的功能分类

环保设备可分水污染控制设备、大气污染控制及除尘设备、固体废物处理设备、噪声与振动控制设备、环境监测及分析设备、采暖通风设备、放射性与电磁波污染防护设备。

1.2.2 按设备的性质分类

（1）机械设备 各种用于治理污染和改善环境质量的机械加工设备，如除尘器、机械式通风机、机械式水处理设备等。机械设备是目前环保设备中种类及型号最多、应用最普遍、使用最方便的环保设备。

（2）仪器设备 包括大气监测仪器、水质自动连续监测仪器、噪声监测仪器及环境工程实验仪器等四部分。

（3）构筑物 为治理环境而用钢筋混凝土结构件和玻璃钢、钢结构或其他材料建造的设施，如各种沉砂池、沉淀池、塔滤等。

1.2.3 按设备的构成分类

（1）单体设备 是环保设备的主体，如各种除尘器、单体水处理设备等。

（2）成套设备　是以单体设备为主，与各种附属设备（如风机、电机等）组成的整体。

（3）生产线　指由一台或多台单体设备、各种附属设备及其管线所构成的整体，如废旧轮胎回收制胶粉生产线。

1.2.4　按设备的通用性分类

（1）通用设备　常用且已定型的可用于环境污染治理的设备，如各类水泵、风机等。

（2）专用设备　专为某种污染去除而选取或开发的设备，如吸收塔、填料塔等。

1.3　我国环保装备产业发展现状及前景

近年来，国家全面加强生态环境保护，坚决打好污染防治攻坚战，并且在近十年出台了一系列相关政策推动环保设备及相关产业的发展。2011年国家工业和信息化部（工信部）发布的《环保装备"十二五"发展规划》及在"十三五"期间工信部发布的《工业和信息化部关于加快推进环保装备制造业发展的指导意见》都极大推动了我国环保装备产业的进步。截至2021年我国在大气污染治理设备、水污染治理设备和固体废物处理设备三大领域已经形成了一定的规模和体系。环保设备已成为我国环境保护的重要物质基础，在战略性新兴产业中居于重要位置，并且形成了门类相对齐全的产品体系。环保设备行业的发展归结为以下几个方面：

（1）规模迅速扩大　在国家环保政策的大力支持及环保投资的日益增长下，我国环保设备行业规模将继续扩大，市场空间持续扩容。

（2）技术水平大幅提升　行业未来将以突破关键共性技术为目标，以行业关键共性技术为依托，以产业链为纽带，培育创建技术创新中心、产业技术创新联盟。引导企业沿产业链协同创新，推动形成协同创新共同体，实现精准研发，攻克一批污染治理关键核心技术装备以及材料药剂。

（3）生产智能化、绿色化　环保设备行业将提高智能制造和信息化管理水平，实现生产过程精益化管理。同时，加大绿色设计、绿色工艺、绿色供应链的应用，开展生产过程中能效、水效和污染物排放对标达标，创建绿色示范工厂，提高行业绿色制造的整体水平。

（4）差异化、集聚化融合发展　龙头企业将向系统设计、设备制造、工程施工、调试维护、运营管理一体化的综合服务商发展，中小企业则向产品专一化、研发精深化、服务特色化、业态新型化的"专精特新"方向发展，形成一批由龙头企业引领、中小型企业配套、产业链协同发展的聚集区。

（5）产品多元化、品牌化发展　企业将逐步开发形成针对不同行业、具有自主知识产权的成套化、系列化产品。针对环境治理成本和运行效率，重点发展一批智能型、节能型先进高效环保装备；根据用户治理需求和运行环境，打造一批定制化产品。同时，加强环保装备产品品牌建设，建立品牌培育管理体系，推动社会化质量检测服务，提高产品质量档次，提升自主品牌市场认可度，提高品牌附加值和国际竞争力。

但由于产业起步较晚，依然存在诸多问题。主要表现为：

（1）集中度偏低，产业规模依旧不足　现有环保装备产业规模较小，且产业结构不合理，集聚化发展不够。缺乏一批拥有自主知识产权和核心竞争力、市场份额大、具有系统集成和工程承包能力的大企业集团，目前产值20亿元以上的环保装备专营企业较少；众多中小企业专业化特色发展不突出，企业分布比较分散，生产社会化协作尚未形成规模。

（2）技术创新能力不强，关键成套装备依赖进口　技术创新机制尚不健全，产学研有机结合的技术创新体系建设进展迟缓。部分科研机构对科技成果的产业化应用重视不够，多数企业的研发力量相对薄弱，技术开发投入不足。技术含量及附加值低的单项、常规装备相对过剩，部分市场急需、高效节能的成套设备和核心、关键部件的自主化率不高，目前主要依赖进口。

（3）标准体系有待进一步完善，应尽快建立产品质量认证体系　虽然已初步构建了环保产品（装备）标准体系框架，但标准数量较少，分布不均衡，标准对行业发展的规范和引领作用发挥有待进一步加强。环保装备运行效果评价指标体系尚未完全建立，缺乏质量监督和认证机制，有导致产品质量低下问题的风险，有时运行效果难以保证。

（4）引导产业健康发展的政策环境有待更加健全　应推动引导和支持产业发展的优惠政策进一步完全落实；继续完善市场准入政策，着力解决环保装备招标不规范、重复引进和无序竞争的问题；加大环保监管、执法力度，激发企业减排治污的内生动力，进一步促进环保装备市场需求。

在全球能源资源和环境压力日益突出的背景下，节能环保已成为当今世界产业发展潮流。我国适应国际产业竞争的需要，大力发展环保装备，是打破发达国家技术贸易垄断、提升我国环保产业竞争力的重要基础。我国国民经济和社会发展第十二个五年规划纲要对环境保护提出了新的要求，节能降耗、减排治污的新任务为环保装备产业发展提供了新的驱动力。国家对环境保护的投资力度进一步加大，据估算，"十二五"期间，环境污染治理投资总额达到3.1万亿元，而"十三五"更是给出了环保装备产值达万亿元的估值，因此，依据国家对环保产业的重视程度与环保产业的发展趋势，"十四五"期间，我国环保设备行业产值将有望达到1.48万亿元。

由此可见，我国环保装备市场需求旺盛，发展前景广阔。

1.4　"十四五"环保装备领域发展趋势

随着《环保装备制造业高质量发展行动计划（2022—2025年）》以及《工业和信息化部关于加快推进环保装备制造业发展的指导意见》等环保装备相关政策的一步步实施，环保装备制造业发展有了巨大的市场空间和更高的要求。近年来，环保装备制造业规模迅速扩大，发展模式不断创新，服务领域不断拓宽，技术水平大幅提升，部分装备达到国际领先水平。2021年实施"十四五"规划，"十四五"规划中提到"坚持绿水青山就是金山银山理念，坚持尊重自然、顺应自然、保护自然，坚持节约优先、保护优先、自然恢复为主，实施可持续发展战略，完善生态文明领域统筹协调机制，构建生态文明体系，推动经济社会发展全面绿色转型，建设美丽中国。"而接下来根据"十四五"的纲要将会加快整个环保设备行业的发展。根据我国环保装备发展现状及未来趋势，提出下述领域环保装备发展方向：

（1）大气污染防治装备　重点研究超低氮燃烧技术，推进化工、冶金、轻工等行业气体燃料锅炉清洁生产改造。开发智能涂料喷涂技术，用于船舶外壳等大型作业面涂料喷涂清洁生产改造。研发 $PM_{2.5}$ 和臭氧（O_3）主要前体物联合脱除、三氧化硫（SO_3）、重金属、二噁英处理等趋势性、前瞻性技术装备。研发除尘用脉冲高压电源等关键零部件，推广垃圾焚烧烟气、移动源尾气、挥发性有机物（VOC）废气的净化处置技术及装备，燃煤电厂超低排放以及钢铁、焦化、有色、建材、化工等非电行业多污染物协同控制和重点领域挥发性有机物控制技术装备的应用示范。

（2）水污染防治装备　重点攻关氧化石墨烯定向膜过滤装备，应用于制药、农药、化工等工业园区污水深度净化与资源化。研发碟式陶瓷膜分离装备和振动膜生物反应器污水深度处理集成装备，推进石油化工行业、市政和其他工业污水废水的深度处理。厌氧氨氧化技术装备和电解催化氧化、超临界氧化装备等氧化技术装备，研发生物强化和低能耗高效率的先进膜处理技术与组件，开展饮用水微量有毒污染物处理技术装备等基础研究。重点推广低成本高标准、低能耗高效率污水处理装备，燃煤发电、煤化工等行业高盐废水的零排放治理和综合利用技术，深度脱氮除磷与安全高效消毒技术装备。推进黑臭水体修复、农村污水治理、城镇及工业园区污水厂提标改造，以及工业及畜禽养殖、垃圾渗滤液处理等领域高浓度难降解污水治理应用示范。

（3）土壤污染修复装备　重点研发土壤原位修复智能喷射装备、土壤异位淋洗智能撬装装备和有机污染土壤异位微波修复装备等，推进工业企业污染地块重金属、石油类、农药类及其他有机污染物污染土壤修复技术和手段的发展。强化土壤生物修复、土壤气相抽提（SVE）、重金属电动分离等技术装备的研发。推广热脱附、化学淋洗、氧化还原等技术装备。研究石油、化工、冶炼、矿山类等污染场地对人居环境和生态安全的影响，开展农田土壤污染、工业用地污染、矿区土壤污染等治理和修复示范。

（4）固体废物处理处置装备　重点研发建筑垃圾湿法分选、污染底泥治理修复、垃圾高效厌氧消化、垃圾焚烧烟气高效脱酸、焚烧烟气二噁英与重金属高效吸附、垃圾焚烧飞灰资源化处理等技术设备。重点推广水泥窑协同无害化处置成套技术装备、有机固废绝氧热解技术装备、先进高效垃圾焚烧技术装备、焚烧炉渣及飞灰安全处置技术装备，燃煤电厂脱硫副产品、脱硝催化剂、废旧滤袋无害化处理技术装备，低能耗污泥脱水、深度干化技术装备、垃圾渗滤液浓缩液处理、沼气制天然气、失活催化剂再生技术设备等。针对生活垃圾、危险废物焚烧处理领域技术装备工艺稳定性、防治二次污染，以及城镇污水处理厂、工业废水处理设施污泥处理处置等重点领域开展应用示范。

（5）资源综合利用装备　重点研发基于物联网与大数据的智能型综合利用技术装备，研发推广与污染物末端治理相融合的综合利用装备。在尾矿、赤泥、煤矸石、粉煤灰、工业副产石膏、冶炼渣等大宗工业固废领域研发推广高值化、规模化、集约化利用技术装备。在废旧电子电器、报废汽车、废金属、废轮胎等再生资源领域研发智能化拆解、精细分选及综合利用关键技术装备，推广应用大型成套利用的环保装备。加快研发废塑料、废橡胶的改性改质技术，以及废旧纺织品、废脱硝催化剂、废动力电池、废太阳能板的无害化、资源化、成套化处理利用技术装备。在秸秆等农业废弃物领域推广应用饲料化、基料化、肥料化、原料化、燃料化的"五料化"利用技术装备。

（6）环境污染应急处理装备　重点研发危险化学品事故、航运中危化品（氰化物）防泄漏及应急治理的应急技术装备。重点推广移动式三废应急处理技术装备、水上溢油应急处置技术装备等。开展危险化学品事故、蓝藻水华应急处置等技术装备的应用示范。研发危爆环境重度污染应急处理装备用于核电站、化工厂、储存剧毒物质的仓库中。

（7）环境监测专用仪器仪表　重点研发环境空气、室内、车内、污染源废气中甲醛等污染物的在线监测设备以及工业炉窑烟尘排放及除尘设备效率监测仪器。污染源水质聚类分析、水质毒性监测，石化、化工园区大气污染多参数连续监测与预警，生物监测及多目标物同步监测，以及应急环境监测等技术装备。重点推广污染物现场快速监测、挥发性有机物、氨、重金属、三氧化硫（SO_3）等多参数多污染物连续监测，车载、机载和星载等区域化、网格化环境监测技术装备，以及农田土壤重金属和持久性有机污染物快速检测、诊断等技术装备。

（8）噪声与振动控制装备　重点推广轨道交通隔振技术装备、高速铁路声屏障技术装备、阵列式消声器、低频噪声源头诊治装备等关键技术装备等，推进道路交通、铁路及工业等领域噪声污染防治技术手段的研发与应用。

1.5　环保设备选择与设计的原则

环保设备是用于环境污染防治、提升环境质量的机电产品和构筑物及其系统，其设计和选择关系到对污染物的处理效果，同时也关系到处理的投资与处理系统运行费用。

1.5.1　定型设备选择的原则

定型设备，也称标准设备，这类设备有产品目录或样本手册，有各种规格牌号，有不同的生产厂家，国家有相应的技术标准，包括设备的型号规格、技术条件、使用条件、使用寿命、检测检验、适用范围等方面的规定，生产厂家均应按照国家标准执行。

定型设备选择的原则：

（1）合理性　必须满足处理工艺一般要求，与工艺流程、处理规模、操作条件、控制水平相适应，又能充分发挥设备的作用。

（2）先进性　设备的运行可靠性、自控水平、处理能力、处理效率要尽量达到先进水平，同时还应满足规划发展的要求，还要查看所配置的设备是否属于国家规定的淘汰产品。

（3）安全性　要求安全可靠、操作稳定、有缓冲能力、无事故隐患，既要考虑处理工艺对介质的要求，还应注意周边环境的要求。

（4）经济性　选用时应考虑设备的性价比。

1.5.2　非定型设备设计的原则

环境工程中需要专门设计的特殊设备，称为非标准设备或非定型设备。这类设备一般是设计者根据所处理对象（污染物）进行选取或开发，没有国家规定的技术标准。非定型设备设计原则与定型设备大致相同，主要的设计程序如下：

① 根据工艺条件（流程）确定处理设备的类型。例如生活污水采用活性污泥法处理，曝气池和二次沉淀池（二沉池）常为构筑物；除尘常用机械设备。

② 确定设备的材质。根据处理的污染物、工艺流程和操作条件，确定适合的设备材料。如上述处理水的曝气池和二沉池一般采用钢筋混凝土材料；除尘机械采用钢铁材料；气态污

染物处理设备一般采用不锈钢或工程塑料等防腐材料。

③ 汇集设计条件和参数。根据污染物的处理量、处理效率、物料平衡和热量平衡等条件，确定设备的负荷、操作条件，如温度、压力、流速，加药、卸灰形式，工作周期，等等，作为设备设计计算的主要依据。

④ 选定设备的基本结构形式。根据各类处理设备的性能、使用特点和使用范围，依据各类规范、样本和说明书，参照环境保护产品认定技术条件，确定设备的基本结构形式。

⑤ 设计设备的基本尺寸。根据设计数据进行有关的计算和分析，确定处理设备的外形尺寸，画出设备简图。

⑥ 进行结构计算。参考化工设备设计计算手册、机械设备设计手册等资料，进行结构计算，明确设计使用寿命。

⑦ 按照有关国家标准，进行非标准设备图纸的制作。提出制作技术要求。

1. 环保产业、环保设备的内涵及相互关系是什么？

2. 环保设备如何分类？

3. 阐述我国今后一段时期内环保设备发展的重点。

第 2 章　环保设备材料及其选用

　　环境工程中的处理工艺多种多样，不同的工艺对设备材料有不同要求，合理选择和正确使用材料十分重要。这不仅要从设备结构、制造工艺、使用条件和寿命等方面考虑，而且还要从设备工作条件下材料的物理性能、力学性能、耐腐蚀性能及材料价格与来源、供应等方面综合考虑。

　　环保设备的材料涉及金属、非金属两大类，其中金属材料以钢材为主，非金属材料以塑料为主。另外，环保设备多在露天环境中运行，如何预防设备在露天环境中的腐蚀？水处理设备常年与污水接触，如何预防设备受到污水的腐蚀？这些都是本章讨论的内容。

2.1　设备材料的性能

　　设备材料的性能是选择材料的根本依据，这些性能包括材料的力学性能、物理性能、化学性能和加工工艺性能等。

2.1.1　力学性能

　　力学性能是指材料在外力作用下抵抗变形或破坏的能力，如强度、硬度、弹性、塑性、韧性等。这些性能是环保设备设计中材料选择及计算时决定许用应力的依据。

2.1.2　物理性能

　　材料的物理性能有密度、熔点、比热容、热导率、热胀系数、导电性、磁性等。密度是计算设备重量的常数。熔点低的金属和合金，其铸造和焊接加工都较容易，工业上常用于制造熔断器、防火安全阀等零件；熔点高的合金可用于制造要求耐高温的零件。金属及合金受热时，一般都有不同程度的体积膨胀，因此双金属材料的焊接，要考虑它们的线胀系数是否接近，否则会因膨胀量不等而使容器或零件变形或损坏。设备的衬里及其组合件，其线胀系数应和基本材料相同，以免受热后因热胀量不同而松动或破坏。

2.1.3　化学性能

　　材料的化学性能是指材料在所处介质中的化学稳定性，即材料是否会与周围介质发生化学或电化学作用而引起腐蚀。材料的化学性能指标主要有耐腐蚀性和抗氧化性。

（1）耐腐蚀性　材料对周围介质，如大气、水汽、各种电解液浸蚀的抵抗能力称为耐腐蚀性（耐蚀性）。环境工程中所涉及的物料常会有腐蚀性。材料的耐蚀性不强，必将影响设备使用寿命。一般情况下，金属材料在酸性介质中的耐蚀性较差，有机非金属材料耐酸腐蚀性能较强。

（2）抗氧化性　在环境工程处理工艺中，有部分设备在高温下操作，如垃圾焚烧炉等。在高温下，钢铁不仅与自由氧发生氧化腐蚀，使钢铁表面形成结构疏松容易剥落的 FeO 氧化皮；还会与水蒸气、二氧化碳、二氧化硫等气体产生高温氧化与脱碳作用，使钢的力学性能下降，特别是降低材料的表面硬度和抗疲劳强度。因此，高温设备必须选用耐热材料。

2.1.4　加工工艺性能

金属和合金的加工工艺性能是指可铸造性能、可锻造性能、可焊性能和可切削加工性能等。这些性能直接影响设备和零部件的制造工艺方法和质量。故加工工艺性能是设备选材和制定零件加工工艺路线时必须考虑的因素之一。

2.2　常用金属材料

环境工程中的反应器、储罐、塔器、管路多采用金属材料，如铸铁、碳钢、合金钢以及一些有色金属材料。了解这些材料的性能，在设计和加工设备过程中，才能合理地进行材料的选择。

2.2.1　铸铁

工业上常用的铸铁含碳量（质量分数）一般在 2% 以上，并含有 S、P、Si、Mn 等杂质。铸铁是脆性材料，抗拉强度较低，但具有良好的铸造性、耐磨性、减振性及切削加工性。在一些介质（浓硫酸、乙酸、盐溶液、有机溶剂等）中具有相当好的耐腐蚀性能。铸铁生产成本低廉，因此在工业中得到普遍应用。

铸铁可分为灰铸铁、球墨铸铁、高硅铸铁等。

2.2.1.1　灰铸铁

灰铸铁中的碳大部分或全部以自由状态的片状石墨形式存在，断口呈暗灰色。灰铸铁的抗压强度较大，抗拉强度很低，冲击韧性低，不适于制造承受弯曲、拉伸、剪切和冲击载荷的零件，可制造承受压应力及要求消振、耐磨的零件，如支架、阀体、泵体（机座、管路附件等）。在环境工程中可用于制作设备的底座。灰铸铁的牌号用名称 HT（灰铁二字的汉语拼音第一个字母）和抗拉强度 σ_b 值表示，如 HT100，其中 100 表示 $\sigma_b = 100MPa$。常用灰铸铁牌号有 HT100、HT150、HT200、HT250、HT300、HT350。

2.2.1.2　球墨铸铁

在浇注前，往铁水中加入少量球化剂（如镁、钙和稀土元素等）、石墨化剂（如硅铁、硅钙合金），以促进碳以球状石墨结晶存在，这种铸铁称球墨铸铁。球墨铸铁在强度、塑性和韧性方面大大超过灰铸铁，甚至接近钢材。在酸性介质中，球墨铸铁耐蚀性较差，但在其他介质中耐腐蚀性比灰铸铁好。它的价格低于钢。由于它兼有普通铸铁与钢的优点，从而成为一种新型结构材料。过去用碳钢和合金钢制造的重要零件（如曲轴、连杆、主轴、中压阀门等），目前不少已改用球墨铸铁。球墨铸铁的牌号用 QT（球铁二字的汉语拼音第一个字母）、抗拉强度、伸长率表示。如 QT400-18，其中 $\sigma_b = 400\text{MPa}$，$\delta = 18\%$。

2.2.1.3　高硅铸铁

高硅铸铁是往灰铸铁或球墨铸铁中加入一定量的合金元素硅等熔炼而成的。高硅铸铁具有很高的耐蚀性能，且随含硅量的增加耐蚀性能增加。其强度低、硬度高、质脆，不能承受冲击载荷，不便于机械加工，只适于铸造。高硅铸铁热导率小，线胀系数大，故不适于制造温差较大的设备，否则容易产生裂纹。它常用于制作各种耐酸泵、冷却排管和热交换器等。

2.2.2　碳钢

碳钢的含碳量一般为 $0.02\% \sim 2\%$，杂质元素的含量较铸铁低。这些杂质元素往往会对钢的质量产生影响。其中：

低碳钢为含碳量低于 0.25% 的碳素钢，因其强度低、硬度低而软，故又称软钢。它包括大部分普通碳素结构钢和一部分优质碳素结构钢，大多不经热处理用于工程结构件，有的经渗碳和其他热处理用于要求耐磨的机械零件。

中碳钢含碳量为 $0.25\% \sim 0.6\%$。中碳钢热加工及切削性能良好，焊接性能较差，强度、硬度比低碳钢高，而塑性和韧性低于低碳钢。

高碳钢，常称工具钢，含碳量为 $0.60\% \sim 2.0\%$，可以淬硬和回火，热处理后可以得到高的硬度（60～65HRC）和较好的耐磨性，退火状态下硬度适中，具有较好的可切削性。

2.2.2.1　常存杂质元素对钢材性能的影响

普通碳素钢除含碳以外，还含有少量锰（Mn）、硅（Si）、硫（S）、磷（P）、氧（O）、氮（N）和氢（H）等元素。这些元素被称为杂质元素。这些杂质元素对钢材性能有一定影响，为了保证钢材的质量，在国家标准中对各类钢的化学成分都作了严格规定。

（1）硫　硫来源于炼钢的矿石与燃料焦炭，它是钢中的一种有害元素。硫以硫化铁（FeS）的形态存在于钢中，FeS 和 Fe 形成低熔点（985℃）化合物。而钢材的热加工温度一般在 1150～1200℃ 以上，所以当钢材热加工时，由于 FeS 化合物过早熔化而导致工件开裂，这种现象称为"热脆"。含硫量愈高，热脆现象愈严重，故必须对钢中含硫量进行控制。高级优质钢硫含量小于 $0.02\% \sim 0.03\%$；优质钢硫含量小于 $0.03\% \sim 0.045\%$；普通钢硫含量小于 $0.055\% \sim 0.7\%$。

（2）磷　磷是由矿石带入钢中的，一般来说磷也是有害元素。磷虽能使钢材的强度、硬度增高，但引起塑性、冲击韧性显著降低。特别是在低温时，它使钢材显著变脆，这种现象称为"冷脆"。冷脆使钢材的冷加工及焊接性变坏。含磷愈高，冷脆性愈大，故钢中对含磷量控制较严。高级优质钢磷含量小于 0.025%；优质钢磷含量小于 0.04%；普通钢磷含量小于 0.085%。

（3）锰　锰是炼钢时作为脱氧剂带入钢中的。由于锰可以与硫形成高熔点（1600℃）的硫化锰（MnS），一定程度上消除了硫的有害作用。而且锰具有很好的脱氧能力，能够与钢中的氧化铁（FeO）反应生成氧化锰（MnO）进入炉渣，从而改善钢的品质，特别是降低钢的脆性，提高钢的强度和硬度。因此，锰在钢中是一种有益元素。一般认为，钢中含锰量在 $0.5\%\sim0.8\%$ 以下时，把锰看成是常存杂质。技术条件中规定，优质碳素结构钢中，正常含锰量是 $0.5\%\sim0.8\%$；而较高含锰量的结构钢中，其含量可达 $0.7\%\sim1.2\%$。

（4）硅 硅也是炼钢时作为脱氧剂而带入钢中的元素。硅与钢水中的 FeO 能生成密度较小的硅酸盐炉渣而除去，因此硅是一种有益的元素。硅在钢中溶于铁素体内使钢的强度、硬度增加，塑性、韧性降低。镇静钢中的含硅量通常在 $0.1\%\sim0.37\%$，沸腾钢中只含有 $0.03\%\sim0.07\%$。由于钢中硅含量一般不超过 0.5%，对钢性能影响不大。

（5）氧 氧在钢中是有害元素。它是在炼钢过程中进入钢中的，尽管在炼钢末期要加入锰、硅、铁和铝进行脱氧，但不可能除尽。氧在钢中以 FeO、MnO、SiO_2、Al_2O_3 等形式夹杂，使钢的强度、塑性降低。尤其是对疲劳强度、冲击韧性等有严重影响。

（6）氮 铁素体溶解氮的能力很低。当钢中溶有过饱和的氮时，在放置较长一段时间后或随后在 $200\sim300℃$ 加热就会发生氮以氮化物形式的析出，并使钢的硬度、强度提高，塑性下降，产生时效。在钢液中加入 Al（铝）、Ti（钛）或 V（钒）进行固氮处理，使氮固定在 AlN、TiN 或 VN 中，可消除时效倾向。

（7）氢 钢中溶有氢会引起钢的氢脆、白点等缺陷。白点常在轧制的厚板、大锻件中发现。在纵断面中可看到圆形或椭圆形的白色斑点；在横断面上则是细长的发丝状裂纹。锻件中有了白点，使用时会发生突然断裂造成事故。氢产生白点冷裂的主要原因是低温时，氢在钢中的溶解度急剧降低。当冷却较快时，氢原子来不及扩散到钢的表面而逸出，就在钢中的一些缺陷处由原子状态的氢变成分子状态的氢。氢分子在不能扩散的条件下在局部地区产生很大压力，这压力超过了钢的强度极限而在该处形成裂纹，即白点。

2.2.2.2 碳钢的分类与编号

根据实际生产和应用的需要，可将碳钢进行分类和编号。分类方法有多种，如：按用途可分为建筑钢、结构钢、弹簧钢、轴承钢、工具钢和特殊性能钢（如不锈钢、耐热钢等）；按含碳量分为低碳钢、中碳钢和高碳钢；按脱氧方式分为镇静钢、沸腾钢和特殊镇静钢；按冶炼质量可分为普通碳素钢、优质碳素钢和高级优质钢。

（1）普通碳素钢 根据 GB/T 700—2006 规定，钢号表示方法为：屈服强度的汉语拼音字首 Q、屈服强度数值、质量等级符号、脱氧方法等四部分按顺序组成。例如 Q235AF。

碳钢的质量分为 A、B、C、D 四个等级，各钢种的质量等级可参见 GB/T 700—2006。根据冶炼工艺中脱氧方法及程度的不同，将钢材分为沸腾钢、镇静钢和特殊镇静钢。

沸腾钢是脱氧不完全的碳素钢。在炼钢时仅加入锰铁进行脱氧，脱氧不完全，有大量的 CO 气体逸出，钢液呈沸腾状，故称为沸腾钢，用代号 F 表示，如 Q235AF。沸腾钢组织不够致密，成分不太均匀，硫、磷等杂质偏析较严重，故质量较差。但因其成本低、产量高，故被广泛应用于一般工程。

镇静钢为完全脱氧的碳素钢。在炼钢时采用锰铁、硅铁和铝锭等作为脱氧剂，脱氧完全（氧的质量分数不超过 0.01%）。这种钢液铸锭时能平静地充满锭模并冷却凝固，故称为镇静钢，用代号 Z 表示，Z 在牌号中可不标出，如 Q235A。镇静钢虽成本较高，但其组织致密，成分均匀，含硫量较少，性能稳定，故质量好。镇静钢适用于预应力混凝土工程等重要结构工程。优质钢和合金钢一般都是镇静钢。压力容器用钢一般选用镇静钢。Q235A 钢材有良好的塑性、韧性及加工工艺性，比较便宜，在环保设备制造中应用极为广泛。Q235A

钢材常用作常温低压设备的壳体和零部件，还可用于制作螺栓、螺母、支架、垫片、轴套、阀门、管件等。

特殊镇静钢是比镇静钢脱氧程度更充分彻底的钢，故称为特殊镇静钢，代号为 TZ。特殊镇静钢的质量最好，适用于特别重要的结构工程。

（2）优质碳素钢　优质碳素钢含硫、磷有害杂质元素较少，其冶炼工艺严格，钢材组织均匀，表面质量高，同时保证钢材的化学成分和力学性能，但成本较高。优质碳素钢的编号仅用两位数字表示，钢号顺序为 08、10、15、20、25、30、35、40、45、50、…、80 等。钢号数字表示钢中平均含碳量的万分之几。如 45 号钢表示钢中含碳量平均为 0.45%（0.42%～0.50%）。依据含碳量的不同，可分为优质低碳钢（含碳量小于 0.25%）；优质中碳钢（含碳量 0.3%～0.60%）；优质高碳钢（含碳量大于 0.6%）。优质低碳钢的强度较低，但塑性好，焊接性能好，常用作热交换器列管、设备接管、法兰的垫片包皮；优质中碳钢的强度较高，韧性较好，但焊接性能较差，可作为换热设备管板、强度要求较高的螺栓、螺母、传动轴（搅拌轴）等；优质高碳钢的强度与硬度均较高，主要用来制造弹簧、钢丝绳等。

（3）高级优质钢　高级优质钢比优质碳素钢中含硫、磷量还少（均小于 0.03%）。它的表示方法是在优质钢号后面加一个 A 字，如 20A。

2.2.2.3　碳钢的品种及规格

碳钢的品种有钢板、钢管、型钢、铸钢和锻钢等。

（1）钢板　钢板分薄钢板和厚钢板两大类。薄钢板厚度有 0.2～4mm，有冷轧与热轧两种，厚钢板为热轧。压力容器主要用热轧厚钢板制造。依据钢板厚度的不同，厚度间隔也不同。钢板厚度在 4～6mm 时，其厚度间隔为 0.5mm；厚度为 6～30mm 时，间隔为 1mm；厚度为 30～60mm 时，间隔为 2mm。一般碳素钢板材有 Q235A、Q235AF、08、10、15、20 等。

（2）钢管　钢管有无缝钢管和有缝钢管两类，无缝钢管有冷轧和热轧，冷轧无缝钢管外径和壁厚的尺寸精度均较热轧钢管高。普通无缝钢管常用材料有 10、15、20 等。另外，还有专门用途的无缝钢管，如热交换器用钢管、锅炉用无缝钢管等。有缝钢管、水煤气管分镀锌（白铁管）和不镀锌（黑铁管）两种。

（3）型钢　型钢主要有圆钢与方钢、扁钢、角钢（等边与不等边）、工字钢和槽钢。各种型钢的尺寸和技术参数可参阅有关标准。圆钢与方钢主要用来制造各类轴件；扁钢常用作各种桨叶；角钢、工字钢及槽钢可用作各种设备的支架、塔盘支承及各种加强结构。

（4）铸钢和锻钢　铸钢用 ZG（铸钢的汉语拼音第一个字母）表示，牌号有 ZG25、ZG35 等，用于制造各种承受重载荷的复杂零件，如泵壳、阀门、泵叶轮。锻钢有 08、10、15、…、50 等牌号。容器用锻件一般采用 20、25 等材料，用以制作管板、法兰、顶盖等。

2.2.3　合金钢

随着现代工业和科学技术的不断发展，对设备零件的强度、硬度、韧性、塑性、耐磨性以及物理、化学性能的要求愈来愈高，碳钢已不能完全满足需要。合金钢是在碳钢基础上，为了改善性能，在碳钢中有目的地加入一些合金元素而形成的钢材。

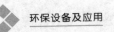

2.2.3.1　合金元素对钢的影响

目前在合金钢中常用的合金元素有铬（Cr）、锰（Mn）、镍（Ni）、硅（Si）、铝（Al）、钼（Mo）、钒（V）、钛（Ti）和稀土元素（RE）等。

铬是合金结构钢主加元素之一。在化学性能方面，它不仅能提高金属耐腐蚀性能，也能提高抗氧化性能。当其含量达到 13％时，能使钢的耐腐蚀能力显著提高，并增加钢的热强性。铬能提高钢的淬透性，显著提高钢的强度、硬度和耐磨性，但它使钢的塑性和韧性降低。从出土的春秋战国时代的武器、秦朝的青铜剑和大量的箭镞来看，有的迄今毫无锈蚀。经鉴定，这些箭镞表面有一层铬的氧化物层，而基体中并不含铬，很可能这种表面保护层是将铬的化合物人工氧化并经高温处理得到的。

锰可提高钢的强度，增加锰含量对提高低温冲击韧性有好处。

镍对钢铁性能有良好作用。它能提高淬透性，使钢具有很高的强度，而又保持良好的塑性和韧性。镍能提高耐腐蚀性和低温冲击韧性。镍基合金具有更高的热强性能。镍被广泛应用于不锈耐酸钢和耐热钢中。

硅可提高强度、高温疲劳强度、耐热性及耐硫化氢（H_2S）等介质的腐蚀性。硅含量增高会降低钢的塑性和冲击韧性。

铝为强脱氧剂，可以显著细化晶粒，提高冲击韧性，降低冷脆性。铝还能提高钢的抗氧化性和耐热性，对抵抗 H_2S 介质腐蚀有良好作用。铝的价格较便宜，所以在耐热合金钢中常用它来代替铬。

钼能提高钢的高温强度、硬度，细化晶粒，防止回火脆性。含钼小于 0.6％可提高塑性。钼能耐氢腐蚀。

钒可提高钢的高温强度，细化晶粒，提高淬透性。铬钢中加少量钒，在保持钢的强度情况下，能改善钢的塑性。

钛为强脱氧剂，可提高强度，细化晶粒，提高韧性，减小铸锭缩孔和焊缝裂纹等倾向。在不锈钢中起稳定碳的作用，减少铬与碳化合的机会，防止晶间腐蚀，还可提高耐热性。

稀土元素可提高强度，改善塑性、低温脆性、耐腐蚀性及焊接性能。

2.2.3.2　合金钢的分类与编号

合金钢的种类较多。按含合金元素量的多少可分为低合金钢（含合金元素总量小于5％）、中合金钢（含合金元素总量为 5％～10％）和高合金钢（含合金元素总量大于10％）。按用途分为合金结构钢、合金工具钢和特殊性能钢。合金结构钢又分为普通低合金钢、渗碳钢、调质钢等。特殊性能钢分为不锈钢和耐热钢等。我国国家标准规定，合金钢牌号的表示方法有两种：一种是用汉字牌号，如 35 铬钼；另一种是用国际化学符号，如 35CrMo。其中前面的数字表示含碳量的万分之几，合金元素符号后面的数字表示合金元素含量的百分率。含量小于 1.5％时，可不标含量。如 35CrMo 表示这种钢的含碳量平均为万分之三十五（或 0.35％），含 Cr、Mo 在 1％左右。30CrMnSiA 合金钢，钢号后面的 A 字表示此合金钢为高级优质钢。

下面简单介绍几种常用的合金钢。

（1）普通低合金钢　普通低合金钢（又称低合金高强度钢）简称普低钢。它是结合我国资源条件开发的一种合金钢，是在碳钢的基础上加入少量 Si、Mn、Cu、V、Ti 等合金元素熔炼而成的。加入这些元素，可提高钢材的强度，改善钢材耐腐蚀性能、低温性能及焊接性能，如 16Mn、15MnV 等钢种。普低钢具有耐低温的性能，这对北方高寒地区使用的车辆、桥梁、容器等具有十分重要的意义。

工程设备用普低钢，除要求强度外，还要求有较好的塑性和焊接性能，以利于设备加工。强度较高者，其塑性与焊接性便有所降低，这是由于含较多合金元素、产生过大硬化作用造成的。因此，必须根据设备的具体操作条件（温度、压力）和制造加工（卷板、焊接）要求，选用适当强度级别的钢种。

（2）专业用钢　为适应各种条件用钢的特殊要求，我国发展了许多专门用途的钢材，如锅炉用钢、压力容器用钢、焊接气瓶用钢等。它们的编号方法是在钢号后面分别加注 g、R 或 HP 等，如 20g、16MnR 和 15MnVHP 等。这类钢质地均匀、杂质含量低，能满足某些力学性能的特殊检验项目要求。

（3）特殊性能钢　特殊性能钢是指具有特殊物理性能或化学性能的钢。这里介绍不锈耐酸钢、耐热钢。

① 不锈耐酸钢。不锈耐酸钢是不锈钢和耐酸钢的总称。通常不锈钢是指耐大气、蒸汽和水等弱腐蚀性介质腐蚀的钢；耐酸钢是指能抵抗酸及其他强烈腐蚀性介质的钢。不锈钢并不一定耐酸，而耐酸钢一般却有良好的不锈性能。不锈钢常以所含的合金元素不同，分为以铬为主的铬不锈钢及以铬镍为主的铬镍不锈钢。

在铬不锈钢中，起耐腐蚀作用的主要元素是铬。铬在氧化性介质中能生成一层稳定而致密的氧化膜，对钢材起到保护作用而具有耐腐蚀性。铬不锈钢耐蚀性的强弱取决于钢中的含碳量和含铬量。当含铬量大于 12% 时，钢的耐蚀性会有显著提高，而且含铬量愈多耐蚀性愈好。实际应用的不锈钢中的平均含铬量都在 13% 以上。常用的铬不锈钢有 1Cr13、2Cr13、0Cr13、0Cr17Ti 等，主要用于在化工机器中制造受冲击载荷较大的零件，如塔盘中的浮阀、石油裂解设备、高温螺栓、导管、轴、活塞杆与防铁锈污染产品的耐蚀设备等。

铬镍不锈钢的典型钢号是 0Cr19Ni9，它是国家标准中规定的压力容器用钢，具有较高的抗拉强度、极好的塑性和韧性。它的焊接性能和冷弯成型工艺性能很好，是目前用来制造各种贮槽、塔器、反应釜、阀件等设备的最广泛的不锈钢材。

0Cr19Ni9 不锈钢产品以板材、带材为主。它在石油、化工、食品、酿酒、医药、油脂及印染工业中得到广泛应用，使用范围在 −196～600℃。

② 耐热钢。垃圾焚烧设备要求钢材能承受高温，一般碳钢由于抗氧化腐蚀性能与强度变得很差而无法胜任。在钢中加入 Cr、Al、Si 等合金元素，可以被高温气体（对耐热钢而言，主要是氧气）氧化后生成一种致密的氧化膜，保护钢的表面，防止氧的继续侵蚀，从而得到较好的化学稳定性。在钢中加入 Cr、Mo、V、Ti 等元素，可以强化固溶体组织，显著提高钢材的抗蠕变能力。

2.2.4　有色金属材料

铁以外的金属称非铁金属，也称有色金属。有色金属及其合金的种类很多，常用的有铝、铜、铅、钛等。在环境工程中，由于腐蚀、低温、高温、高压等特殊工艺条件，许多设备及其零部件经常采用有色金属及其合金。

有色金属有很多优越的特殊性能，例如良好的导电性、导热性，密度小，熔点高，有低温韧性，在空气、海水以及一些酸、碱介质中耐腐蚀等，但有色金属价格比较昂贵。常用有色金属及合金的代号见表 2-1。

表 2-1　常用有色金属及合金的代号

名称	铜	黄铜	青铜	铝	铅	铸造合金	轴承合金
汉语拼音代号	T	H	Q	l	Pb	Z	Ch

2.2.4.1　铝及其合金

铝属于轻金属，相对密度小（2.71），约为铁的 1/3，导电、导热性都很高。铝的塑性好、强度低，可承受各种压力加工，并可进行焊接和切削。铝在氧化性介质中易形成 Al_2O_3 保护膜，因此在干燥或潮湿的大气中，或在氧化剂的盐溶液中，或在浓硝酸以及干氯化氢、氨气中都耐腐蚀。但含有卤素离子的盐类、氢氟酸以及碱溶液都会破坏铝表面的氧化膜，所以铝不宜在这些介质中使用。铝无低温脆性，无磁性，对光和热的反射能力强和耐辐射，冲击不产生火花。

（1）纯铝　纯铝中有高纯铝，牌号为 1A85、1A90，可用来制造对耐腐蚀要求较高的浓硝酸设备，如高压釜、槽车、贮槽、阀门、泵等。工业纯铝牌号为 1070A、1060、…、8A06，编号越大，纯度越低，导电性、塑性、耐腐蚀性也越低。工业纯铝应用于制造要求耐腐蚀、防污染而不要求强度的设备，如反应器、热交换器、深冷设备、塔器等。

（2）防锈铝　防锈铝的牌号有 5A02、5A03、5A05 等。防锈铝能耐潮湿大气的腐蚀，有足够的塑性，强度比纯铝高得多。常用来制造各式容器、分馏塔、热交换器等。

（3）铸铝　铸铝是铝硅合金。典型牌号有 ZAlSi7Mg。铸铝的铸造性、流动性好，铸造时收缩率和生成裂纹的倾向性都很小。由于表面生成 Al_2O_3、SiO_2 保护膜，故铸铝的耐蚀性好，且密度低，广泛用来铸造形状复杂的耐蚀零件，如管件、泵、阀门、汽缸、活塞等。纯铝和铝合金最高使用温度为 200℃。由于熔焊的铝材在低温（−196～0℃）下冲击韧性不下降，因此，很适合制作低温设备。铝不会产生火花，故常用于制作含易挥发性介质的容器；铝的导热性能好，适合做换热设备。

2.2.4.2　铜及其合金

铜属于半贵金属，相对密度 8.94，铜及其合金具有高的导电性和导热性，较好的塑性、韧性及低温力学性能，在许多介质中有高耐蚀性，因此在生产中得到广泛应用。

（1）纯铜　纯铜呈紫红色，又称紫铜。纯铜有良好的导电、导热和耐蚀性，也有良好的塑性，在低温时可保持较高的塑性和冲击韧性，用于制作深冷设备和高压设备的垫片。

铜耐稀硫酸、亚硫酸、稀的和中等浓度的盐酸、乙酸、氢氟酸及其他非氧化性酸等介质的腐蚀，对海水、大气、碱类溶液的耐蚀能力很好。铜不耐各种浓度的硝酸、氨和铵盐溶液。在氨和铵盐溶液中，会形成可溶性的铜氨离子 $\left[Cu(NH_4)_3\right]^{2+}$，故不耐腐蚀。

工业纯铜的牌号有 T0、T1、T2、T3、T4 五种。T0、T1 是高纯度铜，用于制造电线，配制高纯度合金。后三种牌号的铜用于制造深冷设备（如制氧设备、深度冷冻分离气体装置）和工业中的蒸发器、蛇管等。TP1 为用磷脱氧的无氧纯铜，用于制作合成纤维工业中的塔设备，供应的品种有板材和管材等。各种纯铜的成分和力学性能见相关标准。

（2）黄铜　铜与锌的合金称黄铜。它的铸造性能良好，力学性能比纯铜高，耐蚀性能与纯铜相似，在大气中耐腐蚀性比纯铜好，价格也便宜。

在黄铜中加入锡、铝、硅、锰等元素，所形成的合金称特种黄铜。其中锰、铝能提高黄铜的强度，铝、锰和硅能提高黄铜的耐蚀性和减摩性，铝还能改善切削加工性。

常用的黄铜牌号有 H80、H68、H62 等（数字是表示合金内铜平均含量的百分率）。H80、H68 塑性好，可在常温下冲压成型，作容器的零件，如散热导管等。H62 在室温下塑性较差，但有较高的机械强度，易焊接，价格低廉，可作深冷设备的筒体、管板、法兰及螺母等。

锡黄铜 HSn70-1 含有约 1% 的锡，能提高 H70 黄铜在海水中的耐蚀性。由于它首先应用于舰船，故称海军黄铜。

（3）青铜　铜与除锌以外的其他元素组成的合金均称为青铜。铜与锡的合金称为锡青铜；铜与铝、硅、铅、锰等组成的合金称为无锡青铜。

锡青铜分铸造锡青铜和压力加工锡青铜两种，以铸造锡青铜应用最多。铸造锡青铜具有高强度和硬度，能承受冲击载荷，耐磨性很好，具有优良的铸造性，在许多介质中比纯铜耐腐蚀。锡青铜主要用来铸造耐腐蚀和耐磨零件，如泵壳、阀门、轴承、蜗轮、齿轮、旋塞等。无锡青铜（如铝青铜）的力学性能比黄铜、锡青铜好，具有耐磨、耐蚀特点，无铁磁性，冲击时不生成火花，主要用于加工成板材、带材、棒材和线材。

2.2.4.3　钛及其合金

钛的相对密度小（4.5），强度高，耐腐蚀性好，熔点高。这些特点使钛在工业中的应用日益广泛。

典型的工业纯钛牌号有 TA1、TA2、TA3（编号愈大，杂质含量愈多）。纯钛塑性好，易于加工成型，冲压、焊接、切削加工性能良好；在大气、海水和大多数酸、碱、盐中有良好的耐蚀性。钛也是很好的耐热材料。它常用于耐海水腐蚀的管道、阀门、泵体、热交换器、蒸馏塔及海水淡化系统装置与零部件。在钛中添加锰、铝或铬、钼等元素，可获得性能优良的钛合金。供应的品种主要有带材、管材和钛丝等。

2.2.4.4　镍及其合金

镍是稀有贵重金属，相对密度 8.902，具有很高的强度和塑性，有良好的延伸性和可锻性。镍具有很好的耐腐蚀性，在高温碱溶液或熔融碱中都很稳定，故镍主要应用于制造处理碱介质的设备。

在镍合金中，以蒙乃尔合金应用最广。蒙乃尔合金能在 500℃ 时保持高的力学性能，能在 750℃ 以下抗氧化，在非氧化性酸、盐和有机溶液中比纯镍、纯铜更具耐蚀性。

2.2.4.5　铅及其合金

铅是重金属，相对密度 11.35，硬度低、强度小，不宜单独作为设备材料，只适于做设备的衬里。铅的热导率小，不适合作为换热设备的用材；纯铅不耐磨，非常软。但在许多介质中，特别是在硫酸（80% 的热硫酸及 92% 的冷硫酸）中，铅具有很高的耐蚀性。

铅与锑合金称为硬铅，它的硬度、强度都比纯铅高，在硫酸中的稳定性也比纯铅好。硬铅的主要牌号为 PbSb4、PbSb6、PbSb8 和 PbSb10。

铅和硬铅常作为耐酸、耐蚀和防护材料，可用来作加料管、鼓泡器、耐酸泵和阀门等零件。

2.3　金属的腐蚀与预防

金属和它所处的环境介质之间发生化学、电化学或物理作用，引起金属的变质和破坏，称为金属腐蚀。腐蚀现象是十分普遍的。从热力学的观点出发，除了极少数贵金属（Au、Pt）外，一般材料发生腐蚀都是一个自发过程。材料腐蚀问题遍及国民经济的各个领域。从日常生活到交通运输、机械、化工、冶金领域，从尖端科学技术到国防工业，凡是使用材料的地方，都不同程度地存在着腐蚀问题。腐蚀给社会带来了巨大的经济损失，造成一些灾难性事故，耗竭了宝贵的资源与能源，污染了环境，阻碍了高科技的正常发展。

环保设备同样存在腐蚀问题，为了减少经济损失，必须研究设备材料腐蚀的机理并采取有效的预防措施。

2.3.1　金属腐蚀的机理

根据环保设备所处的工作环境，可以将金属的腐蚀分为两大类：化学腐蚀和电化学腐蚀。

2.3.1.1　化学腐蚀

化学腐蚀是金属表面与环境介质发生化学作用而产生的损坏，它的特点是腐蚀发生在金属的表面上，腐蚀过程中没有电流的产生。

在生产中，有很多机器和设备是在高温下操作的，如垃圾焚烧炉、氨合成塔、硫酸氧化炉、石油气制氢转化炉等。金属在高温下受蒸汽和气体作用，发生的金属高温氧化及脱碳就是一种高温下的气体腐蚀，是高温设备中常见的化学腐蚀之一。

（1）金属的高温氧化　当钢和铸铁温度高于300℃时，就在其表面出现可见的氧化皮。随着温度的升高，钢铁的氧化速度大为增加。在570℃以下氧化时，在钢表面形成的是Fe_2O_3、Fe_3O_4的氧化层。这个氧化层组织致密、稳定，附着在铁的表面上不易脱落，从而起到了保护膜的作用。在570℃以上时，钢件表层由Fe_2O_3、Fe_3O_4和FeO所构成，氧化层主要成分是FeO。由于FeO直接依附在铁上，而它结构疏松，容易剥落，不能阻止内部的铁进一步被氧化。因此，钢件加热温度愈高或加热时间愈长，则氧化愈严重。

如果想提高钢的高温抗氧化能力，就要阻止FeO的形成。可以在钢里加入适量的合金元素铬、硅或铝。因为这些元素的氧化物比铁氧化物（FeO）的保护性好。

（2）钢的脱碳　钢是铁碳合金，碳可以以渗碳体的形式存在。所谓钢的高温脱碳是指在高温气体作用下，钢的表面在产生氧化皮的同时，与氧化膜相连接的金属表面层发生渗碳体减少的现象。之所以发生脱碳，是因为在高温气体中含有O_2、H_2O、CO_2、H_2等成分时，钢中的渗碳体Fe_3C与这些气体发生反应而使渗碳体中的碳以碳氧化物形式排出。

脱碳使碳的含量减少，金属的表面硬度和抗疲劳强度降低。同时由于气体的析出，破坏了钢表面膜的完整性，使耐蚀性更进一步降低。改变气体的成分，以减少气体的侵蚀作用是防止钢脱碳的有效方法。

2.3.1.2　电化学腐蚀

金属与电解质溶液间产生电化学作用所发生的腐蚀称电化学腐蚀。其特点是在腐蚀过程中有电流产生，在绝大多数情况下，这种电池为短路的原电池。电解质的化学性质、环境因素（温度、压力、流速等）、金属的特性、表面状态及其组织结构和成分的不均匀性、腐蚀产物的物理化学性质等，都对腐蚀过程有很大的影响。因此，电化学腐蚀现象是相当复杂的。例如，在潮湿的大气中，桥梁、钢结构的腐蚀，在海水中海洋采油平台、舰船壳体的腐蚀，土壤中地下输油、输气管线的腐蚀以及在含酸、含盐、含碱的水溶液等工业介质中金属的腐蚀，均属于此类。

为了说明电化学腐蚀过程，首先看一个实验：把锌片与铜片相接触并浸入稀硫酸中（图2-1），则可见到锌被腐蚀，同时在铜片上逸出了大量的氢气泡。如将含少量锡、铅、铁等元素的锌浸入稀硫酸中，也可观察到这些元素显著地加速了锌的腐蚀。

由图 2-1 可见，电化学腐蚀过程可分成阳极和阴极两个独立进行的过程。

阳极过程——金属溶解并以离子形式进入溶液，同时把当量的电子留在金属中：

$$Zn \longrightarrow Zn^{2+} + 2e^-$$

阴极过程——从阳极迁移过来的电子被电解质溶液中能够吸收电子的物质所接受：

$$2H^+ + 2e^- \longrightarrow H_2 \uparrow$$

电化学腐蚀的总反应之所以能分成两个过程，是因为溶液中有阳离子，同时在金属中有自由电子。在多数情况下，电化学腐蚀经常是以阳极和阴极过程在不同区域局部进行为特征的。这是区分腐蚀过程的电化学历程与纯化学腐蚀历程的一个重要标志。

根据腐蚀过程的电化学历程予以分析，金属的阳极溶解（或称金属的氧化）过程和环境中物质的还原过程可以在不同的部位相对独立地进行，电子的传递依靠金属本身作为回路间接进行。图 2-2 示意地表示了金属与氧发生电化学作用形成金属氧化物的腐蚀过程。

综上所述，对于金属材料或金属构件，在腐蚀介质中，只要有电位差，就可能构成腐蚀电池，就将存在发生腐蚀的自发倾向。

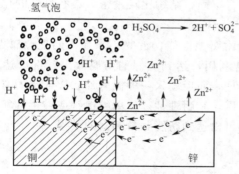

图 2-1 锌与铜接触时，在稀硫酸中的溶解图

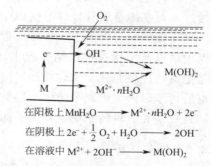

在阳极上 $MnH_2O \longrightarrow M^{2+} \cdot nH_2O + 2e^-$

在阴极上 $2e^- + \frac{1}{2} O_2 + H_2O \longrightarrow 2OH^-$

在溶液中 $M^{2+} + 2OH^- \longrightarrow M(OH)_2$

图 2-2 金属与氧发生电化学氧化示意图

2.3.2 金属设备的防腐措施

金属或合金材料自身的耐蚀性是金属是否容易遭到腐蚀的最基本的因素。各国的材料工作者一直在努力地研制针对不同腐蚀环境的新型耐蚀合金。新耐蚀材料或新技术的出现不仅可以解决腐蚀防护方面的重大难题，而且会对尖端技术的发展起到巨大推动作用。

材料的加工和成形工艺也是材料防腐中必须考虑的问题，金属或合金的组成、有害杂质的含量、热处理状态、应力和变形、表面状况等都与腐蚀密切相关。为防止生产设备被腐蚀，除选择合适的耐腐蚀材料制造设备外，还可以采用多种防腐蚀措施对设备进行防腐处理。

2.3.2.1 衬覆保护层

把金属同促使金属腐蚀的外界条件如水分、氧气等腐蚀性物质尽可能地隔离开来，可以起到防止腐蚀的作用，采用涂层防腐仍是当前使用面最宽、量最大的防护手段。

（1）金属覆盖层 用耐腐蚀性能较强的金属或合金覆盖在耐腐蚀性能较弱的金属上以防止腐蚀的方法，称为金属覆盖层保护方法。常见的有电镀法（镀铬、镀镍）、喷镀法、渗镀法、热镀法及衬不锈钢材衬里等。

（2）非金属覆盖层 用有机或无机物质制成的覆盖层称为非金属覆盖层，常用的有金属设备内部衬以非金属衬里并涂有防腐涂料。在金属设备内部衬以砖、板是行之有效的预防防腐方法。常用的砖板衬里材料有：酚醛胶泥衬瓷板、瓷砖；水玻璃（硅酸钠）胶泥衬瓷板、瓷砖。除砖板衬里之外，还有橡胶衬里和塑料衬里。为防止金属的大气腐蚀，还在金属设备外涂有防腐涂料，如防锈漆、底漆、大漆、酚醛树脂漆、环氧树脂漆以及某些塑料涂料，如聚乙烯涂料、聚氯乙烯涂料等。

（3）化学保护层 化学保护层也称化学转化膜，是采用化学或电化学方法使金属表面形成的稳定的化合物膜层。根据成膜时所采用的介质，可将化学转化膜分为氧化膜、磷化膜、铬酸盐钝化膜等。

① 氧化膜：在一定温度下把钢铁件放入含有氧化剂的溶液中，处理形成致密的氧化膜。例如钢铁的"发蓝"或"发黑"处理。

② 磷化膜：把金属放入含有锌、锰、铁等的磷酸盐溶液中进行化学处理，可以在金属表面生成一层难溶于水的磷酸盐保护膜。磷化膜呈微孔结构，与基体结合牢固，具有良好的吸附性、润滑性、耐蚀性。

③ 铬酸盐钝化膜：把金属或金属镀层放入含有某些添加剂的铬酸或铬酸盐溶液中，可以生成铬酸盐钝化膜。铬酸盐钝化膜与基体结合牢固，结构比较紧密，具有良好的化学稳定性、耐蚀性，对基体金属有较好的保护作用。

（4）复合保护层 为了进一步提高金属的耐腐蚀性能，近些年来，人们把金属保护层、非金属保护层以及化学保护层结合起来，综合利用，达到更好的防腐效果。例如达克罗技术，就是把钢铁件表面先除锈，并经铬酸盐处理，而后浸入一种混有片状锌或铝的有机树脂中，涂覆后再经烘烤，形成很薄的一层复合涂层，其耐蚀性远比单纯镀锌或镀铝性能强。达克罗实际是锌铬和有机树脂涂层，用于标准件可以达到防腐和自润滑的效果。

2.3.2.2 电化学保护

根据金属腐蚀的电化学原理，如果把处于电解质溶液中的某些金属的电位提高，使金属钝化，人为地使金属表面生成难溶而致密的氧化膜，可以降低金属的腐蚀速度；同样，如果使某些金属的电位降低，使金属难于失去电子，可大大降低金属的腐蚀速度，甚至使金属的腐蚀完全停止。这种通过改变金属-电解质的电极电位来控制金属腐蚀的方法称为电化学保护。电化学保护分为阴极保护与阳极保护两种。

（1）阴极保护 阴极保护是通过外加电流使被保护的金属阴极极化，以控制金属腐蚀的方法，可分为外加电流法和牺牲阳极法。图 2-3 为阴极保护示意图。外加电流法是把被保护的金属设备与直流电源的负极相连，电源的正极和一个辅助阳极相连。当电源接通后，电源便给金属设备以阴极电流，使金属设备的电极电位向负的方向移动，当电位降到腐蚀电池的阳极起始电位时，金属设备的腐蚀即可停止。阴极保护法用来防止在海水或河水中的金属设备的腐蚀非常有效，并已应用到石油、化工、生产中海水腐蚀的冷却设备和各种输送管道上，如碳钢制海水箱式冷却槽、卤化物结晶槽、真空制盐蒸发器等。在外加电流法中，辅助阳极的材料必须具有导电性好、在阳极极化状态下耐腐蚀、有较好的机械强度、容易加工、成本低、来源广等特点，常用的有石墨、硅铸铁、镀铂钛、镍、铅银合金和钢铁等。

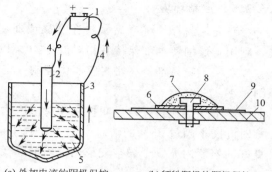

(a) 外加电流的阴极保护 (b) 牺牲阳极的阴极保护

图 2-3　阴极保护示意图

1—直流电源；2—辅助阳极；3,10—被保护设备；4—导线；5—溶液；6—垫片；7—牺牲阳极；8—螺栓；9—涂层

　　牺牲阳极法是在被保护的金属上连接一块电位更负的金属作为牺牲阴极。由于外接的牺牲阳极的电位比被保护的金属更负，更容易失去电子，它输出阴极的电流使被保护的金属阴极极化。

　　（2）阳极保护　阳极保护是把被保护设备与外加的直流电源阳极相连，在一定的电解质溶液中，把金属的阳极极化到一定电位，使金属表面生成钝化膜，从而降低金属的腐蚀作用，使设备受到保护。阳极保护只有当金属在介质中能钝化时才能应用，否则，阳极极化会加速金属的阳极溶解。阳极保护应用时受条件限制较多，且技术复杂，故使用得不多。

2.3.2.3　缓蚀剂

　　缓蚀剂的应用和发展是腐蚀科学与工程发展中的重要成就之一。当前，世界各国相关的科技界、企业界对缓蚀剂的开发和应用前景极为关注，各种新型缓蚀剂也不断涌现。防止大气腐蚀所用的缓蚀剂有油溶性缓蚀剂、气相缓蚀剂和水溶性缓蚀剂。气相缓蚀剂可挥发，以充满包装容器，沉积在金属表面上，阻碍腐蚀过程的进行。水溶性缓蚀剂主要用于防锈水中，即把零件喷涂或浸渍在含有缓蚀剂的水溶液内来防止金属的生锈。

　　一种缓蚀剂对各种介质的效果是不一样的，对某种介质能起缓蚀作用，对其他介质则可能无效，甚至是有害的，因此，须严格选择合适的缓蚀剂。选择缓蚀剂的种类和用量，须根据设备所处的具体操作条件通过试验来确定。

　　缓蚀剂分为重铬酸盐、过氧化氢、磷酸盐、亚硫酸钠、硫酸锌、硫酸氢钙等无机缓蚀剂和有机胶体、氨基酸、酮类、醛类等有机缓蚀剂。

2.3.2.4　腐蚀介质的处理

　　处理腐蚀介质就是改变腐蚀介质的性质，降低或消除介质中的有害成分以防止腐蚀。这种方法只能在腐蚀介质数量有限的条件下进行，对于充满空间的大气当然无法处理。处理腐蚀介质一般分以下两类：一类是去掉介质中有害成分，改善介质性质。例如在热处理炉中通入保护气体以防止氧化，在酸性土壤中掺入石灰进行中和，防止土壤腐蚀等。另一类就是在腐蚀介质中加入缓蚀剂。在腐蚀介质中加入少量的缓蚀剂，可以使金属腐蚀的速度大大降低，此种物质也称腐蚀抑制剂。例如在自来水系统中加入一定量的氢氧化钠或石灰，以去除水中过多的 CO_2，防止水管腐蚀；在钢铁酸洗溶液中加缓蚀剂，以抑制过酸洗和氢脆性等。

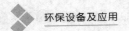

2.3.2.5　控制环境

（1）充氮封存　将产品密封在金属或非金属容器内，经抽真空后充入干燥而纯净的氮气，利用干燥剂使内部保持在相对湿度 40％以下，因无水分和氧，故金属不生锈。

（2）采用吸氧剂　在密封容器内控制一定的湿度和露点，以除去大气中的氧，常用的吸氧剂是 Na_2SO_3。

（3）干燥空气封存　也叫控制相对湿度法，是常用的长期封存方法之一，其基本依据是在相对湿度不超过 35％的洁净空气中金属不会生锈，非金属不会发霉。因此，必须在密封性良好的容器内充以干燥空气或用干燥剂降低包装容器内的湿度，造成比较干燥的环境。

2.4　常用非金属材料

非金属材料具有优良的耐腐蚀性，原料来源丰富，品种多样，适合因地制宜，就地取材，是一种有着广阔发展前景的工业材料。非金属材料既可以作为单独的结构材料，又能做金属设备的保护衬里、涂层，还可做设备的密封材料、保温材料和耐火材料。

应用非金属材料做环保设备，除要求有良好的耐腐蚀性外，还应有足够的强度、渗透性、孔隙，吸水性要小，热稳定性好，容易加工制造，成本低，来源丰富。

非金属材料分为无机非金属材料（主要包括陶瓷、搪瓷、玻璃等）、有机非金属材料（主要包括塑料、涂料、橡胶等）及近几十年来发展的复合材料（玻璃钢等）。

2.4.1　无机非金属材料

2.4.1.1　陶瓷

陶瓷按原料可分为普通陶瓷（硅酸盐材料）和特种陶瓷（人工合成材料）；按用途可分为日用陶瓷、结构陶瓷和功能陶瓷等；按性能可分为高强度陶瓷、高温陶瓷、耐磨陶瓷、耐酸陶瓷、压电陶瓷、光学陶瓷、半导体陶瓷、磁性陶瓷等。

陶瓷材料具有极高的硬度、优良的耐磨性，弹性模量高、刚度大，抗拉强度很低但抗压强度很高，塑性、韧性低，脆性大，在室温下几乎没有塑性，难以进行塑性加工。陶瓷的熔点很高，大多在 2000℃以上，因此具有很高的耐热性能；线胀系数小，导热性差。陶瓷的化学稳定性高，抗氧化性优良，对酸、碱、盐具有良好的耐腐蚀性。大多数陶瓷具有高电阻率，少数陶瓷具有半导体性质。许多陶瓷具有特殊的性能，如光学性能、电磁性能等。

（1）普通陶瓷　普通陶瓷是指以黏土、长石、石英等为原料烧结而成的陶瓷。这类陶瓷质地坚硬，不氧化，耐腐蚀，不导电，成本低，但强度较低，耐热性及绝缘性不如其他陶瓷。普通工业陶瓷有建筑陶瓷、电瓷、化工陶瓷等。电瓷主要用于制作隔电、机械支持及连接用瓷质绝缘器件。化工陶瓷主要用于化学、石油化工、食品、制药工业中制造实验器皿、耐蚀容器、反应塔、管道等。

（2）特种陶瓷

① 氧化铝陶瓷。氧化铝陶瓷又称高铝陶瓷，主要成分为 Al_2O_3，含有少量 SiO_2。其强度高于普通陶瓷，硬度很高，耐磨性很好，耐高温，可在 1600℃高温下长期工作。耐腐蚀

性和绝缘性能良好，还具有光学特性和离子导电特性，但韧性低，脆性大。主要用于制作装饰瓷、内燃机的火花塞、石油化工泵的密封环、机轴套、切削工具、模具、磨料、轴承、人造宝石、耐火材料、坩埚、炉管、热电偶保护管等。

②　氧化锆陶瓷。氧化锆工业陶瓷材料具有强度大、硬度高、韧性强、不易断裂、耐磨损、隔热性能优良、耐高温的优点，可以作为耐火材料，应用很广泛。由氧化锆工业陶瓷材料制成的氧化锆坩埚可以成功地熔化铂、钯、钌、铯等贵金属及其合金，也可用于钾、钠、石英玻璃、氧化物和盐的冶炼。氧化锆纤维是唯一能满足在 1600℃ 以上超高温氧化气氛下长期使用的多晶质耐火纤维材料，具有比国内市场上现有的耐火纤维品种更高的使用温度和更好的隔热性能，并且高温下化学性质稳定，耐腐蚀、抗氧化、抗热震、不挥发、无污染，是当今最高档的耐火纤维材料。氧化锆陶瓷轴承全瓷轴承具有耐磁绝缘、耐磨、耐腐蚀、无油、自润滑、耐高温、耐寒等特点，适用于极端环境和特殊工作条件。氧化锆工业陶瓷材料磨球硬度高、磨损率低，使用时间长，可大大减少原材料的污染与研磨，能有效保证产品的质量。氧化锆陶瓷刀具具有高强度、耐磨、不氧化、不生锈、耐酸碱、抗静电等特点。

③　氮化硅陶瓷。氮化硅陶瓷是以 Si_3N_4 为主要成分的陶瓷。根据制作方法可分为热压烧结陶瓷和反应烧结陶瓷。具有很高的硬度，摩擦因数小，耐磨性好；具有优良的化学稳定性；能耐除氢氟酸、氢氧化钠外的其他酸性和碱性溶液的腐蚀，以及耐熔融金属的侵蚀；具有优良的绝缘性能。热压烧结氮化硅陶瓷的强度、韧性都高于反应烧结氮化硅陶瓷，主要用于制造形状简单、精度要求不高的零件，如切削刀具、高温轴承等。反应烧结氮化硅陶瓷用于制造形状复杂、精度要求高的零件，用于要求耐磨、耐蚀、耐热、绝缘等场合，如泵密封环、热电偶保护套、高温轴套、电热塞、电磁泵管道和阀门等。

④　氮化硼陶瓷。氮化硼陶瓷分为低压型和高压型两种。低压型结构与石墨相似，又称白石墨，其硬度较低，具有自润滑性，具有良好的高温绝缘性、耐热性、导热性、化学稳定性。主要用于耐热润滑剂、高温轴承、高温容器、坩埚、热电偶套管、散热绝缘材料、玻璃制品成形模等。高压型硬度接近金刚石，主要用于磨料和金属切削刀具。

⑤　氮化铝（AlN）陶瓷。氮化铝（AlN）陶瓷热硬度很高，具有优异的抗热震性，对 Al 和其他熔融金属、砷化镓等具有良好的耐蚀性；还具有优良的电绝缘性和介电性质；但 AlN 的高温抗氧化性差，在大气中易吸潮、水解。AlN 可以用作熔融金属用坩埚、热电偶保护管、真空蒸镀用容器，也可用作真空中蒸镀金的容器、耐热砖等。

⑥　碳化物陶瓷。典型碳化物陶瓷材料有碳化硅（SiC）、碳化硼（B_4C）、碳化钛（TiC）、碳化锆（ZrC）等。碳化物的共同特点是高熔点，许多碳化物的抗氧化能力都比 W、Mo 等高熔点金属好。大多数碳化物都具有良好的电导率和热导率。许多碳化物都有非常高的硬度，特别是 B_4C 的硬度仅次于金刚石和立方氮化硼，碳化物的脆性一般较大。

碳化硅陶瓷：碳化硅陶瓷是以 SiC 为主要成分的陶瓷。碳化硅陶瓷按制造方法分为反应烧结陶瓷、热压烧结陶瓷和常压烧结陶瓷。碳化硅陶瓷具有很高的高温强度，良好的热稳定性、抗蠕变性、耐磨性、耐蚀性、导热性、耐辐射性。主要用于石油化工、钢铁、机械、电子、核能等工业中，如浇注金属的浇道口、轴承、密封阀片、轧钢用导轮、内燃机器件、热变换器、热电偶保护套管、炉管等。

碳化硼陶瓷：碳化硼陶瓷的显著特点是：高熔点（约 2450℃）；低密度，其密度仅是钢的 1/3；低线胀系数；高导热性能；高硬度和高耐磨性，其硬度仅低于金刚石和立方氮化硼（CBN）；较高的强度和一定的断裂韧性。因 B_4C 所具有的优异性能，其除了大量用作磨料之外，还可以制作各种耐磨零件、热电偶元件、高温半导体、宇宙飞船上的热电转化装置、防弹装甲、反应堆控制棒与屏蔽材料等。

2.4.1.2 搪瓷

搪瓷由含硅量高的瓷釉通过900℃左右的高温煅烧，使瓷釉密着在金属表面。搪瓷具有优良的耐腐蚀性能、力学性能和电绝缘性能，但易碎裂。

搪瓷的热导率不到钢的1/4，热胀系数大。故搪瓷设备不能直接用火焰加热，以免损坏搪瓷表面，可以用蒸汽或油浴缓慢加热。使用温度为−30～270℃。

目前我国生产的搪瓷设备有反应釜、贮罐、换热器、蒸发器、塔和阀门等。

2.4.1.3 玻璃

工业用的玻璃不是一般的钠钙玻璃，而是硼玻璃（耐热玻璃）或高铝玻璃，它们有好的热稳定性和耐腐蚀性。

玻璃在生产中用作管道或管件，也可以作容器、反应器、泵、热交换器、隔膜阀等。玻璃虽然有耐腐蚀、清洁、透明、阻力小、价格低等特点，但质脆，耐温度急变性差，不耐冲击和振动。目前已成功采用金属管内衬玻璃或用玻璃钢加强玻璃管道来弥补其不足。

2.4.1.4 石墨

天然石墨含有大量杂质，耐蚀性差。人工不透性石墨具有优良的耐蚀性、导热性，热胀系数小，耐温度急变性好，不污染介质，密度低，易于加工成形。其缺点是机械强度低、性脆。石墨用于制造热交换器、塔及塔件、管道、管件、盐酸合成炉等。

2.4.2 有机非金属材料

2.4.2.1 工程塑料

塑料是以树脂为主要成分，添加能改善性能的填充剂、增塑剂、稳定剂、固化剂、润滑剂、发泡剂、着色剂、阻燃剂、防老化剂等制成的。填充剂主要起增强作用，可以使塑料具有所要求的性能。增塑剂用来增加树脂的塑性和柔韧性。稳定剂包括热稳定剂和光稳定剂，可提高树脂在受热、光、氧作用时的稳定性。润滑剂用来防止塑料黏着在模具或其他设备上。固化剂是能将高分子化合物由线型结构转变为立体型交联结构的物质。发泡剂是受热时会分解、放出气体的有机化合物，用于制备泡沫塑料等。

塑料的品种很多，根据受热后的变化和性能的不同，可分为热塑性塑料和热固性塑料两大类。

热塑性塑料是由可以经受反复受热软化（或熔化）和冷却凝固的树脂为基本成分制成的塑料，它的特点是遇热软化或熔融，冷却后又变硬，这一过程可反复多次。典型产品有聚氯乙烯、聚乙烯、聚苯乙烯、聚丙烯、聚酰胺、聚甲醛、聚碳酸酯、聚苯醚、聚四氟乙烯等。

热固性塑料是由经加热转化（或熔化）和冷却凝固后变成不熔状态的树脂为基本成分制成的塑料，它的特点是在一定温度下，经过一定时间的加热或加入固化剂即可固化，质地坚硬，既不溶于溶剂，也不能用加热的方法使之再软化，典型的产品有酚醛树脂、环氧树脂、氨基树脂、呋喃树脂、有机硅树脂等。

由于塑料一般具有良好的耐腐蚀性能、一定的机械强度、良好的加工性能和电绝缘性能，价格较低，因此广泛应用在工业生产中。

（1）聚乙烯（PE）　聚乙烯无毒、无味、无臭，具有良好的耐化学腐蚀性和电绝缘性，强度较低，耐热性不高，易老化，易燃烧等。

根据密度分为低密度聚乙烯和高密度聚乙烯。低密度聚乙烯主要用作日用制品、薄膜、软质包装材料、层压纸、层压板、电线电缆包覆等；高密度聚乙烯主要用作硬质包装材料、化工管道、贮槽、阀门、高频电缆绝缘层、各种异型材、衬套、小负荷齿轮、轴承等。聚乙烯塑料的物理、力学性能见表 2-2。

表 2-2　聚乙烯塑料的物理、力学性能

密度/(g/cm³)	拉伸强度/MPa	弯曲强度/MPa	冲击强度/(J/cm²)	熔点/℃	维卡软化温度/℃
0.94～0.96	20～30	20～30	10～30	123～129	120～130

（2）聚氯乙烯（PVC）　聚氯乙烯具有较高的强度和刚度、良好的电绝缘性和耐化学腐蚀性，有阻燃性，但热稳定性较差，使用温度较低等。

根据增塑剂用量的不同分为硬质聚氯乙烯和软质聚氯乙烯。软质聚氯乙烯主要用于薄膜、人造革、墙纸、电线电缆包覆及软管等；硬质聚氯乙烯主要用于工业管道系统、给排水系统、板件、管件、建筑及家居用防火材料、防腐设备及各种机械零件等。

硬聚氯乙烯塑料的物理、力学性能见表 2-3。

表 2-3　硬聚氯乙烯塑料的物理、力学性能

密度/(g/cm³)	拉伸强度/MPa	弯曲强度/MPa	冲击强度/(J/cm²)	线胀系数/℃⁻¹	维卡软化温度/℃
1.35～1.45	35～56	90	0.3	$(5～6)×10^{-5}$	65～80

（3）聚苯乙烯（PS）　聚苯乙烯无毒、无味、无臭、无色，具有良好的电绝缘性和耐化学腐蚀性，但不耐苯、汽油等有机溶剂，强度较低，硬度高，脆性大，不耐冲击，耐热性差，易燃烧等。主要用于日用、装潢、包装及工业制品，如仪器仪表外壳、灯罩、光学零件、装饰件、透明模型、玩具、化工贮酸槽、包装及管道的保温层、冷冻绝缘层等。

（4）聚酰胺（PA）　聚酰胺又称尼龙或锦纶，具有较高的强度、韧性和耐磨性，电绝缘性、耐油性、阻燃性良好，耐热性不高。主要用于制造机械、化工、电气零部件，如轴承、齿轮、凸轮、泵叶轮、高压密封圈、阀门零件、包装材料、输油管、储油容器、丝织品及汽车保险杠、门窗手柄等。

（5）聚甲醛（POM）　聚甲醛具有良好的强度、硬度、刚性、韧性、耐磨性、耐疲劳性、电绝缘性和耐化学腐蚀性，热稳定性差，易燃。主要用于制造轴承、齿轮、凸轮、叶轮、垫圈、法兰、活塞环、导轨、阀门零件、仪表外壳、化工容器、汽车部件等，特别适用于无润滑的轴承、齿轮等。

（6）酚醛树脂（电木）（PF）　酚醛树脂具有良好的耐热性、耐磨性、耐腐蚀性及电绝缘性。以木粉为填料制成的酚醛树脂粉又称胶木粉或电木粉，是常用的热固性树脂。制成的电器开关、插座、灯头等，不仅绝缘性好，而且有较好的耐热性、较高的硬度、刚度和一定的强度；以纸片、棉布、玻璃布等为填料制成的层压酚醛树脂，具有强度高、耐冲击以及耐磨性优良等特点，常用以制造受力要求较高的机械零件，如齿轮、轴承、汽车刹车片等。

（7）氨基树脂　最常用的氨基树脂是脲醛树脂，用脲醛树脂压塑粉压制的各种制品，有

较高的表面硬度，颜色鲜艳有光泽，又有良好的绝缘性，俗称"电玉"。常见的制品有仪表外壳、电话机外壳、开关、插座等。

（8）聚四氟乙烯（PTFE）塑料　聚四氟乙烯塑料具有优异的耐腐蚀性，能耐强腐蚀性介质（硝酸、浓硫酸、王水、盐酸、苛性碱等）腐蚀。耐腐蚀性甚至超过贵重金属金和银，有塑料王之称。使用温度范围为 $-100 \sim 250℃$。

聚四氟乙烯常用来做耐腐蚀、耐高温的密封元件、密封带及高温管道。由于聚四氟乙烯有良好的自润滑性，还可以用以制作无润滑的活塞环。

（9）聚丙烯（PP）塑料　聚丙烯分子链上的侧基 CH_3 降低规整度与柔性，使刚性增大；其重量较轻，耐热性能良好，加热至 150℃ 不变形；强度、弹性模量、硬度等性能均高于低压聚乙烯；绝缘性能优越。常用于制造机器、设备的某些零部件，如法兰、齿轮、风扇叶轮、泵叶轮、接头、把手等；制作各种化工及水工艺容器，如管道、阀门配件、泵壳等；制造各种家用电器设备外壳；织成纺织产品等。

（10）ABS 塑料　由丙烯腈、丁二烯和苯乙烯合成。具有"硬、韧、刚"的混合特性，综合力学性能良好；尺寸稳定，易于电镀和成形；耐热、耐蚀性较好，零下 40℃ 下仍有一定的机械强度。性能可由单体含量来调整，丙烯腈可提高塑料的耐热、耐蚀性能和表面硬度，丁二烯提高塑料的弹性和韧性，苯乙烯改善塑料电性能和成形能力。ABS 的原料易得，综合性能良好，价格便宜。

2.4.2.2　涂料

涂料是一种高分子胶体的混合物溶液，涂在物体表面，然后固化形成薄涂层，用来保护物体免遭大气腐蚀及酸、碱等介质的腐蚀。大多数情况下用于涂刷设备、管道的外表面，也常用于设备内壁的防腐涂层。

采用防腐涂层的特点是品种多、选择范围广、适应性强、使用方便、价格低、适于现场施工等。但是，由于涂层较薄，在有冲击及强腐蚀介质的情况下，涂层容易脱落，使得涂料在设备内壁面的应用受到了限制。

常用的防腐涂料有防锈漆、底漆、大漆、酚醛树脂漆、环氧树脂漆以及某些涂料，如聚乙烯涂料、聚氯乙烯涂料等。

2.4.2.3　橡胶

橡胶在很宽的温度范围内具有极好的弹性，在小负荷作用下即能产生弹性变形。橡胶具有高的拉伸强度和疲劳强度，并且具有不透水、不透气、耐酸碱和电绝缘等性能。良好的性能，使其得到了广泛的应用。

橡胶是以生胶为主要成分，添加各种配合剂和增强材料制成的。生胶是指无配合剂、未经硫化的天然或合成橡胶。生胶具有很高的弹性，但强度低，易产生永久性变形；稳定性差，如会发黏、硬、溶于某些溶剂等。配合剂用来改善橡胶的各种性能。常用配合剂有硫化剂、硫化促进剂、活化剂、填充剂、增塑剂、防老化剂、着色剂等。硫化剂用来使生胶的结构由线型转变为立体交联结构，从而使生胶变成具有一定强度、韧性、高弹性的硫化胶；硫化促进剂作用是缩短硫化时间、降低硫化温度、改善橡胶性能；活化剂用来提高促进剂的作用；填充剂用来提高橡胶的强度、改善工艺性能和降低成本；增塑剂用来增加橡胶的塑性和柔韧性；防老化剂用来防止或延缓橡胶老化，主要有胺类和酚类等防老化剂。增强材料主要有纤维制品、钢丝加工制成的帘布、丝绳、针织品等类型，以增加橡胶制品的强度。

橡胶根据原材料的来源可分为天然橡胶和合成橡胶。

（1）天然橡胶　天然橡胶由橡胶树上流出的胶乳提炼而成。天然橡胶具有较好的综合性能，弹性高，具有良好的耐磨性、耐寒性和工艺性能，电绝缘性好，价格低廉。但耐热性差，不耐臭氧，易老化，不耐油。

天然橡胶广泛用于制造轮胎、输送带、减振制品、胶管、胶鞋及其他通用制品。

（2）合成橡胶

① 丁苯橡胶。丁苯橡胶是应用最广、产量最大的一种合成橡胶。它由丁二烯和苯乙烯共聚而成，其性能主要受苯乙烯的含量影响，随着苯乙烯含量的增加，橡胶的耐磨性、硬度增大而弹性下降。丁苯橡胶比天然橡胶质地均匀，耐磨性、耐热性和耐老化性好。主要用于制造轮胎、胶板、胶布、胶鞋及其他通用制品，不适于制造高速轮胎。

② 丁基橡胶。丁基橡胶由异丁烯和少量异戊二烯低温共聚而成。其气密性极好，耐老化性、耐热性和电绝缘性较高，耐水性好，耐酸碱，有很好的抗多次重复弯曲的性能。但强度低，易燃，不耐油，对烃类溶剂的抵抗力差。主要用于制造内胎、外胎以及化工衬里、绝缘材料、防振动与防撞击材料等。

③ 氯丁橡胶。氯丁橡胶由氯丁二烯以乳液聚合法而制成，其物理、力学性能良好，耐油、耐溶剂性和耐老化性、耐燃性良好，电绝缘性差。主要用于制造电缆护套、胶管、胶带、胶黏剂及一般橡胶制品。

2.4.2.4　复合材料

由两种或两种以上在物理和化学上不同的物质结合起来而得到的一种多相固体材料称为复合材料。复合材料不仅具有各组成材料的优点，而且还具有单一材料无法具备的优越的综合性能。故而复合材料发展迅速，在各个领域得到了广泛应用。

复合材料通常分成两个基本组成相：一相是连续相，称为基体相，主要起粘接和固定作用；另一相是分散相，称为增强相，主要起承受载荷作用。复合材料按基体材料可分为树脂基复合材料、金属基复合材料、陶瓷基复合材料等；按增强材料的类型和形态可分为纤维增强复合材料、颗粒增强复合材料、叠层复合材料、骨架复合材料、涂层复合材料等。

复合材料具有高的比强度、比模量（弹性模量与密度之比）和疲劳强度，减振性和高温性能好，断裂安全性高，抗冲击性差，横向强度较低。

（1）树脂基复合材料　树脂基复合材料是将树脂浸到纤维和纤维织物上，在成形模具上涂树脂、铺织物，然后固化而制成。

① 玻璃纤维增强塑料。又称为玻璃钢，基体相为树脂，分散相为玻璃纤维。玻璃钢具有优良的耐腐蚀性能，有良好的工艺性能。根据树脂的性质可分为热固性玻璃钢和热塑性玻璃钢。热固性玻璃钢密度小，强度高，耐蚀性好，绝缘好，绝热性好，吸水性低，防磁，弹性模量低，刚度差，耐热性低。热塑性玻璃钢强度比热固性玻璃钢低，但韧性、低温性能良好，线胀系数低。玻璃钢主要用于在工业中作容器、贮罐、塔、鼓风机、槽车、搅拌器、泵、管道、阀门等。

② 碳纤维增强塑料。基体相为树脂，分散相为碳纤维。碳纤维增强塑料密度小，比强度、比模量高，抗疲劳性、减摩耐磨性、耐蚀性、耐热性优良，垂直纤维方向的强度、刚度低。主要用于制造飞机螺旋桨、机身、机翼，汽车外壳、发动机壳体，机械工业中的轴承、齿轮，化工中的容器、管道等。

③ 石棉纤维增强塑料。基体材料主要有酚醛、尼龙、聚丙烯树脂等,分散相为石棉纤维。化学稳定性和电绝缘性良好,主要用于汽车制动件、阀门、导管、密封件、化工耐蚀件、隔热件、电绝缘件、耐热件等。

(2)金属基复合材料　金属基复合材料是将金属与增强材料利用一定的工艺均匀混合在一起而制成,基体相为金属。常用的基体金属有铝、钛、镁等;常用的纤维增强材料有硼纤维、碳纤维、氧化铝纤维、碳化硅纤维等,颗粒增强材料有碳化硅、氧化铝、碳化钛等。

金属基复合材料具有高的强度、弹性模量、耐磨性、冲击韧性,好的耐热性、导热性、导电性,不易燃,不吸潮,尺寸稳定,不老化等优点,大大扩展了金属材料的应用范围。但密度较大,成本较高,有的材料工艺复杂。

(3)陶瓷基复合材料　陶瓷基复合材料是将陶瓷与增强材料利用一定的工艺均匀混合在一起而制成的,基体相为陶瓷,常用的增强材料有氧化铝、碳化硅、金属等。

陶瓷具有耐高温、耐磨、耐蚀、高抗压强度和弹性模量等优点,但脆性大,抗弯强度低。而陶瓷基复合材料的韧性、抗弯强度都大大提高,如 SiO_2 的抗弯强度和断裂能分别为 62MPa 和 1.1J,而 SiC/SiO_2 复合材料的抗弯强度和断裂能分别为 825MPa 和 17.6J,分别为原先的 13 倍和 16 倍。

2.5　非金属材料的腐蚀与预防

前已述及,非金属材料具有良好的耐腐蚀性能,但这种耐腐蚀性仅仅是相对于金属而言的。随着非金属材料越来越多地用作工程材料,非金属材料失效现象也越来越受到人们的重视。腐蚀科学家们主张把腐蚀的定义扩展到所有材料(金属和非金属材料)。腐蚀较确切的定义为:腐蚀是材料由于环境的作用而引起的破坏和变质。

2.5.1　无机非金属材料的腐蚀

无机非金属材料主要有陶瓷、玻璃等,化学组成均为硅酸盐类。无机非金属材料通常具有良好的耐腐蚀性,但因其化学成分、结构状态以及腐蚀介质等原因,在任何情况下都耐腐蚀的材料是不存在的。无机非金属材料的腐蚀往往是由化学或物理作用所引起的。目前无机非金属材料的应用极为广泛,但对其腐蚀机理的研究还不够。下面简单介绍一下影响无机非金属材料腐蚀的几个因素。

2.5.1.1　化学成分和矿物组成

硅酸盐材料以酸性氧化物 SiO_2 为主,它们耐酸不耐碱,当与碱液接触时,发生如下反应而受到腐蚀:

$$SiO_2 + 2NaOH \longrightarrow Na_2SiO_3 + H_2O$$

生成的硅酸钠易溶于水或碱液。

SiO_2 为含量较高的耐酸材料,除氢氟酸和高温磷酸外,能耐所有无机酸的腐蚀。温度高于 300℃ 的磷酸会与 SiO_2 发生如下反应:

$$H_3PO_4 \longrightarrow HPO_3 + H_2O$$

$$2HPO_3 \longrightarrow P_2O_5 + H_2O$$
$$SiO_2 + P_2O_5 \longrightarrow SiP_2O_7$$

任何浓度的氢氟酸都会与 SiO_2 发生如下反应：

$$SiO_2 + 4HF \longrightarrow SiF_4 \uparrow + 2H_2O$$
$$SiF_4 + 2HF \longrightarrow H_2[SiF_6]$$

一般说来，材料中 SiO_2 的含量越高，耐酸性越强。

含有大量碱性氧化物（如 MgO、CaO）的材料属于耐碱材料，它们与耐酸材料相反，完全不能抵抗酸性材料的腐蚀。例如由硅钙酸盐组成的硅酸盐水泥，可被所有的无机酸腐蚀，而在一般的碱液（浓烧碱液除外）中却是耐蚀的。

2.5.1.2 材料的孔隙与结构

除熔融制品（如玻璃）外，硅酸盐材料或多或少会具有一定的孔隙率。孔隙会降低材料的耐腐蚀性，因为孔隙的存在会使材料受腐蚀作用的面积增加，侵蚀作用也就显得强烈，使得腐蚀不仅发生在材料的表面而且发生在材料内部。当化学反应生成物出现结晶时还会使材料产生内应力而破坏。

材料的耐蚀性还与结构有关，晶体结构的化学稳定性较无定型结构高。例如结晶的二氧化硅（石英），虽属耐酸材料但也具有一定的耐碱性，而无定型的二氧化硅就容易溶于碱溶液中。

2.5.1.3 腐蚀介质

硅酸盐材料的腐蚀速度与酸的浓度和黏度有关。酸的电离度越大，对材料的破坏作用也越大，酸的温度升高，离解度增大，破坏作用越强。酸的黏度会影响它们通过孔隙向内部扩散的速度，例如盐酸比同一浓度的硫酸黏度小，在同一时间渗入材料的深度大，其腐蚀作用也较硫酸快。同样，同一种酸的浓度不同，其黏度也不同，因而它们对材料的腐蚀速度也不同。

2.5.1.4 腐蚀类型

（1）分解型腐蚀

碳化作用：CO_2 或含有 CO_2 的软水与水泥中的 $Ca(OH)_2$ 等起反应，导致混凝土中碱度降低和混凝土本身粉化。

形成可溶性的钙盐：在工业生产中，酸性溶液能与硬化水泥石中的钙离子形成可溶性的钙盐，造成腐蚀。

镁盐侵蚀：含有氯化镁、硫酸镁或碳酸氢镁等镁盐的地下水、海水及某些工业废水，所含有的 Mg^{2+} 与硬化水泥石中 Ca^{2+} 起交换作用，生成 $Mg(OH)_2$ 和可溶性钙盐，导致水泥石分解。

（2）溶出型腐蚀 水泥石中 $Ca(OH)_2$ 受到软水作用，产生物理性溶解并从水泥石中溶出，引起混凝土强度减小，酸度增大，孔隙增大，加剧溶解，造成恶性循环。

（3）微生物腐蚀 有氧和水时，细菌将硫转变成硫酸。硫来源于矿物硫、油田中的硫化物或者污水。

（4）膨胀型腐蚀

硫酸盐侵蚀：硫酸盐与混凝土中的氢氧化钙作用，生成硫酸钙，再进一步与水化铝酸钙作用，生成硫铝酸钙，体积膨胀两倍以上。

盐类结晶膨胀：某些盐不与水泥石反应，但可以在水泥石孔隙中产生结晶。如无水 Na_2SO_4 在高温干燥时形成 $Na_2SO_4 \cdot 10H_2O$ 结晶，体积是原来的 4 倍。另外，碱性介质如 K_2CO_3 和 Na_2CO_3 也是具有膨胀性的腐蚀介质。

（5）碱集性反应　水泥石中的强碱与骨料中活性的 SiO_2 作用，在骨料中形成一层致密的碱-硅酸盐凝胶（如 $Na_2SiO_3 \cdot 2H_2O$），再遇水产生膨胀，使骨料与水泥石之间的界面胀破，导致混凝土整体破坏。它是影响混凝土结构物耐久性和寿命的重要因素。

2.5.2　有机非金属材料的腐蚀

有机非金属材料的腐蚀与金属腐蚀有本质的区别：金属在大多数情况下可用电化学过程来说明；而有机非金属材料一般不导电，也不以离子形式溶解，因此其腐蚀过程难以用电化学规律来说明。此外，金属的腐蚀过程大多在金属的表面发生，并逐步向深处发展；而对于有机非金属材料，其周围的试剂（气体、液体等）向材料内渗透扩散是腐蚀的主要原因。同时，有机非金属材料中的某些组分（如增塑剂、稳定剂等）也会从材料内部向外扩散迁移，而溶于介质中。

2.5.2.1　老化

有机非金属材料多为高聚物，又称高分子材料，在使用时通常都要接触空气，因此氧的作用非常重要。在室温下，许多高聚物的氧化反应十分缓慢，但在热、光、辐照等作用下，却使反应大大加速，因此氧化降解是一个非常普遍的现象。

采用高分子材料制作的设备在户外使用时，经常受到日光照射和氧的双重作用，发生光氧老化，出现泛黄、变脆、龟裂、表面失去光泽、机械强度下降等现象，最终失去使用价值。光氧老化是重要的老化形式之一。

2.5.2.2　溶胀与溶解

高聚物的溶解过程一般分为溶胀和溶解两个阶段，溶解和溶胀与高聚物的聚集态结构是非晶态还是晶态结构有关，也与聚合物是线形还是网状、高聚物的分子量大小及温度等因素密切相关。

2.5.2.3　微生物腐蚀

通常生物能够降解天然聚合物，而大多数合成高聚物却表现出较好的耐微生物侵蚀能力。微生物对聚合物材料的降解作用是通过生物合成产生的称作酶的蛋白质来完成的。酶是分解高聚物的生物实体。依靠酶的催化作用将长分子链分解为同化分子，从而实现对高聚物的腐蚀。降解的结果为微生物制造了营养物及能源，以维持其生命过程。

酶可根据其作用方式而分类，如：催化酯、醚或酰胺键水解的酶为水解酶；水解蛋白质的酶叫蛋白酶；水解多糖（碳水化合物）的酶称糖酶。酶具有亲水基团，通常可溶于含水体系中。

2.5.2.4　降解

高聚物的降解过程就是分子量下降的过程。降解的途径分为光、热、机械、化学降解。热降解对非生物降解高分子材料起主要作用，所有生物降解高分子材料都含有可水解的键。光降解是有机高分子材料腐蚀的主要途径，其实质是光氧化降解，取决于分子链所吸收波长的能量和化学键的强度。紫外光能量高，一般高于引起高分子链上化学键断裂所需要的能量。

2.5.3　非金属材料腐蚀的预防

2.5.3.1　根据处理工艺合理选材

根据设备设计的使用性能、不同的介质和使用条件，选用合适的非金属材料。

正确选材是一项细致而又复杂的技术。它既要考虑材料的结构、性质及使用中可能发生的变化，又要考虑工艺条件及其生产过程中可能发生的变化；既要满足设备性能的设计要求，又要考虑技术上的可行性和经济上的合理性，力求做到设计的设备所选用的材料经济可靠和耐用。

正确选材需要全面考虑材料的综合性能，优先搞好腐蚀控制，防止和减轻产品腐蚀。除了考虑材料的力学性能（强度、硬度、弹性等）、物理性能（耐热性、导电性、光学性、磁性、密度等）、加工性能（冷加工、热加工工艺）和经济性外，尤其应重视在不同状态和环境介质中的耐蚀性。对于关键性的零部件或经常维修或不易维修的零部件，应该选用耐蚀性高的材料。为避免聚合物材料因溶胀、溶解而受到溶剂的腐蚀，在选用耐溶剂的聚合物材料时，可依据极性相近原则（即极性大的溶质易溶于极性大的溶剂，极性小的溶质易溶于极性小的溶剂），这一原则在一定程度上可用来判断聚合物材料的耐溶剂性能。

天然橡胶、无定型聚苯乙烯、硅树脂等非极性高聚物易溶于汽油、苯和甲苯等非极性溶剂中。而对于醇、水、酸碱盐的水溶液等极性介质，耐蚀性较好；对中等极性的有机酸、酯等有一定的耐蚀能力。

极性聚合物材料如聚醚、聚酰胺、聚乙烯醇等不溶或难溶于烷烃、苯、甲苯等非极性溶剂中，但可溶解或溶胀于水、醇、酚等强极性溶剂中。中等极性的聚合物材料如聚氯乙烯、环氧树脂、氯丁橡胶等对溶剂有选择性的适应能力，但大多数不耐酯、酮、卤代烃等中等极性的溶剂。

2.5.3.2　控制设备的使用环境

有机材料在阳光下的老化加快。为了保证设备有较长的寿命，利用有机材料制造的设备应尽量在室内运行或采取必要的遮阳措施。为了防止微生物腐蚀，控制工作环境也是必要的。例如降低湿度，保持材料表面的清洁，不让表面上存在某些有机残渣，都可以降低微生物对材料的腐蚀危害。最后应指出，除微生物外，自然环境中一些较高级的生命体如昆虫、啮齿动物和海生蛀虫等对纤维素和塑料制品也有侵蚀作用，所造成的经济损失往往是相当惊人的。因此在设备的使用中也应采取防护措施。

2.6　环保设备材料选择

环保设备材料选择，不仅要从设备结构、制造工艺、使用条件和寿命等方面考虑，而且还要从设备工作条件下材料的物理性能、力学性能、耐腐蚀性能及材料价格与来源、供应等方面综合考虑。

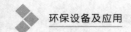

2.6.1 材料的物理、力学性能

在环保设备设计中，材料的选择应首先从强度、塑性、韧性等多方面综合考虑。屈服强度、抗拉强度是决定材料许用应力的依据。材料的强度越高，容器的强度尺寸（如壁厚）就可以越小，从而可以节省材料用量。但强度较高的材料，塑性、韧性一般较低，制造困难。因此，要根据设备具体工作条件和技术经济指标来选择适合的材料。可以参考以下原则：一般环保设备在常压下操作，可以采用屈服极限为 245MPa 到 345MPa 级的钢材；直径较大、压力较高的设备，均应采用普低钢，强度级别宜用 400MPa 级或以上；如果设备的操作温度超过 400℃，还需考虑材料的蠕变强度和持久强度。

制造设备用板材的伸长率是塑性的一个主要指标，它直接关系到容器制造时的冷加工及焊接等。过低的伸长率将使容器的塑性储备的安全性降低，为此，压力容器用钢材的 δ_5 不得低于 14%，当钢材伸长率 $\delta_5 < 18\%$ 时，加工应特别注意。钢管所用钢材不宜采用强度级别过高的钢种，因为钢管的强度不是使用中的主要问题，弯管率却很关键，故要求钢材塑性好。

2.6.2 材料的耐腐蚀性

设计任何设备，在选材时都应进行认真调查与分析研究。例如，设计一个浓硫酸贮罐，可选灰铸铁、高硅铸铁、碳钢、铬镍不锈钢和碳钢用瓷砖衬里等。考虑设备可能连续使用或间歇使用，则使用情况不同，腐蚀情况也不同。间歇使用，罐内硫酸时有时无，遇到潮湿天气，罐壁上的酸可能吸收空气中的水分而变稀。这样腐蚀情况要严重得多。从耐硫酸角度考虑，灰铸铁、高硅铸铁、碳钢和不锈钢都能使用。但灰铸铁、高硅铸铁抗拉强度低、质脆，不能铸造大型设备，故不宜采用；碳钢的机械强度高、质韧，焊接性能好，但稀硫酸对碳钢腐蚀严重；不锈钢虽然各种性能都比较好，但价格比较贵，焊接加工要求较高。综合以上分析，碳钢做罐壳以满足机械强度、内衬为非金属以解决耐腐蚀问题是较合适的材料选择方案。

2.6.3 材料的经济性

在满足设备使用性能前提下，选用材料应注意其经济效果。碳钢与普低钢的价格比较低廉。在满足设备耐腐蚀性能和力学性能条件下应优先选用。同时，还应考虑国家生产与供应情况，因地制宜选取，品种应尽量少而集中，以便采购与管理。

产品的选材还必须考虑产品的使用寿命、更新周期、基本材料费用、加工制造费、维护和检修费、停产损失、废品损失等费用。

一般对于长期运行的设备，为减少维修次数，避免停产、损失等，或者是为了满足特殊的技术要求、涉及人身安全保障和产品质量保证，采用完全耐蚀材料是经济合理的。对于短期运行、更新周期短的产品，只要保证使用期的质量，选用成本低、耐蚀性也较低的材料是经济合理的。

综合以上论述，可以得到正确选材的基本步骤：

① 明确设备生产和使用的环境和腐蚀因素，这是选材的基本依据。因此，确定使用环境、调查项目和着手调查，是选材的第一步。

② 查阅有关资料。应首先查阅有关手册（如腐蚀与防护手册）上各种介质的选材图和腐蚀图中给出的耐蚀性数据和力学性能、物理性能数据，再深入查阅有关文献和会议资料。

　　③ 调查研究实际生产中材料使用情况。由于材料的生产、加工制造和使用的条件是千变万化的，尤其是在成功的经验或发生事故的实例得不到及时发表的情况下，实地调查研究收集有关数据和资料（尤其是材料生产厂的数据）作为参考资料是十分重要的。

　　④ 做必要的实验室辅助实验。在新设备开发时，常会遇到查不到所需要的性能数据的情况，这时必须通过实验室中的模拟实验数据和现场实验的数据来筛选材料。这样，选材才能符合产品设计性能的耐蚀要求。

　　⑤ 在材料使用性能、加工性能、耐用性能和经济价值等方面作出综合评定。这里强调三点，一是选材的方案力争实现用较低的生产投资来生产出较长使用年限的产品，即产品要经济耐用；二是在不能保证经济耐用的情况下，要求保证可用年限而且经济；三是在苛刻条件下，宁可使用价格贵些的材料也要保证耐用，为了经济，选用不耐用材料是最不可取的。

　　⑥ 为了延长产品使用年限，选材的同时应考虑行之有效的防护措施。对于选用经济而不耐蚀的材料，如果能采用既经济又合理的防护措施达到耐蚀和满足性能要求的目的，也是选材时可取的方案。

思考题与习题

1. 什么是强度？屈服强度、抗拉强度表示什么样的含义？

2. 什么是塑性？塑性的表示方法是什么？

3. 铸铁、球墨铸铁的牌号表示和性能特点是什么？

4. 碳钢是怎样分类和进行编号的？

5. 试说明碳钢中的杂质元素对碳钢性能的影响。

6. 不锈钢的成分和性能特点是什么？

7. 铝及铝合金、铜及铜合金、钛及钛合金的性质和主要用途是什么？

8. 金属腐蚀的主要形式有哪些？

9. 说明防止金属腐蚀的措施。

10. 简述塑料的组成、主要性能及用途。

11. 简述橡胶的组成、主要性能及用途。

12. 简述常用陶瓷的组成、主要性能及用途。

13. 简述常用复合材料的组成、主要性能及用途。

14. 说明无机非金属材料腐蚀的影响因素。

15. 说明有机非金属材料腐蚀的形式、预防措施。

16. 在环保设备设计中，材料的选择应考虑哪些因素？

第 3 章　环保动力设备——泵和风机的选用

泵和风机都是输送流体或者提高流体压力的通用机械动力设备。工作对象是液体的机械叫泵；工作对象是气体的机械叫风机。泵和风机不仅广泛应用于采矿、冶金、电力、石油、化工、农业、市政等行业，而且在环保行中起到举足轻重的作用，常用于输送生活污水、工业废水、污泥、空气、废气和药剂。泵通常是水处理工艺系统正常运转的枢纽，工程中泵的运行一旦出现故障，往往会使整个水处理系统停止工作。风机常用于输送气体、产生高压气体和获得真空，不仅在大气污染控制工程中必不可少，而且在水污染治理工程和固体废物资源化工程中得以广泛应用，譬如废水好氧生物工艺的鼓风曝气和好氧堆肥的鼓风供氧等。为了选用符合生产要求且经济合理的泵和风机，不但要熟知被输送流体的性质、工作条件、输送要求，还要了解各种类型泵和风机的工作、结构和特性。本章在简要地介绍泵和风机的主要性能参数、各类常用泵的特性的基础上，对泵和风机的选型方法和步骤进行重点介绍。

3.1　泵的选型与应用基础

3.1.1　泵的主要性能参数

泵的主要性能参数有：流量、扬程、功率、效率、转速和允许吸上真空高度（或汽蚀余量）等六个。在泵与风机的铭牌上，一般都标有这些参数的具体数值，以说明泵在最佳或额定工作状态时的性能。

3.1.1.1　流量

泵的流量是指泵在单位时间内所输送液体体积或质量，分别称为体积流量（Q）和质量流量（Q_m），体积流量常用单位为升每秒（L/s）、立方米每秒（m^3/s）或立方米每小时（m^3/h）；质量流量常用的单位为千克每秒（kg/s）或吨每小时（t/h）。

3.1.1.2　扬程

扬程，又称压头，表示泵对单位重量液体所做的功，也指被输送的单位重量液体经泵后所获得的能量增值，常用符号 H 表示，单位为 m。扬程可表示为液体的压力能头（$p/\rho g$），速度能头（$v^2/2g$）和位置能头（z）的增加，即

$$H = \frac{p_2 - p_1}{\rho g} + \frac{v_2^2 - v_1^2}{2g} + (z_2 - z_1)$$

$$\tag{3-1}$$

式中　p_1，p_2——泵进出口处液体的压强，Pa；

　　　v_1，v_2——泵进出口处液体的平均流速，m/s；

　　　z_1，z_2——进出口高度，m；

　　　　ρ——液体密度，kg/m^3；

　　　　g——重力加速度，m/s^2。

通常一台泵的扬程是指铭牌上的数值，实际上提升高度比此值要低，因为泵的扬程不仅要用来使液体提升高度，而且还要用来克服液体在输送过程中的水头损失。水泵扬程＝净扬程＋水头损失。净扬程就是指水泵的吸入点和高位控制点之间的高差。譬如，当泵从清水池抽水，送往高处的水箱，这种情况下，净扬程就是指清水池吸入口和高处的水箱之间的高差。

3.1.1.3　功率

功率指机器在单位时间内，所做功的大小，通常用符号 N 来表示，单位为 kW。动力机传给泵轴的功率，称为轴功率，可以理解为泵的输入功率，通常讲水泵功率就是指轴功率。

由于轴承和填料的摩擦阻力、叶轮旋转时与水的摩擦、泵内水流的漩涡、间隙回流、进出口冲击等原因，必然消耗了一部分功率，所以水泵不可能将动力机输入的功率完全变为有效功率。其中定有功率损失，也就是说，水泵的有效功率与泵内损失功率之和为水泵的轴功率。泵的有效功率又称输出功率，是指单位时间内通过泵的液体所获得的总能量，用 N_e 表示，单位为 kW。泵的有效功率为

$$N_e = \frac{\rho Q H}{102} \tag{3-2}$$

式中　ρ——流体的密度，kg/m^3；

　　　Q——流量，m^3/s；

　　　H——泵的实际扬程，m。

效率是泵总效率的简称，指泵的输出功率与输入功率之比的百分率，用符号 η 表示，即

$$\eta = \frac{N_e}{N} \times 100\% \tag{3-3}$$

综合式（3-2）和式（3-3），可得出泵的轴功率的计算公式：

$$N = \frac{\rho Q H}{102 \eta} \tag{3-4}$$

3.1.1.4　转速

泵转速是指泵轴每分钟转动的转数，常用符号 n 来表示，单位为 r/min。它是影响泵性能的一个重要因素，当转速变化时，泵的流量、扬程、功率等都要发生变化。增加转速可加大排量，但会造成动力机械超载或带不动。降低转速会使排量和扬程减少，设备利用率降低，所以通常不允许改变泵的转速。

3.1.1.5　允许吸上真空高度和汽蚀余量

汽蚀又称空化，是液体的特殊物理现象。泵在运行过程中，由于某些原因使得泵内局部位置的压力下降到液体在相应温度下的汽化压力时，液体就开始汽化生成大量的气泡，气泡

在液体质点的撞击运动下，对金属表面产生剥蚀，引起机件的破坏，进一步发展则将造成扬程下降，产生振动噪声。这种现象称为泵的汽蚀现象。

允许吸上真空高度和汽蚀余量（NPSH）都是泵的汽蚀性能参数。泵不发生汽蚀，其入口处允许的最低绝对压力（表示为真空压力），称为泵的允许吸上真空高度，单位为 mH_2O（$1mH_2O \approx 9.8kPa$）。泵的允许吸上真空高度是由泵制造厂在大气压为 10m 水柱以 20℃ 清水进行汽蚀试验测得的。水泵厂一般用允许吸上真空高度反映离心泵的吸水吸能。

汽蚀余量（NPSH）是指泵入口加上相应大气压力的水头减去相应汽化压力的水头所得的值，单位：米水柱（mH_2O）。允许吸真空高度愈小或汽蚀余量愈大，泵的抗汽蚀性能就愈差。在泵的运行中，通常都要求掌握不同工况下泵的允许吸上真空高度或汽蚀余量，以设法防止汽蚀的发生。

3.1.2 泵的类型及特点

泵按产生的压力分为低压泵（全压小于 2MPa）、中压泵（全压为 2～6MPa）和高压泵（全压大于 6MPa）。

泵按其结构与工作原理，通常可以将泵分成叶片式泵、容积式泵及其他类型泵，如图 3-1 所示。

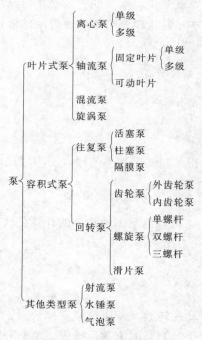

图 3-1 泵的类型示例

（1）叶片式泵　叶片式泵依靠装在主轴上的叶轮旋转，由叶轮上的叶片对流体做功，从而使流体获得能量。根据流体在叶轮内的流动方向和所受力的性质不同又分为：离心式、轴流式、混流式等多种形式泵。其中，离心泵在环境工程中应用最为广泛。离心泵常用于输送水、腐蚀性液体及悬浮液，但不适于输送黏度大的物料。离心泵提供的压头范围和适用的流量范围都很大。冶金化工厂的液体输送所用的泵，有 80%～90% 是采用离心泵。离心泵不适用于周期脉动供料。轴流泵是流量大、扬程低、比转速高的叶片式泵，轴流泵的液流沿转轴方向流动，其设计的基本原理与离心泵基本相同。与离心泵不同，轴流泵流量愈小，轴功率愈大。混流式泵流量较大、压头较高，是一种性能介于轴流式与离心式之间的叶片式泵。

（2）容积式泵　容积式泵是利用机械内部的工作室容积周期性的变化，从而吸入或排出流体。根据其结构不同，可分为往复式、回转式两种。

往复式泵是借活塞在汽缸中的往复作用使缸内容积反复变化，以吸入和排出流体。计量泵、蒸汽泵、活塞泵、隔膜泵都属于往复泵。

对于回转式泵，机壳内的转子或转动部件旋转时，转子与机壳之间的工作容积发生变化，从而吸入和排出流体。齿轮泵、螺旋泵、凸轮泵、滑片泵等属于回转式泵。

（3）其他类型泵　除叶片式或容积式以外的特殊泵，如射流泵、真空泵、电磁泵等。

表 3-1 列出了各类型泵的特点。

表 3-1　各类型泵的特点

项目		叶片式泵			容积式泵	
		离心式	轴流式	混流式	往复式	回转式
构造特点		结构简单,造价低,体积小,重量轻,转速高,运行平稳;安装检修方便			转速结构复杂,振动大,体积大	同离心泵
流量	稳定性	不恒定,随管路情况变化而变化			恒定	
	均匀性	均匀			不均匀	比较均匀
	范围 /(m³/h)	1.6～30000	150～245000	0.4～10	0～600	0～600
扬程	特点	对一定流量,只能达到一定的扬程			对应一定流量可达到不同的扬程,由管路系统确定	
	范围	10～2600m	2～20m	8～150m	0.2～100MPa	0.2～60MPa
流量与扬程关系		流量减小,扬程增大;流量增大,扬程减小	同离心式	同离心式,但性能曲线较陡	流量增、减,排出压力不变;压力增、减,流量几乎不变	
流量与轴功率的关系		流量减小时,轴功率减小	流量减小时,轴功率增大		当排出一定压力时,流量减小,轴功率减小	
效率	特点	在设计点最高,偏离愈远,效率愈低			扬程高时,效率降低较小	扬程高时,效率降低较大
	范围(最高点)	0.5～0.8	0.7～0.9	0.25～0.5	0.7～0.85	0.6～0.8
汽蚀余量/m		4～8	—	2.5～7	4～5	4～5

3.1.3　常见泵简介

3.1.3.1　QW 系列潜水排污泵

QW 系列潜水排污泵（简称潜污泵）（图 3-2）是单级、单吸、立式、无堵塞离心式潜污泵，泵和电动机连成一体潜入水中工作，具有整体结构紧凑、占地面积小、安装维修方便、噪声低、电机温升低等特点，无须建泵房，潜入水中即可工作，大大减少工程造价。潜污泵适用于工矿企业、医院、宾馆、院校、住宅区的污水排放系统。

图 3-2　潜污泵实物图

（1）型号说明

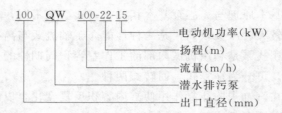

（2）基本结构　潜污泵主要由底座、泵、三相异步电动机、机械及橡胶密封圈和电器保护装置五部分组成。在电动机和泵体之间设有油隔离室，在油隔离室中安装了机械密封，以防止水进入电动机，造成电动机线短路而烧毁。泵配用电动机功率在 30kW 以上时，接线腔内设有漏水检测探头。当电缆断裂或其他原因漏水时，探头发出信号，控制系统对泵保护。泵配用电动机功率在 18.5kW 以上时，各泵均有自备冷却系统。

（3）适用条件　pH 值 5～9，水温≤60℃，不适于抽吸含酸、碱的污水以及含大量盐分的腐蚀性液体。

（4）性能及技术参数

① 采用大通道抗堵塞水力部件的设计，能有效通过直径 50～125mm 的固体颗粒；

② 泵出口直径 100～500mm，防护等级为 IP68，绝缘等级为 F。

3.1.3.2　自吸泵

所谓自吸泵，就是在启动前不需灌水（安装后第一次启动仍然需灌水），经过短时间运转，靠泵本身的作用，即可以把水吸上来，投入正常工作。

ZCQ 磁力自吸泵以静密封取代动密封，使过流部件处于完全密封状态，不需底阀和引灌水。该类型泵结构紧凑，外形美观，体积小，噪声低，运行可靠，使用维修方便，用于石油、化工、制药、电镀、印染、食品等行业抽送酸、碱、油类，易漏、易燃、易爆液体，及稀有液体、毒液、挥发性液体，以及循环水设备配套。

WFB 型无密封自控自吸泵具有耐温、耐压、耐磨、"一次引流"、"终身自吸"等多种功能。目前生产不锈钢、增强聚丙烯、铸钢、铸铁等多种材质的系列无密封自控自吸泵整机。

SFBX 型耐腐蚀不锈钢自吸泵兼过流零部件及连接架采用优质不锈钢材料制造，具有耐腐蚀，性能可靠，使用、维护方便，结构紧凑，能耗低，密封性能好等优点，不锈钢耐腐蚀自吸泵适用于食品、饮料、医药、污水处理、化工、电镀、漂染、精细化工等行业输送不高于 90℃（直联式）或不高于 105℃（带轴承托架式）带有细小软颗粒或纤维质，带腐蚀性或有卫生要求的液体。

3.1.3.3　YW 型液下排污泵

YW 型液下式排污泵具有结构先进、排污力强等优点，配备液位自动控制柜，使用极为方便。YW 型液下式排污泵基本长度为 1～5m，有两种结构：一种是单管、一种是双管。工作时由于泵体浸在液体中，因此对外界而言，具有无泄漏的特性，适于安装水池和水槽的支架上，电动机在上，泵体淹没在液下，可用于固定或移动的场合。适用于各企业输送生活污水、建筑施工中的泥浆水、环保部门地下污水、含块状介质的工业液体，也可用于抽送清水。

3.1.3.4　隔膜泵

隔膜泵是容积泵中较为特殊的一种形式，它是依靠一个隔膜片的来回鼓动改变工作室容积从而吸入和排出液体的，可以输送各种腐蚀性液体，带颗粒的液体，高黏度、易挥发、易燃、剧毒的液体。

隔膜泵主要由传动部分和隔膜缸头两大部分组成。传动部分是带动隔膜片来回鼓动的驱动机构，它的传动形式有气动、电动、液动三种，即以压缩空气为动力源的气动隔膜泵、以电为动力源的电动隔膜泵、以液体介质（如油等）压力为动力的液动隔膜泵，以及机械传动、液压传动和气压传动等。隔膜泵的工作部分主要由曲柄连杆机构、柱塞、液缸、隔膜、泵体、吸入阀和排出阀等组成，其中，由曲轴连杆、柱塞和液缸构成的驱动机构与往复柱塞泵十分相似。隔膜泵工作时，曲柄连杆机构在电动机的驱动下，带动柱塞做往复运动，柱塞的运动通过液缸内的工作液体（一般为油或水）而传到隔膜片，使隔膜片来回鼓动。

气动隔膜泵（图 3-3）缸头部分主要由一隔膜片将被输送的液体和工作液体分开。当隔膜片向传动机构一边运动时，泵缸内工作为负压而吸入液体，当隔膜片向另一边运动时，则排出液体。被输送的液体在泵缸内被膜片与工作液体隔开，只与泵缸、吸入阀、排出阀及膜片的泵内一侧接触，而不接触柱塞以及密封装置，这就使柱塞等重要零件完全在油介质中工作，处于良好的工作状态。隔膜片要有良好的柔韧性，还要有较好的耐腐蚀性能，通常用聚四氟乙烯、橡胶等材质制成。气动隔膜泵的密封性能较好，能够较为容易地达到无泄漏运行，可用于输送酸、碱、盐等腐蚀性液体及高黏度液体，在环境工程领域广泛用于输送污泥、石灰乳等。

隔膜泵类型的选择往往从阀体类型和执行机构这两个方面考虑。

图 3-3　气动隔膜泵实物图

（1）隔膜泵的阀体类型选择　阀体的选择是隔膜泵选择中最重要的环节。在选择阀门之前，要对控制过程的介质、工艺条件和参数进行细心的分析，收集足够的数据，了解系统对隔膜泵的要求，根据所收集的数据来确定所要使用的阀门类型。在具体选择时，可从以下几方面考虑：

① 阀芯形状结构。主要根据所选择的流量特性和不平衡力等因素考虑。

② 耐磨损性。当流体介质是含有高浓度磨损性颗粒的悬浮液时，阀芯、阀座接合面每一次关闭都会受到严重摩擦。因此阀门的流路要光滑，阀的内部材料要坚硬。

③ 耐腐蚀性。由于介质具有腐蚀性，在能满足调节功能的情况下，尽量选择结构简单阀门。

④ 介质的温度、压力。当介质的温度、压力高且变化大时，应选用阀芯和阀座的材料受温度、压力变化小的阀门。

⑤ 防止闪蒸和空化。闪蒸和空化只产生在液体介质中。在实际生产过程中，闪蒸和空化不仅影响流量系数的计算，还会形成振动和噪声，使阀门的使用寿命变短，因此在选择阀门时应防止阀门产生闪蒸和空化。

（2）隔膜泵执行机构的选择　需考虑输出力和确定执行机构类型。执行机构不论是何种类型，其输出力都是用于克服负荷的有效力（主要是指不平衡力和不平衡力矩加上摩擦力、密封力、重力等有关力的作用）。因此，为了使隔膜泵正常工作，配用的执行机构要能产生足够的输出力来克服各种阻力，保证高度密封和阀门的开启。在执行机构输出力确定后，根据工艺使用环境要求，选择相应的执行机构。现场有防爆要求时，应选用气动执行机构，且接线盒为防爆型，不能选择电动执行机构。如果没有防爆要求，则气动、电动执行机构都可选用，但从节能方面考虑，应尽量选用电动执行机构。

3.1.3.5　螺旋泵

螺旋泵是一种低扬程（一般 3～6m）、低转速，流量范围较大、效率稳定、运转和维护简易的提水机械。该设备最适用于扬程较低、流量较大、进水水位变化较小的场合，因此被广泛用于雨水和污水的中途泵站、水厂和污水处理厂的给水和出水泵站及回流污泥的提升，尤其适用于提升活性污泥和回流污泥。

（1）型号说明

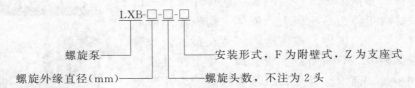

（2）结构　图 3-4 为螺旋泵的结构组成和安装方式。泵壳为一圆筒，亦可用圆底型斜槽代替泵壳。叶片缠绕在泵轴上，呈螺旋状，叶片断面一般呈矩形。泵轴主体为一圆管，下端有轴承，上端接减速器。减速器用传动轮接电动机，构成泵组。泵组用倾斜的构件承托，泵的下端浸没在水中。螺旋泵在工作时，电动机带动泵轴及叶轮转动，叶轮给流体一种沿轴向的推力作用，使流体源源不断地沿轴向流动。

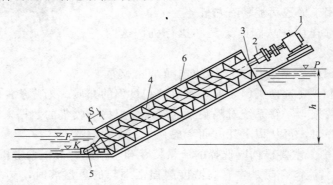

图 3-4　螺旋泵示意图

1—电动机；2—减速器；3—泵轴；4—叶片；5—轴承座；6—泵壳；
F—最佳进水位；K—最低进水位；P—出水位；h—扬程；S—螺距

3.1.3.6　计量泵

J 型计量泵，亦称比例泵或可控容积泵，是液体输送、流量调节、压力控制等多功能组合体，联合多种类型泵头，可输送各种易燃、易爆、剧毒、放射性、强刺激性、强腐蚀性介质，广泛用于石油、化工、制药、炼油、食品、环保、电力、科研等行业。

该泵按机座分微机座（JW）、小机座（JX）、中机座（JZ）、大机座（JD）和特大机座（JT）五大类；按泵头分为单柱塞型和双柱塞型、单隔膜型和双隔膜型；按调量机构分为手调式、电控式；按传动形式分为凸轮式、N 形曲轴式；按电动机形式分为普通型、调速型、户外型、防爆型。

J 型计量泵供输送温度在 $-30\sim100℃$、黏度 $-0.3\sim800mm^2/s$ 及不含固状颗粒的介质。按液体腐蚀性质，可选用不同材料满足其使用要求。如确定选用计量泵后，可进一步考虑如下项目：

① 当介质为易燃、易爆、剧毒及贵重液体时，常选用隔膜计量泵。为防止隔膜破裂时介质与液压油混合引起事故，可选用双隔膜计量泵并带隔膜破裂报警装置。

② 流量调节一般为手动，如需自动调节时可选用电动或气动调节方式。

型号说明如下：

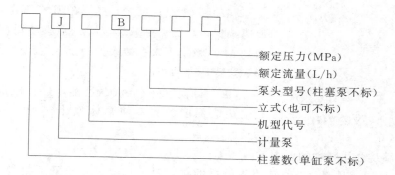

3.1.3.7　IS 系列单级单吸离心泵

IS 型离心泵供输送温度不高于 80℃ 的清水或物理化学性质类似于水的其他液体，适用于输送不含固体颗粒的有机或无机化工介质、石油产品及腐蚀性的液体。

IS 系列性能范围：转速为 2900r/min 或 1450r/min；吸入口直径为 $50\sim200mm$；流量为 $6.3\sim400m^3/h$；扬程为 $5\sim125m$。密封方式采用填料密封、机械密封，材质通常采用铸铁。

型号说明：

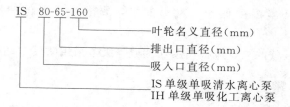

该系列单级离心泵是根据国际标准 ISO 2858 进行设计的并按国际标准 ISO DIS/199 制造的，其技术指标与老产品相比，效率平均提高 5% 左右，汽蚀余量降低了 2% 左右，是一种性能稳定、零部件尺寸实现标准化的节能高效产品，是我国确定取代老式耐腐蚀泵及替代进口的更新换代的产品，改良型 ISA 型化工泵以更加简捷的形式对机组的构成进行重组（去掉加长联轴器泵和电机直接）。特别是对小功率机组来说，在减少占地面积、降低基建投资及方便维修等方面都具有极其重要的意义。

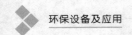
3.1.4 泵的选型

3.1.4.1 泵选型原则

合理选泵是指要综合考虑泵机组和泵站的投资和运行费用等综合性的技术经济指标，使之符合经济、安全、适用的原则。具体来说，有以下几个方面：

（1）必须满足使用流量和扬程的要求，即要求泵的运行工况点（装置特性曲线与泵的性能曲线的交点）经常保持在高效区间运行，这样既省动力又不易损坏机件。

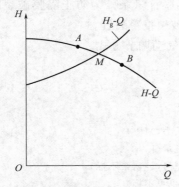

图 3-5　泵性能曲线及装置特性曲线

把泵性能曲线和装置特性曲线画在同一张图上，如图 3-5 所示，性能曲线和装置特性曲线的交点 M 就是泵的运行工况点。如果泵偏离 M 点在 A 点工作，这时，多余的能量促使管内流速增加，泵的流量增加，工况点从 A 点移动到 M 点；反之，如泵在 B 点工作，这时，管内流速减少，泵的流量减少，从 B 点移动到 M 点，最后都回到 M 点稳定下来。故泵的稳定工况点一定是泵性能曲线和装置特性曲线的交点。

（2）具有良好的抗汽蚀性能，这样既能减轻泵体平台的建造强度，又不使泵体发生汽蚀，运行平稳、寿命长。

（3）必须满足介质特性的要求：

① 对输送易燃、易爆、有毒或贵重介质的泵，要求轴封可靠或采用无泄漏泵，如屏蔽泵、磁力驱动泵、隔膜泵等；

② 对输送腐蚀性介质的泵，要求过流部件采用耐腐蚀材料；

③ 对输送含固体颗粒介质的泵，要求过流部件采用耐磨材料，必要时轴封应采用清洁液体冲洗。

（4）所选择的泵既要体积小、重量轻、造价便宜，又要具有良好的特性和较高的效率。

（5）按所选泵建泵站，工程投资少，运行费用低。

（6）必须满足现场的安装要求：

① 对安装在有腐蚀性气体存在场合的泵，要求采取防大气腐蚀的措施；

② 对安装在室外环境温度低于－20℃的泵，要求考虑泵的冷脆现象，采用耐低温材料；

③ 对安装在爆炸区域的泵，应根据爆炸区域等级，采用防爆电动机。

3.1.4.2 选择泵的步骤

选择泵的具体方法步骤归纳如下。

（1）搜集原始资料，确定泵的类型　选型设计的原始资料包括：整个工程工况、装置的用途、管路布置、地形条件、水位高度以及装置的工艺参数、被输送介质的物理化学性能（固体颗粒含量、颗粒大小、密度、黏度、汽化压力、耐蚀性、毒性等性质）、操作周期，以及泵的结构特性等。

例如，环境工程中，选泵时应弄清被输送液体的性质，以便选择不同用途的水泵（如清水泵、污水泵、锅炉给水泵、冷凝水泵、氨水泵等）。常用污水泵或污泥泵来输送污水和污泥；选择耐腐蚀泵或带衬里的耐腐蚀泵输送腐蚀性污水；输送的流体中有磨损性物质时，要考虑泵的耐磨性；如果是加药使用时，要考虑采用计量泵；如果要在水中进行输送时，就要使用潜污泵。

此外，还要考虑处理工艺过程、动力、环境和安全要求等条件，例如，是否长期连续运转？扬程和流量是否波动？环境温度极限如何？等等。

表 3-1 列出了各类型泵的特点。离心泵具有结构简单、输液无脉动、流量调节简单等优点，因此除以下情况外，应尽可能选用离心泵。

① 有计量要求时，选用计量泵。

② 扬程要求很高，流量很小且无合适小流量高扬程离心泵可选用时，可选用往复泵；如汽蚀要求不高时也可选用旋涡泵。

③ 扬程很低，流量很大时，可选用轴流泵和混流泵。

④ 介质黏度较大（$650 \sim 1000 \text{mm}^2/\text{s}$）时，可考虑选用转子泵或往复泵；黏度特别大时，可选用特殊设计的高黏度转子泵和高黏度往复泵。

⑤ 介质含气量大于 5% 时，如流量较小且黏度小于 $37.4 \text{mm}^2/\text{s}$，可选用旋涡泵，如允许流量有脉动，可选用往复泵。

⑥ 对启动频繁或灌泵不便的场合，应选用具有自吸性能的泵，如自吸式离心泵、自吸式旋涡泵、容积式泵等。

⑦ 对于污泥则可用隔膜泵、旋转螺旋泵等。

（2）确定泵的流量与扬程　泵数据表上往往只给出正常和额定流量。考虑到泵在实际运行中可能出现的流量波动以及开车、停车等情况，为了安全可靠，选泵时，要求额定流量不小于装置的最大流量，或取正常流量 $1.1 \sim 1.15$ 倍。如果基本数据只给出了重量流量，应换算成体积流量。

根据输送系统的管路，用伯努利方程式计算在最大流量下管路所需的扬程 $H_{\max}$。泵的计算扬程为几何扬水高度和管路系统流动阻力之和。几何扬水高度为上下两液面的高度差。泵在闭合环路管网上工作时，泵所需扬程仅仅是该环路的流动阻力。由于管道阻力计算时常有误差，而且在运行过程中管道的结垢、积炭也使管道阻力大于计算值，所以扬程 H 也采用计算值的 $1.1 \sim 1.2$ 倍，即 $H=(1.1 \sim 1.2)H_{\max}$。

（3）泵系列和材料的选择　泵的系列是指泵厂生产的同一类结构和用途的泵，如 IS 型清水泵、Y 型油泵、ZA 型化工流程泵、SJA 型化工流程泵等。当泵的类型确定后，就可以根据工艺参数和介质特性来选择泵的系列和材料。

如确定选用离心泵后，可进一步考虑如下项目：

① 根据介质特性决定选用哪种特性泵，如清水泵、耐腐蚀泵或化工流程泵和杂质泵等等。介质为剧毒、贵重或有放射性等不允许泄漏物质时，应考虑选用无泄漏泵（如屏蔽泵、磁力泵）或带有泄漏液收集和泄漏报警装置的双端面机械密封。如介质为液化烃等易挥发液体应选择低汽蚀余量泵，如筒型泵。

② 根据现场安装条件选择卧式泵、立式泵（含液下泵、管道泵）。

③ 根据流量大小选用单吸泵、双吸泵或小流量离心泵。

④ 根据扬程高低选用单级泵、多级泵或高速离心泵等。

以上各项确定后即可根据各类泵中不同系列泵的特点及生产厂家的条件，选择合适的泵系列及生产厂家。根据装置的特点及泵的工艺参数，决定选用哪一类制造、检验标准。如要求较高时，可选美国石油学会 API610 标准，要求一般时，可选 GB 5656（ISO 5199）或 ANSI B73.1M 标准。

常用泵的性能及适用范围（示例）见表 3-2。水泵的型号含义（示例）见表 3-3。

表 3-2 常用泵的性能及适用范围（示例）

型号	名称	扬程范围/m	流量范围 /(m³/h)	电机功率 /kW	介质最高温度/℃	适用范围
BG	管道泵	8～30	6～50	0.37～7.5	80	输送清水或理化性质类似的液体，装于水管上
NG		2～15	6～27	0.20～1.3	95～150	
SG		10～100	1.8～400	0.50～26		有耐腐蚀型、防爆型和热水型，装于水管上
XA	离心式清水泵	25～96	10～340	1.50～100	105	输送清水或理化性质类似的液体
IS		5～125	6～400	1.55～110	80	
BA		8～98	4.5～360	1.50～55	80	
BL	直联式离心泵	8.8～62	4.5～62	1.50～18.5	60	
SH	双吸离心泵	9～140	126～12500	22～1150	80	
D,DG	多级分段泵	12～1528	12～700	2.20～2500	80	
GC	锅炉给水泵	46～576	6～55	3～185	110	小型锅炉给水
N,NL	冷凝泵	54～140	10～510		80	输送发电厂冷凝水
J,SD	深井泵	24～120	35～204	10～100		提取深井水

（4）确定泵的型号 按已确定的流量 Q 和扬程 H 从泵类产品样本或产品目录中查阅特性或性能表，选出合适的型号。若无一个型号的流量 Q 和扬程 H 与所要求的流量 Q 和扬程 H 相符，则在相邻型号中选用 Q 和 H 都略大的型号。当有几个型号的 H 和 Q 都能满足要求时，应该选取效率较高的泵，即点（Q，H）坐标位置在泵的高效率范围所对应的 H-Q 曲线下方为宜。若有该系列泵的性能范围图，则可方便地确定型号。泵的型号选出后，应列出该泵的各种性能参数。

表 3-3 水泵型号含义（示例）

泵型号举例	代号的含义	数字的含义
350ZXB-70、50ZXB-20-30	Z——轴流型； X——斜式； B——叶片为半调节； ZXB——斜式半调节叶片轴流泵	350——泵排出口径，mm； 70——比转速被 10 除的得数（即比转速为 700）； 50——泵出水口直径，mm； 20——流量，m³/h； 30——扬程，m
500ZWB8.4-2.5	Z——轴流型； W——卧式； B——叶片为半调节； ZWB——卧式半调节叶片轴流泵	500——泵排出口径，mm； 8.4——流量，m³/s； 2.5——扬程，m
350ZLQ-70A、500ZLB-4	Z——轴流型； L——立式结构； B——叶片为半调节； Q——叶片为全调节； A——变型代号； ZLB——立式半调节叶片轴流泵	350,500——泵排出口径，mm； 70——比转速被 10 除的得数（即比转速为 700）； 4——扬程为 4m

续表

泵型号举例	代号的含义	数字的含义
6BA-18A	BA——单级单吸悬臂式离心泵； A——该泵更换了不同外径的叶轮	6——泵吸入口径被 25 除的得数，mm（即该泵吸入口径为 150mm）； 18——比转数为 10 除的得数（即该泵比转数为 180）
4B-35	B——B 型离心泵	4——泵吸入口径为，in（1in＝2.54cm）； 35——扬程，m
IS100-65-250（I）A	IS——单级单吸离心清水泵； I——流量分类； A——叶轮经第一次车削	100——泵吸入口直径，mm； 65——泵排出口直径，mm； 250——叶轮的名义直径，mm
ISG200-250（I）A	ISG——立式管道离心泵； I——流量分类； A——叶轮经第一次车削	200——泵进出口公称直径，mm 250——叶轮名义外径，mm
10SH19	SH——单级双吸卧式离心泵	10——泵吸入口径被 25 除的得数，mm（即该泵吸入口径为 250mm）； 19——比转数为 10 除的得数（即该泵比转数为 190）
4DA-8×5	DA——单吸多级节段式离心泵	4——泵吸入口径被 25 除的得数，mm（即该泵吸入口径为 100mm）； 8——比转数为 10 除的得数（即该泵比转数为 80）； 5——叶轮的级数
65DL×5	DL——立式多级清水泵	65——泵吸入口径，mm； 5——叶轮级数
100QJ10-25/7	QJ——井用潜水泵	100——适用最小井径，mm； 10——流量，m³/h； 25——扬程，m； 7——叶轮级数
4PWA	PWA——卧式杂质污水泵	4——吸入口径为 100，mm
14PWL-18	PWL——立式杂质污水泵	14——吸入口径为 350，mm； 18——比转数为 10 除的得数（即该泵比转数为 180）
12PNB-7	PNB——杂质泥浆泵	12——泵吸入口径被 25 除的得数，mm（即该泵吸入口径为 300mm）； 7——比转速为 70
250WDL	W——污水； D——低扬程； L——立式； WDL——立式低扬程污水泵	250——泵排出口径，mm

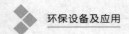

续表

泵型号举例	代号的含义	数字的含义
80QW40-15-4	QW——潜水式排污泵	80——泵排出口径,mm; 40——最大设计流量 m³/h; 15——扬程,m; 4——功率,kW
JZ-160/20	JZ——机座式单缸计量泵; Z——机座形式	160——最大设计流量,L/h; 20——最大排出压力,kgf/cm²（1kgf/cm² ≈ 0.98MPa）
25FS-16A	F——塑料单级单吸耐腐蚀泵; S——所用工程塑料种类; A——叶轮径第一次车削	25——泵的吸入口径,mm; 16——泵的扬程,m

（5）流量和扬程的校核　制造厂提供的泵的性能曲线或性能表一般是在常温下用清水测得的,若输送的液体的物理性质与水的差异较大,则应将泵的性能指标扬程和流量换算成针对被输送液体的扬程和流量值,然后把处理工艺条件所要求的扬程和流量与换算后的泵的扬程和流量比较,确定所选泵的性能是否符合要求。

（6）泵安装高度的计算与校核　泵的安装高出吸液面的高差太大,即泵的几何安装高度 H_g 过大,泵的安装地点的大气压较低,泵所输送的液体温度过高,都可能产生汽蚀现象。

正确测定泵吸入口的压强（真空度）是控制泵运行时不发生汽蚀而正常工作的关键。它的数值与泵吸入侧管路及被液面压力等密切相关。泵的允许几何安装高度可按照下式计算:

$$[H_g] = \frac{p_0 - p_v}{\lambda} - \sum h_s - \Delta h \tag{3-5}$$

式中　$[H_g]$——泵的允许几何安装高度,m;

　　　　p_0——液面的压强,Pa;

　　　　p_v——泵内汽化压强,Pa;

　　　　λ——流体的密度,N/m³;

　　　　$\sum h_s$——吸液管路的水头损失,m;

　　　　Δh——实际汽蚀余量,m。

选定泵后,从样本上查出标准条件下的允许吸上真空高度 $[H_s]$ 或临界汽蚀余量 Δh_{min},按照下式验算其几何安装高度:

$$H_g < [H_g] \leqslant [H_s] - \left(\frac{v_s^2}{2g} - \sum h_s\right) \tag{3-6}$$

总之,本步骤是查明允许吸上真空高度或汽蚀余量,核算水泵的安装高度。

（7）确定泵的效率及功率,选用电动机及其他附属　利用性能表选电动机时,在性能表中附有电动机的型号和传动部件型号。电动机和传动部件可一并选用。用性能曲线选择电动机时,因图中只有轴功率,电动机的传动部件需另选。配套电动机功率 N_m（单位 kW）可按下式计算:

$$N_m = K \frac{N}{\eta_i} = K \frac{\gamma Q H}{\eta_i \eta} \tag{3-7}$$

式中　Q——流量,m³/s;

H——扬程，m；

K——电动机安全系数，见表 3-4；

　η——泵的效率；

N——泵的轴功率，kW，其计算参见式（3-4）；

η_i——传动效率，电机直联传动 $\eta_i=1.00$，联轴器直联传动 $\eta_i=0.95\sim0.98$，三角带

　　　传动 $\eta_i=0.95\sim0.98$；

　γ——容重，kN/m^3，密度 ρ 为 kg/m^3。

若输送液体的密度大于水的密度时，可按式（3-7）核算泵的轴功率。

表 3-4　电动机安全系数

电动机功率/kW	<0.5	0.5~1.0	>1.0~2.0	>2.0~5.0	>5.0
安全系数 K	1.50	1.40	1.30	1.20	1.15

除此之外，泵的选择还要考虑方方面面的问题，如安装的场地尺寸、基础结构形式、是否采用并联或串联工作方式。一般按照设计参数（如流量和扬程等），利用合理的选择方法，先选出同时能满足要求的几种形式，然后对其进行全面的经济技术比较，最后确定一种型式。

【例 3-1】　某工厂供水系统由水池往水塔充水，如图 3-6 所示。水池最高水位标高为 112.00m，最低水位为 108.00m，水塔地面标高为 115.00m，最高水位标高为 140.00m。水塔容积为 $30m^3$，要求 1h 内充满水，试选择水泵。已知吸水管路水头损失为 1.0m，压水管路水头损失为 2.5m。

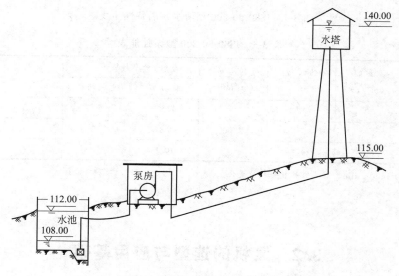

图 3-6　水塔充水工程示意图

解：选择水泵的参数值应按工况要求的最大流量及最大扬程再乘以附加安全系数的数值作为依据。当附加安全系数取 1.1 时，泵的流量：$Q=1.1Q_{max}=1.1\times30m^3/h=33m^3/h=9.17L/s$

泵的扬程：$H=1.1H_{max}=1.1\times(H_Z+h_t)=1.1\times[(140-108)+(1.0+2.5)]m=39.05m$

离心泵适于工矿企业、城市给水、排水和农田排灌、供输送清水或物理及化学性质类似于清水的其他液体，考虑选择 IS 型离心泵。查表 3-2 可知 IS 型离心泵的性能：流量 Q 为 $6\sim400m^3/h$；扬程 H 为 $5\sim125m$。由此可见 IS 型离心泵适合本工况。

查 IS 型泵性能范围图，得到具体型号为 IS80-50-200（该泵型号意义参见表 3-3）。并进一步查该泵的特性曲线图（图 3-7）和性能表（表 3-5），可得该泵的主要参数：转速 $n=2900r/min$，必需汽蚀余量（NPSH）$_r=2.5\sim3m$，效率 $\eta=55\%\sim71\%$，轴功率 $P_a=7.87\sim10.8kW$，所配电动机功率为 15kW。

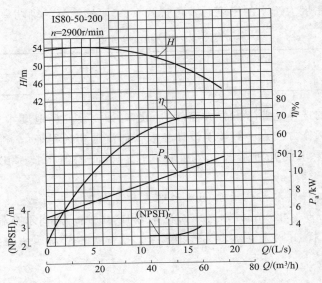

图 3-7 IS80-50-200 型清水泵的特性曲线图

表 3-5 IS80-50-200 型泵性能表

型号	流量 Q /(m³/h)	扬程 H /m	转速 n /(r/min)	功率/kW		效率 η /%	必需汽蚀余量 /m
				轴功率	电机功率		
IS80-50-200	30	53	2900	7.87	15	55	2.5
	50	50		9.87		69	2.5
	60	47		10.8		71	3.0

注：若转速为 1450r/min，则其他参数会相应变化。

3.2 风机的选型与应用基础

风机是我国对气体压缩和气体输送机械的习惯简称。通常所说的风机包括通风机、鼓风机、压缩机和真空泵。气体压缩和气体输送机械是把旋转的机械能转换为气体压缩能和动能，并将气体输送出去的机械。风机的结构和原理与水泵大体相同，但由于气体具有可压缩性和比液体小得多的密度，因此气体输送具有某些不同于液体输送的特点。风机在环境工程领域应用得十分广泛。

3.2.1　风机的主要性能参数

风机的主要性能参数有流量（风量）、压头（风压）、功率、效率和转速等 5 个参数。风机铭牌上标明的特征值是在最高效率下的流量 Q、风压 p、轴功率 N。

（1）风量　是指单位时间内风机出口所排出的气体体积，以 Q 表示，单位为 m^3/h。气与水不同，气体体积随外界条件改变而有变化，风机铭牌上写的风量是指标准状况下的气体体积，所谓标准状况是指气体压力为 1 个标准大气压（1atm，101325Pa），温度 20℃，密度 1.205kg/m^3，相对湿度 50%。

对于计算风量，风量 Q 等于风速 v 与风道截面积 F 的乘积。风速往往可以用风速测出。

（2）压头　也称风压，是指单位体积气体流过风机的能量增量，用符号 p 表示，单位为 Pa 或 mmH_2O❶。风机的压头也称为全压，其计算公式为

$$p = p_2 - p_1 - \frac{\rho v_1^2}{2} + \frac{\rho v_2^2}{2} \tag{3-8}$$

式中　p_1，p_2——风机进口和出口断面处气体的压力，Pa；

　　　v_1，v_2——风机进口和出口断面处气体的平均速度，m/s；

　　　ρ——气体密度，kg/m^3。

风机全压 p 的包括静压 p_j 和动压 p_d，其中，气体的动能所表征的压力称为动压，即

$$p_d = \frac{\rho v_2^2}{2} \tag{3-9}$$

风机的静压 p_j 定义为风机全压减去风机出口动压：

$$p_j = (p_2 - p_1) - \frac{\rho v_1^2}{2} \tag{3-10}$$

从上式看出，风机的静压不是风机出口的静压 p_2，也不是风机出口与进口的静压差（$p_2 - p_1$）。对于风机来说，被输送气体的流速相对较高，以致动压在全压中占有相当大的比重，而静压较小。

（3）转速　风机转速是指风机叶轮每分钟转动的圈数 n，单位为 r/min。它是影响风机性能的一个重要因素，当转速变化时，风机的流量、扬程、功率等都要发生变化。增加转速可加大排量，但易造成动力机械超载或带不动。降低转速会使排量和扬程减少，设备利用率降低，所以通常不允许改变泵的转速。一般转速 $n = 1000 \sim 3000 r/min$。

（4）功率与效率　风机的输入功率又称轴功率，是电动机传到风机轴上的功率，用 N 表示，单位为 kW。

$$N = \frac{Qp}{1000\eta} \tag{3-11}$$

式中　Q——风机的风量，m^3/s；

　　　p——风机的压头（也称全压），Pa；

　　　η——风机的效率。

---

❶ $1mmH_2O$ 的压强等于 $1kgf/m^2$（$1kgf/m^2 \approx 9.8Pa$）。

3.2.2 风机的分类

3.2.2.1 按产生的风压分类

① 通风机：排气压力小于15kPa。

② 鼓风机：排气压力为15～200kPa。

③ 压缩机：排气压力大于200kPa。

④ 真空泵：将低于大气压强的气体从容器设备内抽出的机械。

其中，通风机升压较小，侧重于输送目的；压缩机升压较多，首要作用是压缩；鼓风机的性能介于上述两者之间。鼓风机和压缩机在吸入侧工作的场合，称为抽风机或真空泵。

3.2.2.2 按结构与工作原理分类

① 叶片式风机。根据流体在叶轮内的流动方向和所受力的性质不同又分为离心式、轴流式及混流式三种形式。其中离心式风机是在环境工程中最常用的一种。

② 容积式风机。根据其结构不同，可分为往复式、回转式两类。其中，往复式风机包括活塞式、柱塞式、隔膜式等三种风机；回转式风机包括罗茨式、叶氏式、螺杆式和滑片式等四种风机。

3.2.2.3 按用途分类

风机按照用途不同分类的方法详见表3-6所示。

表 3-6 风机按照用途的不同分类

名称	代号	用途
通用通风机	T	一般通风换气
排尘通风机	C	用于排送木屑、纤维及含尘气体
防腐风机	F	排送腐蚀性气体
防爆风机	B	排送石油、化工等中的易燃易爆气体
高温风机	W	排送温度200℃以上的高温气体
锅炉通风机	G	热电厂及工业蒸汽锅炉送风
锅炉引风机	Y	热电厂及工业锅炉排烟
煤粉通风机	M	煤粉输送
矿井通风机	K	矿井通风换气
工业炉通风机	G	工业炉鼓风
降温风机	GY	降温凉风
空调通风机	LF	空气调节
烧结通风机	SJ	烧结炉排送烟气
冷却通风机	L	工业冷却通风
特殊通风机	E	特殊用途

3.2.2.4 按风机的特性分类

根据风机的特性还可分为防爆风机（由有色金属制成）、防腐风机（由塑料或玻璃钢制成）、高温风机等。

3.2.3　离心式通风机

离心式通风机是在环境工程中最常用的一种。离心式通风机的结构和工作原理与离心泵类似，主要由机壳、叶轮组成，如图 3-8 所示。叶轮是由叶片和连接叶片的前盘及后盘所组成的。叶轮后盘装在转轴上。机壳一般都用钢板制成的阿基米德螺线状的箱体（输送腐蚀性较强的气体时可用玻璃钢作箱体），通常采用焊接结构，有时也用铆接，并支承于支架上。当原动机（一般用电动机）带动叶轮转动时，当叶轮随轴旋转时，叶片间的气体也随叶轮旋转而获得离心力，并从叶片之间的出口处被甩出。被甩出的气体挤入机壳，于是机壳内的气体压强增高，最后由出口排出。气体被甩出后，叶轮中央则形成负压。由于入口呈负压，外界的气体在大气压力的作用下立即补入。由于叶轮不停地旋转，气体便不断地排出和补入，从而达到了风机连续输送气体的目的。离心式通风机结构简单，制造方便。

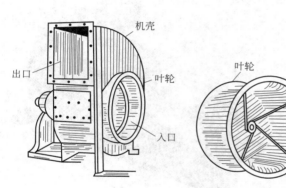

图 3-8　离心式通风机

离心式通风机按所产生的风压不同分类：

① 低压离心式通风机：全压≤980.6Pa。一般用于空调及通风换气。

② 中压离心式通风机：980.6Pa＜全压≤2941.8Pa。一般用于锅炉送风或引风设备。

③ 高压离心式通风机：2941.8Pa＜全压＜14709Pa。一般用于隧道、矿井通风及某些气力输送系统。

离心式通风机按通风机的装置型式分类：

① 送气式通风机，排出管路与室相连接，通风机将新鲜空气输入室内。

② 抽气式通风机，吸入管路与室相连接，通风机吸进室中污浊空气并将其排至大气中。

离心式通风机按用途分类：风机的使用用途有很多种，按不同的用途可以将风机分为煤粉通风机、锅炉引风机、一般通风换气的通用通风机等，参见表 3-6。

3.2.4　轴流式通风机

轴流式通风机类似轴流式泵，都是依靠叶轮旋转时，叶片产生的升力来输送流体，把机械能转化为流体能量的机械。由于气流进入和离开叶轮时都是轴向的，故称为轴流式，如电风扇、空调外机风扇。

图 3-9 轴流式通风机

轴流式通风机主要有由圆筒形机壳及带螺旋桨式叶片的叶轮组成（图 3-9）。小型低压轴流式通风机由叶轮、机壳和集流器组成，通常安装在建筑物的墙壁或天花板上；大型高压轴流式通风机由集流器、叶轮、扩散筒、机壳和传动部件组成。轴流式通风机的布置形式有立式、卧式和倾斜式三种，小型的叶轮直径只有 100mm 左右，大型的叶轮直径可达 20m 以上。

轴流风机具有结构紧凑，外形尺寸小，重量轻等特点，适用于大流量、低压头的场合，用于工厂、仓库、办公室、住宅等地方的通风换气。

3.2.5 鼓风机

离心式鼓风机和罗茨鼓风机是两种常用的鼓风机。近年来，一种节能型风机——磁悬浮鼓风机逐渐引起广泛关注。

3.2.5.1 回转式鼓风机

回转式鼓风机属于风机的一种，通过压缩空气来实现曝气，又叫曝气鼓风机。它主要由电机、空气过渡器、鼓风机本体、空气室、底座（兼油箱）、滴油嘴六部分组成。鼓风机压力范围：$0.1 \sim 0.5 kgf/cm^2$（$1kgf/cm^2 = 0.098MPa$）。图 3-10 为 HC 系列回转式鼓风机实物图。

图 3-10 HC 系列回转式鼓风机

回转式鼓风机的特点：

（1）体积小、风量大、噪声低、耗能省（回转式鼓风机采用运转压缩空气的原理，虽然体积小，但风量大、节能，静声运转是其他形式的风机无法比拟的）。

（2）运转平稳，安装方便（小型机种运转时只要放置妥当则振动很小，不需要加装防振装置，安装方便）。

（3）抗负荷变化，风量稳定（例如：污水处理曝气槽压力变化，则负荷变化，但风量随压力变化而变化甚微）。

（4）附有空气室，散气平稳（全部机种附有空气室，可防止空气脉动，散气平稳）。

（5）鼓风机全部采用优质的材料，结构精巧，坚固耐用，性能卓越，长期使用故障少。

（6）保养简单，故障少，寿命长（低转速，磨损小，寿命长）。

回转式鼓风机安装要注意以下几个方面：

（1）搬运回转式鼓风机时请特别注意安全，要避免回转式鼓风机受到碰伤和冲击，且不能把回转式鼓风机立起来搬运，以防止润滑油从油箱内倒出来。

（2）风机房应留有通风口并安装换气扇，通风口要设在上下两处便于空气对流，以防止机房内温度过高影响回转式鼓风机正常运行。

（3）机房内壁周围最好装有消声材料以降低噪声。

（4）回转式鼓风机应水平安装。

（5）配气管径不应小于回转式鼓风机排风口径，并注意管内清洁，送气管应安装在水面以上，以防止管内进水造成启动时压力过大。

（6）接管时注意不要把止回阀拧倒（止回阀凸起部分应朝上）。

（7）请正确接配电线并注意电机转向与回转式鼓风机旋转方向标记一致。

（8）采用两台回转式鼓风机交替运行时，应避免在短时间内频繁交换启动风机，希望一台回转式鼓风机的连续运行时间不低于 12h。

3.2.5.2　罗茨鼓风机

罗茨鼓风机属于容积回转鼓风机，是一种双转子压缩机械，如图 3-11 所示。两个转子外形是渐开线的"8"字形，两转子的轴线相互平行。转子由叶轮与轴组合而成，叶轮之间、叶轮与机壳及墙板之间具有微小间隙，以避免相互接触。转子由装在轴末端的一对齿轮带动而做同步反向旋转。机械借助于两个"8"字形转子的打开和啮合来间歇改变工作空容积的大小，从而吸入和排出气体。

罗茨鼓风机使用时当压力在允许范围内加以调节时流量的变动很小，压力选择范围很宽，具有强制输气的特点。罗茨鼓风机机内腔不需要润滑油，结构简单，运转平稳，性能稳定，使用寿命长、整机振动小，但运行中磨损严重，噪声大。

就应用而言，罗茨鼓风机大多作空气鼓风机使用，其广泛用于建材、电力、冶炼、化工与矿山、港口、轻纺、邮电、食品、造纸、水产养殖和污水处理等许多领域。图 3-12 为罗茨鼓风机实物图。

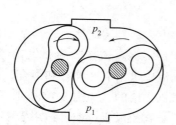

图 3-11　罗茨鼓风机结构原理图

图 3-12　罗茨鼓风机实物图

在实际工程使用过程中，罗茨鼓风机与回转式鼓风机存在一些问题。

罗茨鼓风机：齿轮传动，油润滑齿轮，齿轮传动噪声及空气脉动噪声是不可避免的最大噪声污染源，齿轮箱的泄漏同样会产生油的污染。

回转式鼓风机：油润滑鼓风机，油耗量较大，排气口有油雾产生，产生二次污染，如果风机维护不当，风机将会缺油增大风机的磨损，损坏风机。长期使用时，随着风机叶片磨损的增加，风机噪声会增大。

3.2.5.3　磁悬浮鼓风机

磁悬浮鼓风机为离心式鼓风机，它是在传统鼓风机基础上应用了主动式磁悬浮轴承技术及高速永磁同步电机技术，并进行一体化设计的新型高效节能环保产品。磁悬浮鼓风机工作原理是利用主动式磁悬浮轴承系统，通过可控电磁力对内部转动的磁悬浮轴承进行无接触、无磨损的悬浮支承，磁悬浮轴承与叶轮直接连接，传动零损失，以此达到成功输送气体而机器内部无磨损、低噪声、无须润滑等效果。图 3-13 为磁悬浮鼓风机典型结构图。

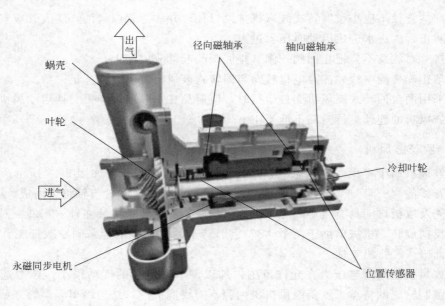

图 3-13　磁悬浮鼓风机典型结构图

　　与罗茨鼓风机比，节能 30％以上，噪声低至 80dB 以下，广泛应用于污水处理、造纸、纺织、水产养殖、钢铁、食品、酿造、石化、热电等行业领域。磁悬浮鼓风机是未来的发展趋势。

3.2.5.4　鼓风机在环境工程中典型应用实例

　　（1）污水曝气处理　在污水的生物处理技术中，活性污泥法是较为常用的一种，它利用曝气池中的溶解氧培养出大量活性微生物，即活性污泥，借以吸附和氧化污水中的污染物，达到净化污水的目的。鼓风曝气系统用于向曝气池中供给氧并搅拌和混合，适用于大型曝气池的污水处理。曝气系统中的氧气便是通过鼓风机供给的，如图 3-14 所示。

　　常用于鼓风曝气的鼓风机有罗茨鼓风机和离心式鼓风机，前者适用于中小型污水厂，但需采取消声和隔声措施；后者噪声小、效率高，适用于大中型污水厂。供应压缩气体的压力大小随曝气深浅而定。

　　（2）烟气脱硫　如图 3-15 所示，用喷嘴将石灰石浆液从脱硫塔上部喷入塔内，烟气中的 SO_2 在塔中遇水生成亚硫酸，落到塔底与碳酸钙浆液反应生成亚硫酸钙，脱硫后的烟气由塔顶排出。亚硫酸钙被鼓风机提供的空气氧化，形成稳定的二水硫酸钙（即石膏）。

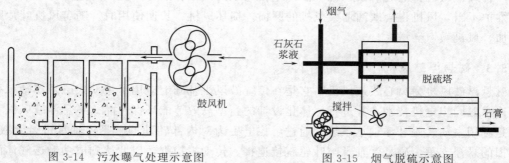

图 3-14　污水曝气处理示意图　　　　　　图 3-15　烟气脱硫示意图

（3）畜粪堆肥发酵　作为好氧发酵处理畜粪的一种现代方法，畜粪堆肥发酵使用鼓风机向发酵罐内通风供氧，可以为细菌的繁殖创造有利条件，从而促进畜粪的发酵、消化和稳定。将发酵产生的臭气排入锯末池，使之被湿锯末吸附和溶解达到除臭的目的，如图 3-16 所示。

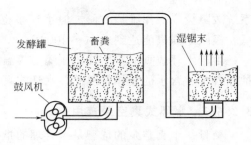

图 3-16　畜粪堆肥发酵示意图

3.2.6　真空泵

从设备或系统中抽出气体使其中的绝对压强低于大气压，此时所用的输送设备称为真空泵。真空泵形式有多种，由于篇幅关系，此处仅简要介绍环境工程中较常用一种真空泵——水环式真空泵。水环式真空泵主要用于抽吸空气，一般真空度可高达 85％，特别适合大型水泵（如循环水泵等）启动时抽真空引水之用。

3.2.6.1　水环式真空泵的结构及工作原理

水环式真空泵的星状叶轮偏心地装置在圆筒形的工作室内，如图 3-17 所示。水环式真空泵工作原理：当叶轮在原动机的带动下旋转时，原先灌满工作室的水被叶轮甩至工作室内壁，形成一个水环，水环内闭上部与轮毂相切，下部形成一个月牙形的气室。右半个气室顺着叶轮旋转方向，使两叶片之间的空间容积逐渐增大，压降低，因此将气体从吸气口吸入；左半个气室顺着叶轮旋转方向，使两叶片之间的空间容积又逐渐减小，增加空间吸入气体的压力，使其从排气口排出。叶轮每旋转一周，月牙形气室使两叶片之间的空间容积周期性改变一次，从而连续地完成一个吸气和一个排气过程。叶轮不断地旋转，便能连续地抽排气体。

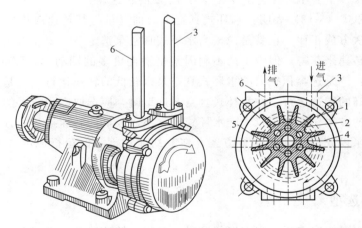

图 3-17　水环式真空泵结构示意图

1—叶轮；2—水环；3—进气管；4—吸气口；5—排气口；6—排气管

3.2.6.2　水环式真空泵特点

水环式真空泵属湿式真空泵，吸气时允许夹带少量的液体，真空度一般可达 83kPa。若将吸入口通大气，排出口与设备或系统相连时，可产生低于 98kPa 的压缩空气，故又可作低压压缩机使用。真空泵在运转时要不断充水，以维持泵内的水环液封，同时冷却泵体。

水环式真空泵结构简单，布局紧凑，占地面积小，抽吸能力强，进气均匀，工作可靠，系统故障少，操作维护方便。但水环泵也有其缺点：效率低，一般为 30%～50%；真空度低，极限压强只能达到 2000～4000Pa。

由于水环式真空泵中气体压缩是等温的，故可抽吸有腐蚀性、易爆炸的气体，此外还可抽除含尘、含水的气体，因此，水环式真空泵的应用日益增多。

3.2.6.3 水环式真空泵选用

衡量一个真空泵的选型是否合理的指标有三个，即：抽气量、工作点轴功率及电机配套功率。选型时，应遵循的原则是：在满足真空排污系统工艺要求抽气量的前提下，尽可能地降低水环式真空泵的工作点消耗的轴功率及其电机配套功率。因为水环式真空泵消耗的轴功率越小，真空泵的运行成本就越低，电机配套功率也较小，总装机容量也较小，电气配套成本也可以下降。真空泵在其工作压强下的抽气量，是真空泵选型的主要依据。提高真空泵的抽气量可以缩短系统的抽气时间，提高劳动生产率。对水环式真空泵来讲，影响其抽气能力的主要因素有两个：泵的容积大小和运行转速。

水环式真空泵是一种容积式的泵，当水环式真空泵的型号确定后，其容积也就确定了。在工况（转速、真空度）相同的情况下，容积较大的水环式真空泵的抽气量要比容积较小的水环式真空泵的抽气量要大。同时，水环式真空泵的抽气量、工作点轴功率与转速存在如下计算关系：

$$Q_{vp1}/Q_{vp2}=n_1/n_2 \tag{3-12}$$

$$P_1/P_2=(n_1/n_2)^{1.7} \tag{3-13}$$

式中　Q_{vp1}，Q_{vp2}——水环式真空泵在工作点 1、2 的抽气量；

$\quad\quad P_1$，P_2——水环式真空泵在工作点 1、2 的轴功率；

$\quad\quad n_1$，n_2——水环式真空泵在工作点 1、2 的转速。

式（3-12）和式（3-13）表明：水环式真空泵的抽气量与其转速成正比，工作点轴功率与其转速的 1.7 次方成正比。也就是说，当水环式真空泵选定后，要获得更大的抽气量可以通过提高其运行转速来获得，但带来的不利因素是消耗更多的轴功率。要获相同的抽气量，有两种选型方案：一是选容积较大的水环式真空泵以较低的转速运行；二是选容积较小的水环式真空泵以较高的转速运行。在水环式真空泵选型时，应选取容积较大的水环式真空泵以较低的转速运行的方案。选容积较大的水环式真空泵以较低的转速运行的方案要比选容积较小的水环式真空泵以较高的转速运行方案，在节约能耗、降低运行成本方面具有更大的优越性。

3.2.7 风机的选型

风机选型的主要内容包括确定它们的形式、台数、转速以及与之配套的电机功率。影响风机选型的五要素为：①风量、风压；②使用工况；③排送气体成分；④安装位置和安装形式；⑤配件、噪声等其他要求。

3.2.7.1 风机选型的原则

① 风机运转平稳、安全可靠；

② 经济性高，使风机能长期在高效区运行；

③ 选择的风机性能曲线形状合适，保证在正常工作区不发生汽蚀及其他不稳定现象；

④ 结构简单，体积小，重量轻，设备投资少；

⑤ 耐腐蚀；安装、维护及拆修方便。

3.2.7.2 风机的选择步骤及方法

（1）收集原始资料 包括整个工程工况装置的用途、管路布置、装置位置、被输送气体性质（如清洁空气、烟气、含尘空气或易爆气体）等。

（2）确定工况要求的风量 Q 和风压 p 首先根据生产工艺的需要，计算出最大风量 Q_{max} 和风机的最高风压 p_{max}。通常根据所选房间的换气次数，计算厂房所需总风量，即

$$Q_{max} = Vn \tag{3-14}$$

式中 V——场地体积，m^3；

$\quad$ n——换气次数，次/h。n 取值可参考《工业建筑供暖通风与空气调节设计规范》
$\quad$ （GB 50019—2015）中 6.3.8 内容："当车间高度小于或等于 6m 时，其排风量
$\quad$ 应不小于按 1 次/h 换气计算所得的风量；当车间高度大于 6m 时，排风量可按
$\quad$ $6m^3/(h \cdot m^2)$ 计算。"

然后，分别加 10%～20% 的安全量（考虑计算误差及管网漏耗等）作为选风机的依据，即

$$Q = (1.05 \sim 1.10)Q_{max} \tag{3-15}$$

$$p = (1.10 \sim 1.15)p_{max} \tag{3-16}$$

（3）将使用工况状态下的风量 Q 和风压 p 换算为实测标准状态下风量 Q_0 和风压 p_0 由于厂家风机样本所提供的性能数据（Q，p）是在标准条件下经试验得出的。这在风机铭牌上均有标示。一般风机的标准条件是大气压力 $p_0 = 101.3kPa$，$t_0 = 20℃$，$\rho_0 = 1.205kg/m^3$，大气相对湿度 50%；锅炉引风机的标准条件是大气压强为 101.325kPa，气体温度为 200℃，相应的容重 $\gamma = 0.745kN/m^3$。因此，当风机在非标准状态工作，即当所输送的流体温度或密度以及当地大气压强与规定条件不同时，应进行参数换算，将实际风量 Q 和风压（以风机进口状态计）换算成实验条件下的风量 Q_0 和风压 p_0（若实际风量 Q 大于实验条件下的风量 Q_0，常以 Q 代替 Q_0，把大于值作为富余量）。风机性能参数的换算分以下两种情况：

① 当被输送流体的密度改变时性能参数的换算。当被输送的流体温度及压强与风机样本条件不同时，即流体密度改变时，风机的性能也发生相应的改变。由于机器是同一台，大小尺寸未变，且转速也未变，根据相似律得出如下换算关系式：

$$Q = Q_0 \text{ 且 } \eta = \eta_0 \tag{3-17}$$

$$\frac{p}{p_0} = \frac{\rho}{\rho_0} = \frac{\gamma}{\gamma_0} = \frac{B}{101.325} \times \frac{273 + t_0}{273 + t} \tag{3-18}$$

$$\frac{N}{N_0} = \frac{\rho}{\rho_0} = \frac{\gamma}{\gamma_0} = \frac{B}{101.325} \times \frac{273 + t_0}{273 + t} \tag{3-19}$$

式中 Q，Q_0——工况状态下和实测标准状态下的流量，m^3/h；

$\quad$ η，η_0——工况状态下和实测标准状态下的效率；

$\quad$ γ，γ_0——工况状态下和实测标准状态下的气体容重，kN/m^3；

$\quad$ B——当地大气压强，单位为 kPa；

$\quad$ t，t_0——被输送气体在风机使用工况状态下和实测标准状态条件下的温度，℃；

N，N_0——风机使用工况状态下和实测标准状态下的功率，kW；

p，p_0——风机使用工况状态下和实测标准状态下的风压，kPa；

ρ，ρ_0——气体在风机使用工况状态下和实测标准状态下的密度，kg/m³。

② 当转速改变时性能参数的换算。风机的性能参数都是针对某一定转速 n_0 来说的。当实际运行转速 n 与 n_0 不同时，可用相似律求出新的性能参数。此时，相似律被简化为

$$\frac{Q}{Q_0} = \sqrt{\frac{p}{p_0}} = \sqrt[3]{\frac{N}{N_0}} = \frac{n}{n_0} \tag{3-20}$$

（4）确定风机的类型　根据风机用途、输送气体的性质、所需的风量和风压，确定风机类型。常用的各类风机性能及适用范围见表3-7。离心式风机适用于风量较小、系统阻力较大的场合；轴流式风机适用于风量较大、系统阻力较小的场合。环境工程中常用的是离心式风机。若输送的是清洁空气，或与空气性质相近的气体，可选用一般类型的离心通风机。

（5）确定风机型号　根据标准状态下风量 Q_0、风压 p_0 和选定风机类型，查阅该类型风机的性能表，找到规格、转速及配套的功率与所需的风量和风压适合的风机。

表 3-7　常用风机性能及适用范围（示例）

型号	名称	全压范围/Pa	风量范围 /（m³/h）	功率范围 /kW	介质最高 温度/℃	适用范围
4-68	离心通风机	170～3370	565～79000	0.55～50	80	一般厂房通风、换气、排气
F4-27	塑料离心通风机	198～3187	805～15455	0.75～15	80	防腐防爆厂房通风、排气
4-72-11	离心通风机	200～3240	991～227500	1.1～210	80	一般厂房通风、换气
4-79	离心通风机	180～3400	990～17720	0.75～15	80	一般厂房通风机
7-40-11	排尘离心通风机	500～3230	1310～20800	1.1～40		输送含尘量较多的空气
9-35	锅炉通风机	800～6000	2400～15000	2.8～570		锅炉送风助燃
Y4-70-11	锅炉引风机	670～1410	4430～14360	3.0～75	250	用于1～4t/h蒸汽锅炉
Y9-35	锅炉引风机	550～4540	4430～473000	4.5～1050	200	锅炉烟道排风
G4-73-11	锅炉离心通风机	590～7000	15900～ 680000	10～1250	80	用于2～679t/h蒸汽锅炉或 一般矿井通风
30K4-11	轴流风机	26～516	550～49500	0.9～10	45	一般工厂、车间办公室换气

（6）根据风机安装位置，确定风机旋转方向和风口角度。风机转向及进出口位置应与管路系统相配合。

（7）若所输送气体的密度大于 1.2kg/m³，则需核算轴功率。

不论是由风机特性曲线选择风机还是由风机性能表格选择风机，都要考虑安全系数。风机的轴功能率可按下式计算：

$$N = \frac{Qp}{\eta\eta_i} K \tag{3-21}$$

式中　N——电动机轴功率，kW；

　　　Q——风机的流量，m³/s；

　　　p——风机压力，Pa；

　　　η_i——机械效率，%（按表3-8选取）；

　　　η——风机效率，%；

　　　K——电动机容量安全系数。

值得注意的是，必要时须进行初投资与运行费的综合经济、技术比较。

表 3-8 机械效率 η_i

传动方式	机械效率
电动机直联传动	1.00
联轴器直联传动	0.98
三角皮带传动(滚动轴承)	0.95

3.2.7.3 风机选择的示例

【例 3-2】 某送风系统输送 60℃ 的热空气，风量为 11500m³/h，要求风压为 200mmH₂O。当地的大气压强值为 94kPa，试选择叶轮向右旋转、出风口位置为 90℃ 的风机，并配用电机。

解：根据工况要求的风量和风压，考虑加 10% 的附加值，即

$$Q = 1.1 \times 11500 = 12650 (\text{m}^3/\text{h}), p = 1.1 \times 200 = 220 (\text{mmH}_2\text{O})$$

风机的使用工况的空气密度 ρ 按气体状态方程式求，即

$$\rho = \rho_0 \frac{BT_0}{p_0 T} = 1.2 \times \frac{94}{101.3} \times \frac{273+20}{273+60} = 0.98 (\text{kg/m}^3)$$

风机的实测标准状态为 $p_0 = 101.3\text{kPa}$，$t_0 = 20℃$，空气的密度 $\rho_0 = 1.2\text{kg/m}^3$。将使用工况状态下的风量和风压换算为实测标准状态下风量和风压。有

$$Q_0 = Q = 12650 (\text{m}^3/\text{h}), p_0 = p \frac{\rho_0}{\rho} = 220 \times \frac{1.2}{0.98} = 269 (\text{mmH}_2\text{O})$$

根据常用风机性能表 3-7，可选择 4-72-11No5A 型风机，其性能参数见表 3-9。可见，当转速 $n = 2900\text{r/min}$，序号 6 的工况点参数值为 $Q = 12780\text{m}^3/\text{h}$，$p = 268\text{mmH}_2\text{O}$，适合该送风系统的使用工况。

表 3-9 4-72-11No5A 型离心式风机性能参数表

转速 n /(r/min)	序号	全风压 p /mmH₂O	风量 Q /(m³/h)	轴功率 N /kW	电动机 型号	功率/kW
2900	1	324	7950	8.52	JO₂-52-2	13
	2	319	8917	8.9		
	3	313	9880	9.42		
	4	303	10850	9.9		
	5	290	11830	10.3		
	6	268	12780	10.5		
	7	246	13750	10.7		
	8	224	14720	10.9		
1450	1	81	3977	10.6	JO₂-31-4	2.2
	2	79	4460	11.1		
	3	78	4943	11.8		
	4	76	5426	12.3		

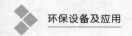 **思考题与习题**

1. 离心泵的特性曲线图中有哪几条特性曲线？

2. 什么是泵的工作点？什么是最佳工作点？

3. 为了要考虑水泵的安装高度，什么情况下必须使泵装设在吸水池水面以下？

4. 简述泵选择的具体步骤。

5. 离心通风机是怎样工作的？

6. 通风机的主要性能参数有哪些？通风机的全压、静压、动压指的是什么？

7. 怎样用风机性能选择曲线来选择风机？

8. 轴流通风机是怎样工作的？在结构上它有哪些特点？

9. 在本书中，H 代表扬程，p 代表风机的压头，而在工程实践中，风机样本上又常以 H 表示风机的压头，单位为 Pa，此压头 H 与扬程 H 及压头 p 有何异同？

10. 某工厂由冷冻站输送冷冻水到空气调节室的蓄水池，采用一台单吸单级离心式水泵。在吸水口测得流量为 60L/s，泵前真空计指示真空度为 4m，吸水口径 25cm。泵本身向外泄漏流量约为吸水口流量的 2%。泵出口压力表读数为 3.0kgf/cm^2，泵出口直径为 0.2m。压力表安装位置比真空计高 0.3m，求泵的扬程。

11. 某空气调节系统需要从冷水箱向空气处理室供水，最低水温为 10℃，要求供水量 35.8m^3/h，几何扬水高度 10m，处理室喷嘴前应保证有 20m 的压头。供水管路布置后经计算管路损失达 7.1mH$_2$O。为了使系统能随时启动，故将水泵安装位置设在冷水箱之下。试选择水泵。

12. 某地大气压为 98.07kPa，输送温度为 70℃的空气，风量为 11500m^3/h，管道阻力为 2000Pa，试选用风机、应配用的电机及其他配件。

13. 某工业用气装置要求输送空气 1m^3/s，$p=3677.5$N/m^2，试用选择性能曲线选用风机，并确定配用电机和配套用的选用件。

14. 现有 Y4-2×73No37F 型 600MW 机组锅炉离心引风机一台，铭牌参数为：$n_0=580$r/min，$p_0=4668$Pa，$Q_0=173900$m^3/h。配用电机功率为 3156kW，现将风机在 $t=20$℃的清洁空气中试运行，转速不变，联轴器传动效率 $\eta_i=0.98$，校核电机是否能满足要求。

第 **4** 章 管道、阀门、管件及其选用

　　管道、阀门和管件都是流体输送系统中重要组成部分。管道不仅大量用作污水、废气及其他各种流体的输送，还被用作许多环保设备的内部构件或零部件，如曝气池的曝气管、隔油池的集油管、换热器的蛇形管和列管、消声器的内外管以及各种处理设备的配水管、配气管等。阀门是截断、接通流体（含粉尘）通路或改变流向、流量及压力值的装置，具有导流、截断、调节、节流、防止倒流、分流或卸压等功能。储罐、过滤池、压缩机、泵等环保设备上都要安装各种各样的阀门，以便系统的正常使用和这些设备的维修、更换。管件是管道系统中起连接、控制、变向、分流、密封、支承等作用的零部件的统称。本章介绍环保工程中较为常见的管道、阀门、管件，并对其定义、种类、特点及选用进行重点阐述。

4.1　管道

　　目前市场上管道可分为金属管、非金属管、复合管三类。金属管主要有钢管、铸铁管、有色金属管；非金属管主要有塑料管、混凝土管和玻璃钢管；复合管主要有塑塑复合管、钢塑复合管、铝塑复合管。

4.1.1　金属管

4.1.1.1　钢管

　　钢管包括无缝钢管、镀锌钢管、焊接钢管。

　　（1）无缝钢管　无缝钢管是指采用轧制、拉拔、挤压或穿孔等方法生产的整根钢管表面没有接缝的钢管。图 4-1 为无缝钢管的外形图。

　　无缝钢管包括一般无缝钢管和不锈钢无缝钢管。一般无缝钢管用普通或优质碳素钢、普通低合金钢和合金结构钢轧制而成，可用以输送一般无腐蚀性介质的液体。不锈钢无缝钢管又称不锈耐酸钢管，是一种具有中空截面、周边没有接缝的长条钢材，是耐空气、蒸汽、水等弱腐蚀介质和酸、碱、盐等化学浸蚀性介质腐蚀的钢管。环境工程通常选用不锈钢管输送废水、废气、粉

图 4-1　无缝钢管的外形

末或颗粒状固体废物及其他腐蚀性介质。例如，选用不锈钢管制作配水管、曝气管、爬梯等水下零部件，因其优良的耐腐蚀性，几乎无须维护或更新，大大减少了构筑物和设备的日常维护管理工作，同时也降低了相关的运行管理费用。

无缝钢管管径规格及其表示法为：Φ 外径（mm）×壁厚（mm）。在 DN10～150 的范围内，无缝钢管在同一公称直径 DN 以下有两种不同的外径和多种不同的壁厚，例如 Φ108×4.0、Φ114×7.0 均表示 DN100 的无缝钢管；大于 DN200 的无缝钢管，在同一公称直径 DN 下只有 1 种外径以及多种不同的壁厚。无缝钢管的管壁上没有接缝，所以能承受较高的压力，其公称压力的范围为 PN1.0～25MPa。

（2）焊接钢管 焊接钢管一般是将钢带材或钢板材先卷成管材，再加以焊接而制成的。图 4-2 为焊接钢管的外形图。焊接钢管由于管壁上有焊接缝，因而不能承受高压。一般适用于 PN<1.6MPa 的管道。常用的焊接钢管包括低压流体输送用焊接钢管、螺旋缝电焊钢管、直接卷焊钢管、电焊管等。

4.1.1.2　铸铁管

铸铁管是用铸铁浇铸成型的管子，其外形如图 4-3 所示。铸铁管耐腐蚀性优于钢管，因而常用作污水管，特别是当管道需要埋地铺设时，采用铸铁管比钢管更能耐受土壤对管道外壁的侵蚀。但铸铁管不能用于输送蒸汽及在有压力下输送爆炸性与有毒气体。

图 4-2　焊接钢管的外形

图 4-3　铸铁管

4.1.2　非金属管

4.1.2.1　塑料管

塑料管一般是以合成树脂，也就是聚酯为原料，加入稳定剂、润滑剂、增塑剂等，以"塑"的方法在制管机内经挤压加工而成。与金属管道相比，塑料管具有自重轻、耐腐蚀、耐压、管壁光滑、过流能力好、密封性能好、使用寿命长、运输安装方便、价格便宜等特点。为此，近年来国内外都大力推广塑料管在工程中的应用，并形成一种势不可当的发展趋势。

按管道的材质可分为硬聚氯乙烯（PVC-U 或 UPVC）管、聚乙烯（PE）管、丙烯腈-丁二烯-苯乙烯共聚物（ABS）管、聚四氟乙烯（PTFE）管、交联聚乙烯（PE-X）管、聚丙烯（PP）管、聚丁烯（PB）管等。按管壁构造可分为实壁管、加筋管、双壁波纹管、螺旋缠绕管等。最通常的分类方法是按照制造管道的管材进行分类。

（1）硬聚氯乙烯（UPVC）管 硬聚氯乙烯管是以聚氯乙烯（PVC）树脂为主要原料，添加稳定剂、润滑剂等（但不含增塑剂）后加热，在制管机中挤压而成的。UPVC 管具有耐腐蚀性、强度较高、柔性好、质量轻、运输方便、难燃性好、使用寿命长等优点。

UPVC 管是国内外产量最大、使用最广泛的管道品种，常用作给水管、排水管、穿线管线。采用这种管材，可对我国钢材紧缺、能源不足的局面起到积极的缓解作用，经济效益显著。

目前常用 UPVC 工业管道规格（公称内径 DN）：DN10、DN15、DN20、DN25、DN32、DN40、DN50、DN65、DN80、DN100、DN125、DN150、DN200、DN250、DN300、DN350、DN400、DN450、DN500、DN600。

UPVC 管材的压力等级一般分为四种：Ⅰ型 0～0.5MPa，Ⅱ型 0.5～0.63MPa，Ⅲ型 0.63～1.0MPa，Ⅳ型 1.0～1.6MPa。使用温度范围 0～50℃。

UPVC 管道主要有三种连接形式，即承插胶圈橡胶接口、黏合连接和法兰连接。这几种连接形式都用不着另挖工作坑，可直接在管沟中安装，无须用油麻或膨胀水泥等打接口，可用手动葫芦或用手把管插口端套上胶圈后直接插进承口内，插进的深度可以管尾标记为准。

现介绍各种常见的 UPVC 管如下：

① UPVC 双壁波纹管。双壁波纹管是同时挤出两个同心管，再将波纹管外管熔接在内壁光滑的铜管上而制成的，具有光滑的内壁和波纹状外壁，如图 4-4 所示。这种管材突破了普通管材的板式传统结构，使管材质轻而强度高，且具有良好的柔韧性，比普通 UPVC 管节省 40％原料，可广泛地应用在市政给排水管道系统，及低压输水、农业灌溉、电线电缆套管等领域。

② UPVC 芯层发泡管。UPVC 芯层发泡管是采用三层共挤出工艺生产的一种新型管材。如图 4-5 所示三层结构中，内外两层为密实的皮层，这点与普通 UPVC 相同；中间是相对密度 0.7～0.9 的低发泡层。这种管材的环向刚性是普通 UPVC 管的 8 倍，而且在温度变化时尺稳定性好，隔热性好，特别是发泡芯层能有效阻隔噪声传播，更适用于高层建筑排水系统。对这种管材已经颁布了国家标准 GB/T 16800—2008《排水用芯层发泡硬聚氯乙烯（PVC-U）管材》。

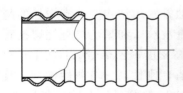  

图 4-4　双壁波纹管　　　　　　　　图 4-5　UPVC 芯层发泡管结构示意图

③ UPVC 双壁螺旋消音管。UPVC 双壁螺旋消音管（图 4-6）内壁上带有几条三角凸形螺旋筋，排水时，水流在螺旋筋的导流下，按螺旋筋的斜向直线沿管材内壁排出，不会对其内壁产生较强的冲击，因此噪声较小。同时，消音管的独特结构可以使空气在管中央形成气柱直接排出，没有必要像以往那样另外设置专用通气管，使高层建筑排水通气能力提高 10 倍，排水量增加 6 倍，噪声比普通 UPVC 排水管和铸铁管低 30～40dB。UPVC 消音管与消音管件配套使用时，排水效果良好。UPVC 消音管主要用于排水管道系统，特别是高层建筑排水管道系统。

④ UPVC 径向加筋管。UPVC 径向加筋管（图 4-7）是采用特殊模具和成型工艺生产的 UPVC 塑料管，其特点是减薄了管壁厚度，同时还提高了管子承受外压荷载的能力，管外壁上带有径向加强筋，起到了提高管材环向刚度和耐外压强度的作用。此种管材在相同外荷载能力下，比普通 UPVC 管可节约 30％左右的材料，主要用于城市排水。

图 4-6 UPVC 双壁螺旋消音管

图 4-7 UPVC 径向加筋管

⑤ UPVC 螺旋缠绕管。UPVC 螺旋缠绕管由带有 T 形肋的 UPVC 塑料板材卷制而成，板材之间由快速嵌接的自锁机构锁定。在自锁机构中加入黏接剂黏合。这种制管技术的最大特点，是可以在现场按工程需要卷制成不同直径的管道，管径可为 Φ150～3000mm，适用于城市排水、农业灌溉、输送工程和通信工程等。

（2）聚乙烯（PE）管　PE 管材以聚乙烯树脂（PE）为主要原料的材料。PE 是聚乙烯塑料，最基础的一种塑料，塑料袋、保鲜膜等都是 PE。国际上聚乙烯材料先后已有三代产品：低密度聚乙烯（LDPE）、中密度聚乙烯（MDPE）、高密度聚乙烯（HDPE）。

图 4-8 HDPE 管材

HDPE 管（图 4-8）具有良好的耐高温、抗低温冲击、耐磨、耐腐蚀、耐老化、经济性等性能，因此受到管道界的重视，它是仅次于硬聚氯乙烯（UPVC），使用量占第二的塑料管道材料。HDPE 管道系统之间采用电热熔方式连接，接头的强度高于管道本体强度。

近年来聚乙烯埋地排水用结构壁管有增长的趋势，主要为聚乙烯双壁波纹管和聚乙烯缠绕熔接管（或称缠绕螺旋管）。高密度聚乙烯管（HDPE）双壁波纹管是一种用料省、刚性高、弯曲性优良，具有波纹状外壁、光滑内壁的管材。在欧美等国中，HDPE 双壁波纹管，在相当范围内取代了钢管、铸铁管、水泥管、石棉管和普通塑料管，广泛用作排水管、污水管、地下电缆管、农业排灌管。

（3）ABS 管　ABS 管又叫苯乙烯管，是以丙烯腈-丁二烯-苯乙烯的三元共聚物为主要原料，经挤出而成形的一种新型的复合塑料管材，颜色一般有灰色和米白色两种。

ABS 塑料管具有如下优点：

① 具有良好的机械强度和较高的抗冲击韧性，并能承受较高的工作压力，常温状态下工作压可达 1.6MPa；

② ABS 管质轻，为 PVC 的 0.8 倍，管壁光滑，阻力小；

③ 化学性能稳定，耐腐蚀性能强；

④ 使用温度范围广，使用温度范围为 −40～80℃；

⑤ 管道连接方便，密封性好。

ABS 管外径 15～300mm，管壁厚 2.5～13.5mm，工作压力 0.6MPa、0.9MPa、

1.6MPa，ABS 管多采用胶黏承插连接，也可采用法兰螺纹连接等形式。

ABS 管由于兼有 PVC 管的耐腐蚀性能和金属管道的力学性能，适用于生活供水、污水、废气输送及灌溉系统等领域，也可用于输送多种化学介质，如水处理的加药管道、有强腐蚀作用的工业管道等。

（4）交联聚乙烯（PE-X）管　交联聚乙烯（PE-X）由于具有很好的卫生性和综合力学物理性能，被视为新一代的绿色管材。生产交联聚乙烯（PE-X）管的主要原料是 HDPE，以及引发剂、交联剂、催化剂等助剂，采用世界上先进的一步法（MONSOIL 法）技术制造的。

PE-X 管在发达国家已获得广泛运用，与其他塑料管相比，具有以下优点：

① 不含增塑剂，不会霉变和滋生细菌；

② 不含有害成分，可应用于饮用水传输；

③ 耐热性好，耐压性能好，耐腐蚀性能好；

④ 隔热效果好，能够任意弯曲，不会脆裂；

⑤ 抗蠕变强度高，可配金属管，可省去连接管件，降低安装成本，加快安装周期，便于维修，使用寿命可达 50 年之久。

目前在欧美市场上，交联聚乙烯管道是运用较为广泛的塑料管道。交联聚乙烯管已被列入了我国推广的新型建筑材料行列，并作为国家小康住宅推荐产品，已经在商务大楼、公寓、商品住宅、工厂厂房、太阳能、城镇改水等领域得到广泛应用。

（5）无规共聚聚丙烯（PP-R）管　无规共聚聚丙烯（PP-R）管是欧洲新近开发出来的新型塑料管道产品，原料属聚烯烃，其分子中仅有碳、氢元素，无毒性，卫生性能可靠。PP-R 管在原料生产、制品加工、使用及废弃全过程均不会对人体及环境造成不利影响，与交联聚乙烯（PE-X）管材同被称为绿色建材。

PP-R 管除具有一般塑料管材质量轻、强度好、耐腐蚀、使用寿命长等优点外，还有以下特点：

① 无毒卫生，符合国家卫生标准要求；

② 具有较好的耐热保温性能；

③ 连接安装简单可靠，具有良好的热熔焊接性能，管材与管件连接部位的强度大于管材本身的强度，无须考虑在长期使用过程中连接处是否会渗漏；

④ 弹性好、防冻裂，该材料优良的弹性使得管材和管件可防冻胀的液体一起膨胀，从而不会被冻胀的液体胀裂；

⑤ 环保性能好；

⑥ 抗紫外线性能差，在阳光的长期直接照射下容易老化。

PP-R 管道连接方式有：热熔连接、电熔连接、螺纹连接、法兰连接等。应按不同的施工场合、不同的施工要求合理选择。热熔连接和电熔连接适用于 PP-R 管材与管件的连接，凡采用直埋布管形式的必须采用热熔或电熔连接。其中电熔连接施工成本较高，适用于管道的最后连接或不方便使用施工工具的场合。螺纹连接和法兰连接适用于 PP-R 管与金属管或金属用水器具的连接。一般小口径管适于用螺纹连接；大口径管适于用法兰连接。在管道拆装较多的场合使用带活接头的螺纹连接或法兰连接。

（6）聚丁烯（PB）管　聚丁烯（PB）管既有聚乙烯的抗冲击韧性，又有高于聚丙烯的耐应力开裂性和出色的耐蠕变性能，并稍带有橡胶的特性。

聚丁烯管除具有一般塑料管卫生性能好、质量轻、安装简便、寿命长等优点外，还具有以下特点：

① 耐热，热变形温度高，耐热性能好用，90℃热水可长期使用；

② 抗冻，脆化温度低（−30℃），在−20℃以内结冰不会冻裂；

③ 柔软性好；

④ 隔温性好；

⑤ 绝缘性能较好；

⑥ 耐腐蚀（易为热而浓的氧化性酸所侵蚀）；

⑦ 环保、经济，废弃物可重复使用，燃烧不产生有害气体。

PB 管道主要用于建筑物内的冷热水系统、采暖系统、饮用水供水系统、中央空调供水系统。

PB 管道的连接方式主要有两种：热熔连接和电熔连接。这两种方式用于 PB 管材与管材的连接，凡采用直埋安装方式时必采用热熔或电熔，电熔的施工成本较高，主要适用于最后连接施工不方便的场合。PB 管道的另外两种次要连接方式是螺纹和法兰连接，这种方式使用于 PB 管材与金属管或金属配件的连接，螺纹连接适用于小口径，法兰适用于大口径，在水表及阀门等有可能需要拆卸的场合宜采用螺纹连接或法兰连接。

（7）聚四氟乙烯（PTFE）管 聚四氟乙烯（PTFE）俗称"塑料王"，是由四氟乙烯经聚合而成的高分子化合物。PTFE 管材选用悬浮聚合 PTFE 树脂经柱塞挤压加工制成，具有杰出的优良综合性能，具体特点如下。

① 具有极好的耐腐蚀性能。除了熔融碱金属、单体氟和三氟化氯化学品外，几乎能抗一切强酸、强碱、强氯化剂、有机溶剂、王水等腐蚀介质的腐蚀。

② 具有良好的耐热性和耐低温性能，在 260℃对仍具有稳定的性能，长期适用温度可达 180℃；低温（−270℃）下时仍具有一定的韧性，能长期在−196℃下使用。

③ 具有良好的润滑性和表面不黏性，摩擦系数极小，与钢发生相对滑动摩擦时，摩擦系数为 0.1，几乎所有物质都不能黏附在其表面上。

④ 具有良好的耐大气老化性能。

⑤ 具有优良的介电性能。在较宽频率范围内的介电常数和介电损耗都很低，而且击穿电压、体积电阻率和耐电弧性都较高。

4.1.2.2　玻璃钢管

玻璃钢是以各种树脂（如环氧树脂、不饱和聚酯树脂等）为基体材料，以玻璃纤维织物为骨架材料，由特殊的工艺固化而成的非金属材料。玻璃钢拉伸强度较高，轴向拉伸强度可达 140MPa 以上，故使用的管子规格可达 DN900；玻璃钢耐蚀性不如塑料和橡胶，但价格便宜，常用于循环水、海水、风和一些弱腐蚀性介质的输送。

最常用的玻璃钢材料为不饱和聚酯玻璃钢，使用温度一般小于 150℃。管道用玻璃钢可依照 HG/T 21633—1991《玻璃钢管和管件》的规定。

4.1.2.3　混凝土管

混凝土管有普通、轻型和重型三种。混凝土管制造容易，价格便宜，但不承压。混凝土管常被用作城市污水、工业废水和雨水的大口径输送管道。

4.1.3 复合管

复合管主要有塑塑复合管、钢塑复合管、铝塑复合管。

4.1.3.1 塑塑复合管

由两种不同品种或不同性质的塑料复合制成的管子称为塑塑复合管，其由包括两大类：一是缠绕增强热塑性复合管；二是热塑性塑料复合管。

（1）缠绕增强热塑性复合管　是用玻璃钢缠绕在各种热塑性管（如 PVC、PP、PE）外表面制成的，因此称为 FRP 缠绕增强热塑性复合管。此类复合管包括玻璃钢缠绕增强聚氯乙烯塑料管（FRP/PVC 复合管）、玻璃钢缠绕增强聚丙烯塑料管（FRP/PP 复合管）、玻璃钢缠绕增强聚乙烯塑料管（FRP/PE 复合管）、玻璃钢缠绕增强聚偏二氟乙烯塑料管（FRP/PVDF 复合管）等。

（2）热塑性塑料复合管　包括 UPVC-PE 复合管、PE 基塑料复合管、PE-X 阻隔管、HDPE 保温管等种类。其中，UPVC-PE 复合管外层为 UPVC，与水接触的内层为 PE，用作给水管，以提高管材料的卫生性；HDPE 保温管的内管和外管均为 HDPE，中间为聚氨酯硬质泡沫塑料，可用于在高寒、高热地区输送冷水，以及用于空调系统。

4.1.3.2 钢塑复合管

钢塑复合管是国内近年来发展起来的一种新型管道材料。金属与塑料的复合管是一种金属/高聚物的宏观复合体系，金属基体通过界面结合承受管材内外压力，塑料基体在防腐蚀方面发挥作用。它既有金属的坚硬、刚直不易变形、耐热、耐压、抗静电等特点，又具有塑料的耐腐蚀、不生锈、不易产生垢渍、管壁光滑、容易弯曲、保温性好、清洁无毒、质轻、施工简易、使用寿命命长等特点。

钢管与 UPVC 塑料管复合管材，使用温度的上限为 70℃，用聚乙烯粉末涂覆于钢管内壁的涂塑钢管可在 −30～55℃ 下使用。环氧树脂涂塑钢管的使用温度高达 100℃，可用作热水管道。钢塑复合管可代替不锈钢管广泛应用于石油化工、冶金、医药、食品加工等部门，是输送腐蚀性气、液体的理想管道，它的价格仅为不锈钢管的 1/5 左右，故其经济效益显著。

4.1.3.3 铝塑复合管

铝塑复合管是一种集金属与塑料优点为一体的新型管材。铝塑复合管是一种五层结构的复合管。最外层和里层是中高密度聚乙烯（PE）或交联聚乙烯（PE-X），中间层（即第三层）是为一层约 0.3mm 薄铝板焊接管，铝管与内外层聚乙烯之间各有一层黏合剂，热熔胶牢固黏接。铝塑复合管的结构决定了这种管材兼有塑料管与金属管的特点。塑料在外层及强度较好的金属层在中间位置，一方面保护减少外界的腐蚀，另一方面增强管材的强度和塑性。

铝塑复合管主要应用领域：①自来水、采暖及饮用水供应系统用管。②煤气、天然气及管道石油气室内输送用管。③化工：各种酸、碱溶液的输送。④医药：各种气、液体输送。⑤石化：煤油、汽油等流体的输送。⑥船用管材：水上运输工具内各种管路系统用管。⑦食品工业：输送酒、饮料等。⑧压缩空气等工业气体的输送。

表 4-1 列举比较了 6 种常见管材的特点。

表 4-1　6 种常见管材的特点比较

比较项目	硬聚氯乙烯 (PVC-U)管	高密度聚乙烯 (HDPE)管	无规共聚 聚丙烯(PP-R)管	镀锌钢管	铝塑复合管	镀锌钢塑管 内层
价格比	1.0	1.4	1.6~2.0	1.3	2.2	1.6~1.8
安全卫生	一般	好	好	差	好	一般
安装难度	容易	易(时间长)	容易	一般	易	一般
连接方式	粘接、胶圈	电熔、胶圈	热熔、电熔	螺纹	铜管件挤压	螺纹
安装可靠	较好	好	好	一般	一般	一般
尺寸稳定性	低	低	较高	高	高	高
抗冲击及耐压力	一般	强	较强	很强	强	很强
使用年限	较长	较长	长	低	长	中
维修	较方便	较方便	较方便	方便	不方便	方便
主要缺点	硬度低、耐热性差、老化、线胀系数大	刚性差、抗老化性能差。柔韧性好	硬度低、刚性差,长时间曝晒成分易分解。室外明敷须有保护措施	易腐蚀、不卫生,属淘汰产品,我国已禁用	管道连接采用铜管件,水头损失大,使用时尽量减少管件量。管件易漏水	不美观、外壁碰伤易腐蚀。内保护层质量不稳定
标准	一般标准	一般标准	标准	低标准	中高标准	中等标准

4.2　阀门

阀门是流体输送系统中的控制部件,用来控制空气、水、蒸汽、各种腐蚀性介质、泥浆、油品、液态金属和放射性介质等各种类型流体的方向、压力、流量的装置。具体说,阀门用于接通或切断管路中的流通介质,或者用于改变介质的流动方向,或者用于控制介质的压力和流量,或用于保护管路和设备的安全运行。

4.2.1　阀门分类

用于流体控制系统的阀门,从最简单的截止阀到极为复杂的自控系统中所用的各种阀门,其品种和规格繁多。阀门从公称通径极微小的仪表阀至公称通径达 10m 的工业管路用阀都有。阀门的工作压力可为从 0.0013MPa 到 1000MPa 的超高压,工作温度为从 -269℃的超低温到 1430℃的高温。阀门的控制可采用多种传动方式,如手动、电动、液动、气动、蜗杆传动、电磁动、电磁液动、电液动、气液动、正齿轮传动、伞齿轮传动等;可以在压力、温度或其他形式传感信号的作用下,按预定的要求动作,或者不依赖传感信号而进行简单的开启或关闭,阀门依靠驱动或自动机构使启闭件做升降、滑移、旋摆或回转运动,从而改变其流道面积的大小以实现其控制功能。

4.2.1.1　按作用和用途分类

(1) 截断阀类　截断类阀门又称闭路阀,包括闸阀、截止阀、蝶阀、旋塞阀、球阀、隔膜阀、柱塞阀、针型仪表阀等，这类阀作用是接通或切断管路中的介质流。

（2）止回阀类　如止回阀，又称单向阀或逆止阀，止回阀属于一种自动阀门，其作用是防止管路中的介质倒流，防止泵及驱动电机反转，以及容器介质的泄漏。安装在水泵水下吸管底端的底阀也属于止回阀类。

（3）调节阀类　包括调节阀、节流阀、减压阀、水位调整器及疏水器等，这类阀作用是调节介质的压力、流量等参数。

（4）安全阀类　如安全阀、防爆阀、事故阀等，这类阀的作用是防止管路或设备装置中的介质压力超过规定数值，从而达到安全保护的目的。

（5）分流阀类　如分配阀、三通阀、疏水阀，这类阀作用是分配、分离或混合管路中的介质。

（6）特殊用途类　如清管阀、放空阀、排污阀、排气阀、过滤器等。排气阀是管道系统中必不可少的辅助元件，广泛应用于给排水管道、锅炉、空调、石油天然气中，往往安装在制高点或弯头等处，排除管道中多余气体，提高管道路使用效率及降低能耗。

按作用和用途分类是最常用分类方法。图 4-9 为典型的流体工程设备安装示意图。

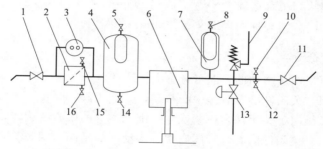

图 4-9　典型的流体工程设备安装示意图

1—截止阀；2—循环泵；3—容积泵；4—稳定塔；5,8,10,15—排气阀；
6—过滤池；7—压缩机；9—安全阀；11—控制阀；12,13,14,16—疏水阀

4.2.1.2　按公称压力分类

（1）真空阀　指工作压力低于标准大气压的阀门。

（2）低压阀　指公称压力 PN≤1.6MPa 的阀门。

（3）中压阀　指公称压力 PN 为 2.5MPa、4.0MPa、6.4MPa 的阀门。

（4）高压阀　指公称压力 PN 为 10.0～80.0MPa 的阀门。

（5）超高压阀　指公称压力 PN≥100.0MPa 的阀门。

（6）过滤器　指公称压力 PN 为 1.0MPa、1.6MPa 的阀门。

4.2.1.3　按工作温度分类

（1）超低温阀　用于介质工作温度 $t < -101℃$ 的阀门。

（2）低温阀　用于介质工作温度 $-101℃ \leqslant t \leqslant -29℃$ 的阀门。

（3）常温阀　用于介质工作温度 $-29℃ < t < 120℃$ 的阀门。

（4）中温阀　用于介质工作温度 $120℃ \leqslant t \leqslant 425℃$ 的阀门

（5）高温阀　用于介质工作温度 $t > 425℃$ 的阀门。

4.2.1.4　按驱动方式分类

按驱动方式分类分为自动阀、动力驱动阀和手动阀。

（1）自动阀　指不需要外力驱动，而是依靠介质自身的能量来使阀门动作的阀门，如安全阀、减压阀、疏水阀、止回阀、自动调节阀等。

（2）动力驱动阀　指利用各种动力源进行驱动的阀门，分为电动阀、气动阀、液动阀等。其中，电动阀是借助电力驱动的阀门，气动阀是借助压缩空气驱动的阀门，液动阀是借助油等液体压力驱动的阀门。此外还有以上几种驱动方式的组合，如气-电动阀等。

（3）手动阀　指借助手轮、手柄、杠杆、链轮，由人力来操纵阀门动作的阀门。当阀门启闭力矩较大时，可在手轮和阀杆之间设置齿轮或蜗杆减速器。必要时，也可以利用万向接头及传动轴进行远距离操作。

4.2.1.5　按公称通径分类

（1）小通径阀门　指公称通径 DN≤40mm 的阀门。

（2）中通径阀门　指公称通径 DN 为 50～300mm 的阀门。

（3）大通径阀门　指公称通径 DN 为 350～1200mm 的阀门。

（4）特大通径阀门　指公称通径 DN≥1400mm 的阀门。

4.2.1.6　按结构特征分类

根据关闭件相对于阀座移动的方向可分为：

（1）截门形阀门　关闭件沿着阀座中心移动，如截止阀。

（2）旋塞和球形阀门　关闭件是柱塞或球，围绕本身的中心线旋转，如旋塞阀、球阀。

（3）闸门形阀门　关闭件沿着垂直阀座中心移动，如闸阀、闸门等。

（4）旋启形阀门　关闭件围绕阀座外的轴旋转，如旋启式止回阀等。

（5）蝶形阀门　关闭件的圆盘，围绕阀座内的轴旋转，如蝶阀、蝶形止回阀等。

（6）滑阀形阀门　关闭件在垂直于通道的方向滑动，如滑阀。

4.2.1.7　按连接方法分类

（1）螺纹连接阀门　阀体带有内螺纹或外螺纹，与管道螺纹连接。

（2）法兰连接阀门　阀体带有法兰，与管道法兰连接。

（3）焊接连接阀门　阀体带有焊接坡口，与管道焊接连接。

（4）卡箍连接阀门　阀体带有夹口，与管道夹箍连接。

（5）卡套连接阀门　与管道采用卡套连接。

（6）对夹连接阀门　用螺栓直接将阀门及两头管道穿夹在一起的连接形式。

4.2.1.8　按阀体材料分类

（1）金属材料阀门　阀体等零件由金属材料制成。如铸铁阀门、铸钢阀、合金钢阀、铜合金阀、铝合金阀、铅合金阀、钛合金阀、蒙乃尔合金阀等。

（2）非金属材料阀门　阀体等零件由非金属材料制成。如塑料阀、搪瓷阀、陶瓷阀、玻璃钢阀门等。

（3）金属阀体衬里阀门　阀体外形为金属，内部凡与介质接触的主要表面均为衬里，如衬胶阀、衬塑料阀、衬陶阀等。

4.2.2　典型阀门

4.2.2.1　闸阀

闸阀，又称闸板阀，是利用在阀体内与通路垂直的闸板的升降来控制阀的启闭的。闸阀只作为截断装置之用，或者完全开启，或者完全关闭，不能作调整或节流之用。闸阀的结构及外形见图 4-10。

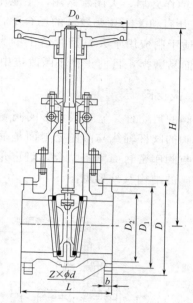

图 4-10　闸阀结构及外形

（1）闸阀的分类

① 按闸板形状的不同，可分平行式闸阀、楔式闸阀。

② 按阀杆的构造不同，可分为明杆（升降杆）式闸阀和暗杆（旋转杆）式闸阀。

（2）闸阀的优缺点　闸阀有以下优点：

① 与截止阀相比，流体阻力小，密封性能好，密封面受工作介质的冲刷和侵蚀小。

② 开闭所需外力较小。

③ 介质的流向不受限制。

④ 形体结构比较简单，结构长度短，铸造工艺性较好。由于闸阀具有许多优点，因此使用范围很广。通常 DN≥50mm 的管路中用来切断介质的装置都选用闸阀，甚至在某些小口径的管路上（如 DN15～40mm），目前仍保留了一部分闸阀。

闸阀也有不足之处：

① 外形尺寸和开启高度都较大，所需安装的空间亦较大。

② 开闭过程中，密封面间有相对摩擦，磨损较大，甚至在高温时容易引起擦伤现象。

③ 闸阀一般都有两个密封面，给加工、研磨和维修增加了一些困难。

④ 开启需要一定的空间，开阀时间长。

（3）闸阀的选用　阀闸在环境工程的设备和管道中一般只能全开或全闭，不宜作为调节流量使用。闸阀可以适用于低温低压环境也可以适用于高温高压环境，并可根据阀门的不同材质用于各种不同介质的管路。但闸阀一般不用于输送泥浆等介质的管路中。

选样楔式闸阀一般依据下面的原则：

① 流阻小、流通能力强、密封要求严的工况选用闸阀。

② 高温、高压介质。如高压蒸汽。

③ 安装位置：当高度受限制时用暗杆楔式闸阀；当安装高度不受限制时用明杆楔式闸阀。

④ 只能作开启、关闭管路用，不能用于调节或节流的场合。

⑤ 在开启和关闭频率较低的场合下，宜选用楔式闸阀。

闸阀适于制成用于大口径管道上的大口径阀门，但该种阀结构比较复杂，外形尺寸较大，密封面易磨损，目前正在不断改进中。

4.2.2.2　截止阀

截止阀的启闭件是塞形或盘形的阀瓣，其由阀杆带动，沿阀座轴线做升降运动来启闭阀门。截止阀的阀杆轴线与阀座密封面是垂直的。截止阀的闭合原理是：依靠阀杆压力，使阀瓣密封面与阀座密封面紧密贴合，阻止介质流通。截止阀只许介质单向流动，安装时有方向性。截止阀的结构及外形见图 4-11。

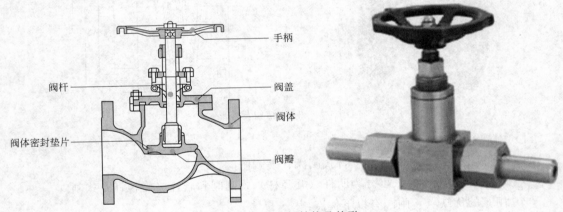

图 4-11　截止阀结构及外形

（1）截止阀的分类

① 根据阀杆上螺纹的位置不同，截止阀可分上螺纹阀杆截止阀和下螺纹阀杆截止阀。

② 根据截止阀的通道形状和密封面形式的不同，截止阀可分为直通式、直流式和柱塞式三种结构形式。

（2）截止阀的优缺点　截止阀最明显的优点有：

① 在开启和关闭过程中，由于阀瓣与阀体密封面间的摩擦力比闸阀小，因而耐磨。

② 开启高度一般仅为阀座通道直径的 1/4，因此比闸阀小得多。

③ 通常在阀体和阀瓣上只有一个密封面，因而制造工艺性比较好，便于维修。

截止阀的主要缺点有：

① 流阻系数比较大，因此造成压力损失。特别是在液压装置中，这种压力损失尤为明显。

② 截止阀的结构长度大于闸阀，同时流体阻力大，长期运行时，密封可靠性不强。

（3）截止阀的选用　截止阀的使用较为普遍，广泛用于各种环保设备和管道中作截流、切换流道和调节流量使用，但由于截止阀的流体阻力损失较大，为防止堵塞或磨损，不能用于输送含有悬浮物和黏度较大的介质。截止阀由于开闭力矩较大，结构长度较长，一般公称通径都限制 DN≤200mm。截止阀不仅适用于中低压，而且适用于高压。高温、高压介质的管路或装置上宜选用截止阀。对流阻要求不严的管路，可考虑用截止阀。小型阀可选用截止阀。有流量调节或压力调节，但对调节精度要求不高，且管路直径比较小，如公称通径≤50mm 的管路上，宜选用截止阀或节流阀。

4. 2. 2. 3　蝶阀

蝶阀启闭件是一个圆盘形的蝶板，在阀体内其自身的轴线旋转，从而达到启闭或调节的阀门叫蝶阀。蝶阀的蝶板安装于管道的直径方向。当圆盘形的蝶板旋转至流体流动方向平行时，阀门开启；当圆盘旋转至与流体流动方向垂直时，阀门关闭。

（1）蝶阀的结构　蝶阀主要由阀体、蝶板、阀杆、密封圈和驱动机构（手柄、蜗轮蜗杆、气动装置或电动装置）组成，靠驱动机构带动转轴及蝶板旋转以及实现启闭和控制流量的目的。蝶阀的结构及外形见图 4-12。

① 阀体。阀体呈圆筒状，上下部分各有一个圆柱形凸台，用于安装阀杆。蝶阀与管道多采用法兰连接；如采用对夹连接，其结构长度最小。

② 阀杆。阀杆是蝶板的转轴，轴端采用填料函密封结构，可防止介质外漏。阀杆上端与传动装置直接相接，以传递力矩。

③ 蝶板。蝶板是蝶阀的启闭件。

蝶阀从全开到全关通常仅转 90°，蝶阀和蝶杆本身没有自锁能力，为了蝶板的定位，要在阀杆上加装蜗杆减速器。采用蜗杆减速器，不仅可以使蝶板具有自锁能力，使蝶板停止在任意位置上，还能改善阀门的操作性能。

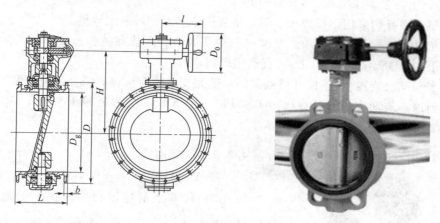

图 4-12　蝶阀结构及外形

（2）蝶阀的分类　按结构形式蝶阀可分为偏置板式、垂直板式、斜板式和杠杆式等四种。

按密封形式可分为软密封型和硬密封型两种。软密封型一般采用橡胶环密封，硬密封型通常采用金属环密封。采用金属密封的阀门一般比弹性密封的阀门寿命长，但很难做到完全密封。金属密封能适应较高的工作温度，弹性密封则具有受温度限制的缺陷。

按连接形式可分为对夹式蝶阀和法兰式蝶阀两种。对夹式蝶阀用双头螺栓将阀门连接在两管道法兰之间；法兰式蝶阀阀门上带有法兰，用螺栓将阀门上两端法兰连接在管道法兰上。按传动方式可分为手动、齿轮传动、气动、液动和电动几种。

（3）蝶阀的优缺点　蝶阀的优点：①结构简单，外形尺寸小。由于结构紧凑、结构长度短、体积小、重量轻，适用于大口径的阀门。②流体阻力小，全开时，阀座通道有效流通面积较大，因而流体阻力较小。③启闭方便迅速，调节性能好，蝶板旋转90°即可完成启闭。通过改变蝶板的旋转角度可以分级控制流量。④启闭力矩较小，由于转轴两侧蝶板受介质作用基本相等，而产生转矩的方向相反，因而启闭较省力。⑤低压密封性能好，密封面材料一般采用橡胶、塑料，故密封性好。受密封圈材料的限制，蝶阀的使用压力和工作温度范围较小，但硬密封蝶阀的使用压力和工作温度范围都有了很大的提高。

蝶阀的缺点：①使用压力和工作温度范围小；②密封性较差。

（4）蝶阀的选用　蝶阀在石油、煤气、化工、水处理等领域中用于输送和控制的介质有凝结水、循环水、污水、海水、空气、煤气、液态天然气、干燥粉末、泥浆、果浆及带悬浮物的混合物等。

蝶阀选用过程中应注意如下事项：

① 由于蝶阀相对于闸阀、球阀压力损失比较大，故适用于压力损失要求不严的管路系统。

② 由于蝶阀不易和管壁严密配合密封，故不能用于切断管路。

③ 由于蝶阀可以用作流量调节，故在需要进行流量调节的管路中宜于选用。如空气和烟气输送管路中常用蝶阀调节流量。同时，如果要求蝶阀作为流量控制使用，主要的是正确选择阀门的尺寸和类型。

④ 由于蝶阀的结构和密封材料的限制，不宜用于高温、高压的管路系统。一般工作温度在300℃以下，公称压力在PN40MPa以下。

⑤ 大型高温蝶阀采用钢板焊接制造，主要用于高温介质的烟风道和煤气管道。

⑥ 由于蝶阀结构长度比较短，且又可以做成大口径，故在结构长度要求短的场合或是大口径阀门（如DN1000mm以上），宜选用蝶阀。

⑦ 由于蝶阀仅旋转90°就能开启或关闭，因此在启闭要求快的场合宜选用蝶阀。

⑧ 目前国产蝶阀参数：公称压力PN0.25～4.0MPa；公称通径DN100～3000mm；工作温度≤425℃。

4.2.2.4　旋塞阀

旋塞阀是关闭件呈柱塞形的旋转阀，通过旋转90°使阀塞上的通道口与阀体上的通道口相通或切断，实现开启或关闭的一种阀门。旋塞阀在管路中主要用作切断、分配和改变介质流动方向的。图4-13是旋塞阀的外形图。

（1）旋塞阀的分类及其特点　旋塞阀按通道形式可分为直通式、三通式和四通式三种。按结构形式可分为紧定式、填料式、自封式和油封式四种。

① 紧定式旋塞阀。紧定式旋塞阀通常用于低

图4-13　旋塞阀的外形图

压直通管道，密封性能完全取决于塞子和塞体之间的吻合度好坏，其密封面的压紧是依靠拧紧下部的螺母来实现的。一般用于 PN≤0.6MPa。

② 填料式旋塞阀。填料式旋塞阀是通过压紧填料来实现塞子和塞体密封的。由于有填料，因此密封性能较好。通常这种旋塞阀有填料压盖，塞子不用伸出阀体，因而减少了一个工作介质的泄漏途径。这种旋塞阀大量用于 PN≤1MPa 的压力。

③ 自封式旋塞阀。自封式旋塞阀是通过介质本身的压力来实现塞子和塞体之间的压紧密封的。塞子的小头向上伸出体外，介质通过进口处的小孔进入塞子大头，将塞子向上压紧，此种结构一般用于空气介质。

④ 油封式旋塞阀。近年来旋塞阀的应用范围不断扩大，出现了带有强制润滑的油封式旋塞阀。由于强制润滑，塞子和塞体的密封面间形成一层油膜。这样密封性能更好，开闭省力，防止密封面受到损伤。

(2) 旋塞阀的优缺点　旋塞阀具有如下优点：

① 结构简单，相对体积小，重量轻，便于维修。

② 流体阻力小。当介质流经旋塞阀时，流体通道可以不缩小，也不改变流向，因而流体阻力小。

③ 启闭迅速，操作方便，塞子旋转 90°即可开关。

④ 不受安装方向的限制，介质流向可任意。

旋塞阀具有如下缺点：

① 启闭力矩大。旋塞阀阀体和旋塞之间，其接触密封面较大，所以启闭力矩较大。如采用有润滑的结构，或在启闭时能先提升旋塞，则可大大地减小启闭力矩。

② 密封面为锥面，密封面较大，易磨损；高温下容易产生变形而被卡住。

③ 锥面加工（研磨）困难，难以保证密封，且不易维修。但若采用油封结构，可提高密封性能。

(3) 旋塞阀的选用　阀塞的形状可制成圆柱形或圆锥形，广泛地应用于城市煤气、食品、医药、给排水、化工等行业领域。直通式旋塞阀主要用于截断流体。三通和四通式旋塞阀适用于流体换向。旋塞阀不适用于输送高温、高压介质（如蒸汽），只适用于输送温度较低、黏度较大的介质和用于要求开关迅速的部分，作开闭用，不宜作调节流量用。旋塞阀只适用于公称直径为 15～20mm 的小口径管路以及温度不高、公称压力在 1MPa 以下的管路。

在安装旋塞阀时，为了防止损坏旋塞阀，并保证充分发挥旋塞阀的工作性能，应注意如下事项：

① 为了确保阀门处于开启状态，应先对管道加热。尽可能多地将热从管道传递到旋塞阀。避免延长旋塞阀本身的加热时间。

② 使用纱布或钢丝刷清除管道和切割部位，使其金属表面发光发亮。

③ 沿着垂直方向切割管道，并修整、去除毛刺，测量管径。

④ 在管道的外面和焊接罩的内部涂上焊剂，焊剂必须完全覆盖焊接表面。

4.2.2.5　球阀

球阀是由旋塞阀演变而来的。球阀的启闭件是一个有孔的球体（如图 4-14 所示），球体绕阀体中心线做旋转，从而达到开启、关闭的目的。球阀在管路中主要用来切断、分配和改变介质的流动方向。该阀也和旋塞阀一样可分为直通、三通或四通的，是近年来发展较快的阀型之一。

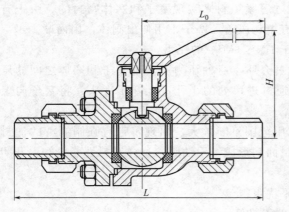

图 4-14　球阀结构及外形

（1）球阀分类　球阀按其通道位置可分为直通式、三通式和四通式，后两种球阀用于分配介质与改变介质的流向。按连接方式可分为螺纹连接、法兰连接和焊接式连接三种。球阀按结构形式可分浮动式球阀、固定式球阀、油封球阀和弹性球球阀四种。

① 浮动式球阀。球阀的球体是浮动的，在介质压力作用下，球体能产生一定的位移并紧压在出口端的密封面上，保证出口端密封。浮动式球阀的结构简单，密封性好，但球体承受工作介质的载荷全部传给了出口密封圈，因此要考虑密封圈材料能否经受得住球体介质的工作载荷。这种结构，广泛用于中低压球阀。

② 固定式球阀。球阀的球体是固定的，受压后不产生移动。固定式球阀都带有浮动阀座，受介质压力后，阀座产生移动，使密封圈紧压在球体上，以保证密封。通常在与球体的上、下轴上装有轴承，操作力矩小，适用于高压和大口径的阀门。

③ 油封球阀。为了减少球阀的操作力矩和增加密封的可靠程度，近年来又出现了油封球阀，即在密封面间压注特制的润滑油，以形成一层油膜，既增强了密封性，又减少了操作力矩，更适用于高压大口径的球阀。

④ 弹性球球阀。球阀的球体是弹性的。球体和阀座密封圈都采用金属材料制造，密封比压很大，依靠介质本身的压力已达不到密封的要求，必须施加外力。

这种阀门适用于高温高压介质。弹性球体是在球体内壁的下端开一条弹性槽，因而获得弹性。当关闭通道时，用阀杆的楔形头使球体胀开与阀座压紧达到密封。在转动球体之前先松开楔形头，球体随之恢复原形，使球体与阀座之间出现很小的间隙，可以减少密封面的摩擦和操作力矩。

（2）球阀的优缺点

球阀是近年来被广泛采用的一种新型阀门，它具有以下优点：

① 流体阻力小；

② 结构简单，体积小，重量轻；

③ 球阀的密封面材料广泛使用塑料，密封性好，在真空系统中也已广泛使用；

④ 操作方便，开闭迅速，从全开到全关只要旋转 $90°$，便于远距离控制；

⑤ 维修方便，球阀结构简单，密封圈一般都是活动的，拆卸更换都比较方便；

⑥ 在全开或全闭时，球体和阀座的密封面与介质隔离，介质通过时，不会引起阀门密封面的侵蚀。

⑦ 适用范围广，通径小到几毫米，大到几米，无论高真空还是高压力环境都可应用。

球阀的主要缺点：一是使用温度不高；二是节流性较差。

（3）球阀的选用　球阀结构比闸阀、截止阀简单，密封面比旋塞阀易加工且不易擦伤。适用于低温、高压及黏度大的介质，不能作调节流量用。目前因密封材料尚未解决，不能用于温度较高的介质。

4.2.2.6　隔膜阀

隔膜阀是一种特殊形式的截断阀，发明于 20 世纪中期。它的开闭元件是一块软质材料制成的隔膜片，把阀体内腔与阀盖内腔及驱动部件隔开，故称作隔膜阀，其结构和外形如图 4-15 所示。隔膜中间突出部分固定在阀杆上，阀体内衬有橡胶（或其他材料），由于介质不进入阀盖内腔，因此无须填料箱。

隔膜阀最突出的特点是隔膜把下部阀体内腔与上部阀盖内腔隔开，使得位于隔膜片上方的阀杆压块等零部件不直接与介质接触，省去了附加的阀杆密封结构，而且不会产生介质外漏。

隔膜片是隔膜阀的关键部件。在不同的工况下选择合适材质的隔膜片是相当重要的。如：在需要高温蒸汽消毒的情况下，隔膜片的抗温性是相当重要的。因为隔膜片材质是相对较软的、具有弹性的塑料，通过一定时间的受热后，其抗变形性和开闭寿命将有所降低。目前常用的隔膜片材质有：三元乙丙橡胶（EPDM）、氟橡胶（FPM）、聚四氟乙烯（PTFE）、硅胶、丁腈橡胶（NBR）、氯磺化聚乙烯橡胶（CSM）等。采用橡胶或塑料等软质密封材料制作的隔膜片，密封性较好，抗磨损能力强，但由于隔膜片毕竟为易损件，所以应视介质特性和具体工况（如温度压力等）而定期更换。

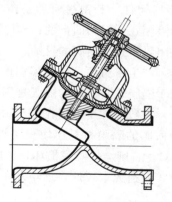

图 4-15　隔膜阀结构示意图

根据阀体材质和通径的不同，隔膜阀的驱动方式可以选用手动、气动和电动。一般情况下，各阀门厂家为了减少驱动装置的备库量，一种型号的驱动装置可以适用于几种不同的阀体材质和阀体管道通径。

隔膜阀按结构形式可分为：屋式、直流式、截止式、直通式、闸板式和直角式六种。

由于阀体材质不同和通径不通用，隔膜阀接口方式也有所不同。通常采用法兰连接。

隔膜阀结构较简单，便于检修，流体阻力小，能用于含硬质悬浮物的介质，适用于有腐蚀性、黏性、浆液介质。

隔膜阀受隔膜片材料的限制，适用于低压和温度相对不高的场合，可用于真空工况。但隔膜阀不适用于温度高于60℃的环境及有机溶剂和强氧化剂介质。

4.2.2.7 止回阀

止回阀（图4-16）又称为逆流阀、单向阀。这类阀门是靠管路中介质本身流动产生的力而自动开启和关闭的，属于一种自动阀门。止回阀主要作用是防止介质倒流、防止泵及其驱动电动机反转，以及容器内介质的泄放。当处理工艺管路只允许流体向一个方向流动时需要使用止回阀。

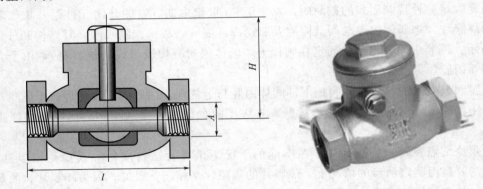

图4-16　止回阀的结构及外形

（1）止回阀的分类及其特点　止回阀根据其结构可分升降式、旋启式、蝶式和隔膜式等类型止回阀。升降式止回阀可分为立式和卧式两种；旋启式止回阀分为单瓣式、双瓣式和多瓣式三种；蝶式止回阀为直通式。

隔膜式止回阀有多种形式，均采用隔膜作为启闭件。其密封原理是：当介质正向流动时，靠介质压力冲开隔膜，介质通过，达到开启隔膜式止回阀的目的；当停泵时，没有介质正向流动，隔膜靠自身的弹力紧包阀芯，达到关闭隔膜式止回阀的目的。关闭后的隔膜式止回阀，再靠介质逆流时的压力，把隔膜压紧阀芯，产生密封力，使隔膜式止回阀达到密封的目的。工作介质压力越高，其密封性能越好。由于隔膜式止回阀的隔膜是用橡胶或工程塑料制成的，因此不能使用在工作压力较高的管路上，一般公称压力仅在1.6MPa以下，过高的工作压力会损坏隔膜，使止回阀失效。隔膜式止回阀的隔膜材料还使止回阀受温度的限制，一般隔膜式止回阀的介质工作温度不能超过150℃，否则会使隔膜损坏，止回阀失效。

由于隔膜式止回阀防水击性能好，结构简单，制造成本较低，近年来在低压止回阀方面发展较快，应用较广。

（2）止回阀的选用　一般在各种泵和压缩机的出口管上都要安装止回阀，其目的是防止介质倒流，使泵和压缩机反转。止回阀一般适用于清净介质，对有固体颗粒和黏度较大的介质不适用。

对于DN50mm以下的高中压止回阀，宜选用立式升降止回阀。

对于DN50mm以下的低压止回阀，宜选用蝶式升降止回阀、立式升降止回阀。

对于DN大于50mm、小于600mm的高中压止回阀，宜选用旋启式止回阀。

对于DN大于200mm、小于1200mm的中低压止回阀，宜选用无磨损球形止回阀。

对于 DN 大于 50mm、小于 2000mm 的低压止回阀，宜选用蝶式止回阀和隔膜式止回阀。

对于水泵进口管路，宜选用底阀。

旋启式止回阀可以做成很高的工作压力，PN 可达 42MPa，而且 DN 也可做到很大，最大可达 2000mm 以上。根据壳体及密封件的材质不同，可以适用于任何工作介质和任何工作温度范围。介质为水、蒸汽、气体、腐蚀性介质、油品、食品、药品等。介质工作温度范围为 −196～800℃。

隔膜式止回阀适用于易产生水击的管路上，隔膜可以消除介质逆流时产生的水击。

止回阀有严格的方向性，止回阀安装时必须使介质的流向与阀体上所示箭头方向一致。

卧式升降式止回阀的阀瓣是垂直于阀体通道做升降运动的，宜装在水平管路上；立式升降式止回阀应装在垂直管路上。旋启式止回阀的安装位置不受限制，通常安装于水平管路上，对小口径管道也可安在垂直管路上。蝶式止回阀的安装位置不受限制，可以安装在水平管路上，也可以安装在垂直管路或倾斜管路上。蝶式止回阀可以做成对夹式，一般都安装在管路的两法兰之间，采用对夹连接的形式。底阀一般只安装在泵进口的垂直管路上，并且介质自下而上流动。

4.2.2.8　节流阀

节流阀是通过改变通道面积达到控制或调节介质流量与压力的阀门。节流阀在管路中主要用来节流。节流阀的启闭件大多为圆锥流线形，通过它改变通道截面积而达到调节流量和压力的目的。节流阀典型结构如图 4-17 所示。

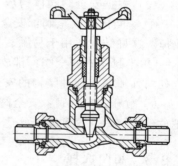

采用截止阀改变阀瓣形状后作节流用较为常见。但用改变截止阀或闸阀开启高度来作节流用是极不合适的，因为介质在节流状态下流速很高，必然会使密封面冲蚀磨损，失去切断密封作用。同样用节流阀作切断装置也是不合适的。

图 4-17　节流阀

节流阀的外形尺寸小，重量轻，公称直径较小，一般在 25mm 以下。节流阀调节性能较盘形截止阀和针形阀好，但调节精度不高，由于流速较大，易冲蚀密封面。

节流阀适用于温度较低、压力较高的介质，以及需要调节流量和压力的部位，如仪表调节流量和节流，在压降极大的情况下作降低介质压力之用，但不适用于黏度大和含有固体颗粒的介质。

4.2.2.9　安全阀

安全阀是防止介质压力超过规定数值的起安全作用的阀门。安全阀用在受压设备、容器或管路上，作为超压保护装置。当设备、容器或管路内的压力升高超过允许值时，阀门便自动开启，排放出多余介质；而当工作压力恢复到规定值时，又自动关闭。

安全阀的种类如下：

（1）根据安全阀的结构可分杠杆重锤式、弹簧式、脉冲式等三种安全阀

① 杠杆重锤式安全阀：用杠杆和重锤来平衡阀瓣的压力。重锤式安全阀靠移动重锤的位置或改变重锤的重量来调整压力。它的优点在于结构简单；缺点是对振动较敏感，且回座性能较差。这种结构的安全阀只能用于固定的设备上，重锤的质量一般不应超过 60kg，以免操作困难。

② 弹簧式安全阀：利用压缩弹簧的力来平衡阀瓣的压力，并使其密封的安全阀。它的优点在于比重锤式安全阀体积小、轻便，灵敏度高，安装位置不受严格限制；缺点是作用在阀杆上的力随弹簧变形而发生变化。同时必须注意弹簧的隔热和散热问题。弹簧式安全阀的弹簧作用力一般不要超过 2000kg。因为过大过硬的弹簧不适于精确的工作。

③ 脉冲式安全阀：脉冲式安全阀由连在一起的主阀和辅阀组成，通过辅阀的脉冲作用带动主阀动作。脉冲式安全阀通常用于大口径管路、大排量及高压系统。

（2）根据安全阀阀瓣最大开启高度与阀座通径之比，可分为微启式和全启式两种

① 微启式安全阀：阀瓣的开启高度为阀座通径的 1/20～1/10，即安全阀阀瓣的开启高度很小，适用于液体介质和排量不大的场合。由于液体介质是不可压缩的，少量排出即可使压力下降。

② 全启式安全阀：阀瓣的开启高度为阀座通径的 1/4～1/3。全启式安全阀是借助气体介质的膨胀冲力，使阀瓣达到足够的升高和排量。它利用阀瓣和阀座的上下两个调节环，使排出的介质在阀瓣和上下两个调节环之间形成一个压力区，使阀瓣上升到要求的开启高度和规定的回座压力。此种结构灵敏度高，使用较多，但上下调节环的位置难以调整，使用须仔细。

（3）根据安全阀阀体构造又可分全封闭式、半封闭式和敞开式

① 全封闭式安全阀：安全阀开启排放时，介质不会向外界泄漏，而全部通过排泄管排放掉。这种结构适用于易燃、易爆、有毒有害介质。

② 半封闭式安全阀：排放介质时，一部分通过排泄管排放，另一部分从阀盖与阀杆配合处向外泄漏。这种结构的安全阀适用于一般蒸汽和对环境污染的介质。

③ 敞开式安全阀：安全阀开启排放时，介质不引到管道或容器内，而直接由阀瓣上方排放到大气中。这种安全阀适用于对环境无污染的介质。

4.2.3 阀门选择

阀门选用十分重要。不合适的阀门会导致阀门失灵，从而造成系统流体泄漏、产品偏离规格、停工检修、工作场所不安全以及对环境的危害。选择阀门过程中，应注意如下事项。

（1）输送介质性质　在选择阀门前，考虑一下系统输送的是什么样的流体介质？流体介质是稠是稀？是气体还是液体？是腐蚀性还是惰性的？这些不确定的因素对系统的元件和运行都会造成影响。

比如，流体中有些微量元素具有极强的腐蚀性，有的相当危险，如果忽视其中的微量元素，比如硫化氢之类的化合物，而选择不合适的金属材料，必将缩短阀门的寿命；同时如果未选用合适的密封机理，也很可能造成有毒物质泄漏。流体中的固体是一个不可忽视的因素，如果忽视流体中的微小凝结固体，阀门的磨损就会加剧。

（2）系统运行条件　系统运行条件，如温度和压力等也是选择阀门的重要因素。比如，在高温或低温条件的应用中，要考虑材料的选用；各元件材料的膨胀率不同，也会造成流体泄漏。塑料元件可能收缩和渗漏，或者由于吸收水和其他系统介质，从而在低温时变脆。合成橡胶也可能在低温的工作条件变硬和破裂，其膨胀的热导率很高。不同的压力也可能影响密封能力。

例如，大流量、低压力的水和空气等介质，使用蝶阀比较方便和经济。蝶阀不仅可以作

为闭路阀门，而且可以调节流量。

高压阀门，还是以截止阀，尤其是直角式截止阀为多。目前也开始用高压球阀。

（3）阀门材质　制造阀门零件材料很多，包括各种不同牌号的黑色金属和有色金属及其合金、各种非金属材料等。制造阀门零件的材料选择不仅取决于工作介质的压力、温度、特性，而且取决于零件的受力情况以及在阀门结构中所起作用，保证阀门安全可靠、经济合理。

① 阀体、阀盖和闸板（阀瓣）是阀门主要零件之一，直接承受介质压力，所用材料必须符合阀门的压力与温度等级的规定。

② 阀门密封面质量的好坏关系到阀门的使用寿命。通常密封面必须选用耐腐蚀、耐冲刷、抗磨蚀和抗氧化的材料。密封面材料通常分两大类：一是软质材料，包括橡胶（丁腈橡胶、氟橡胶等）、塑料（聚四氟乙烯、尼龙等）；二是硬密封材料，包括铜合金（用于低压阀门）、铬不锈钢（用于普通高中压阀门）、司太立特合金（用于高温高压阀门及强腐蚀阀门）和镍基合金（用于腐蚀性介质）。

③ 阀杆在阀门开启和关闭过程中，承受拉、压和扭转作用力，并与介质直接接触，同时和填料之间还有相对的摩擦运动，因此阀杆材料必须保证在规定温度下有足够的强度和冲击韧性，有一定的耐腐蚀性和抗擦伤性，以及有良好的工艺性。常用的阀杆材料有碳素钢、合金钢、不锈耐酸钢和耐热钢等。

④ 阀杆螺母在阀门开启和关闭过程中，直接承受阀杆轴向力，因此必须具备一定的强度。同时它与阀杆是螺纹传动，要求摩擦因数小、不生锈和避免咬死现象。选用钢制阀杆螺母时，要特别注意螺纹的咬死现象。

⑤ 紧固件在阀门上直接承受压力，对防止介质外流起关键作用，因此选用的材料必须保证在使用温度下有足够的强度与冲击韧性。例如，选用合金钢材料时必须经过热处理。若对紧固件有特殊耐腐蚀要求时，可选用 Cr17Ni2、2Cr13、1Cr18Ni9 等不锈耐酸钢。

⑥ 在阀门上，填料是用来充填阀盖填料室空间的，以防止介质经由阀杆和阀盖填料室空间泄漏。填料不仅能耐腐蚀、密封性好，而且摩擦因数小。常根据介质、温度和压力来选择填料。常用的材料包括油浸石棉绳、橡胶石棉绳、石墨石棉绳、聚四氟乙烯。其中聚四氟乙烯是目前使用较广的一种填料，特别适用于腐蚀性介质，但温度不得超过 200℃，一般采用压制或棒料车削而成。

⑦ 垫片用来充填两个结合面（如阀体和阀盖之间的密封面）间所有凹凸不平处，以防止介质从结合面间泄漏。垫片材料在工作温度下应具有一定的弹性和塑性以及足够的强度，以保证密封，同时要具有良好的耐腐蚀性。

垫片可分为软质和硬质两种。软质一般为非金属材料，如硬纸板、橡胶、石棉橡胶板、聚四氟乙烯、柔性石墨等。硬质一般为金属材料或者金属包石棉、金属与石棉缠绕的等。金属垫片的材料一般用 08、10、20 优质碳素钢和 1Cr13、1Cr18Ni9 不锈钢，加工精度和表面粗糙度要求较高，适用于高温高压阀门；非金属垫片材料一般塑性较好，用不大的压力就能达到密封，适用于低温低压阀门。

（4）结构形式　阀门的结构形式各种多样，选择时应首先了解每种类型阀门的结构特点和它的性能。阀门启闭件有四种运动方式，即闭合式、滑动式、旋转式、夹紧式，每种运动方式都其优缺点。各种运动方式的优缺点见表 4-2。

表 4-2　各运动方式的优缺点

运动方式	阀门类型	阀板及其图示		优点	缺点
滑动式	闸阀			直流	流量调控性差,启闭动作缓慢,体积较大
闭合式	截止阀			切断和调节性能最佳	压力损失大,体积较大
旋转式	旋塞阀	锥形		快速动作 直流	温度受聚四氟乙烯阀门衬套的限制,而且需要注意带润滑的阀门"润滑"
	球阀	球		快速动作 直流 易于操作	温度受阀座材料的限制
	蝶阀	蝶板		快速动作 切断性能良好 结构紧凑	金属对金属密封型阀,切断时不能严密断流。弹性阀座的阀门,工作温度受阀座材料的限制
夹紧式	隔膜阀			无填料 对污液断流可靠	压力和温度受隔膜材料的限制

① 截止和开放介质用的阀门通常应选择截止后密封性能好、开启后流阻较小的阀门。流道为直通式的阀门作为截止和开放介质用最适宜。截止阀由于流道曲折、流阻比其他阀门高,故较少选用。但在允许有较高流阻的场合,选用截止阀也未尝不可。对流阻要求严格的工况可选用闸阀、全通径球阀、旋塞阀等;对于受安装位置限制,对流阻要求不严格的地方可选用蝶阀、缩径球阀等。

② 控制流量用的阀门通常选择易于调节流量的阀门,比如调节阀、节流阀。闸阀通常不用于控制流量。V 形开口的球阀和蝶阀有较好的控制流量特性,一般粗调时可以选用。对于要求流量和开启高度成正比例关系的严格场合,应选专用的调节阀。精确地调节小流量,必须采用节流阀(即针形阀),而截止阀和闸阀都不适用。

③ 换向分流用的阀门根据换向分流需要,这种阀门可有三个或更多的通道。旋塞阀和球阀较适用于这一情况。

④ 刀形平板闸阀、直流式泥浆用截止阀、球阀等阀门适用于输送含悬浮颗粒的介质。

⑤ 凡是需要双向流通的管路,都不宜使用截止阀,因为截止阀是有方向性的,倒过来就影响效能和寿命。

⑥ 压力不太高的大阀门,常做成闸阀,因为结构长度小,比较省料和便于拆装。

⑦ 使用于腐蚀介质的阀门,虽然主要是材质选择问题,但结构选择也不能忽视,例如闸阀中,暗杆双闸板式就不利于防腐蚀,明杆单闸板式则适合于防腐蚀,选型时必须注意。

⑧ 某些化工介质有析晶现象,或含有不可留存的沉淀物质,输送这类介质时,不应该

选用截止阀和闸阀（因为它们都有留存介质的角落），而应选用球阀或旋塞阀。

⑨ 阀门处于高空、远距离、高温、危险或其他不适合亲手操作的部位，应采用电动或电磁驱动。对易燃易爆部位，为防止出现火花，则应采用液动或气动。手力不及和需要快速开闭的阀门，也应采用电动、气动或液动。

（5）阀门的密封性　阀门的密封性能是考核阀门质量优劣的重要指标之一。阀门的密封性能主要包括两个方面，即内漏和外漏。内漏是指阀座与关闭件之间对介质达到的密封程度。外漏是指阀杆填料部位的泄漏、中法垫片部位的泄漏及阀体因铸造缺陷造成的渗漏。外漏是根本不允许的，如果介质不允许排入大气，则外漏的密封比内漏的密封更为重要。阀门的密封性能对于可燃、有毒、危险的流体极其重要。

因此，阀门是否起到密封作用是对阀门的基本要求。在选择阀门时，一定要注意阀门的密封形式，并结合各自的实际应用情况，检查阀门的密封效果。

在实际应用中，密封有多种形式，如软密封、硬密封、阀杆密封、阀体密封、面密封、线密封等。软密封使接触面容易配合，使阀门能达到极高程度的密封性，而且这种密封性可以重复达到。但软密封材料受到介质适应性及使用温度的限制。例如，软密封蝶阀密封面通常采用丁腈橡胶及三元乙丙橡胶等。阀杆的密封通常用压缩填料，使阀杆周围密封。

很多阀门使用填料密封做旋转运动的阀杆和做直线运动的阀杆，填料密封形式取决于流体的性质，有时需要加水封装置、气封装置或加中间引漏孔。对于具有危险性的流体，有时使用隔膜阀或管夹阀替代有填料函的阀门效果更好。

（6）安全性　在选择阀门时，应检查阀门是否含有污染流体的成分。阀门直接与流体接触的部分主要是阀体内侧、密封部分、阀板等，目前许多厂家生产的阀门的密封部分采用橡胶材料。丁腈橡胶（NBR）、氯丁橡胶（CR）或三元乙丙橡胶（EPDM）等常用的橡胶材料中含有防老化剂等添加剂，会污染输送水等流体质量。

为了保障设备或管路的安全，一般采用弹簧安全阀。但须知，弹簧式安全阀的一种公称压力有一个压力段，用不同弹力的弹簧来区分，选型时不但要选准公称压力，还必须选准压力段，否则阀门不灵，不能保障安全。

（7）阀门的压力损失　阀门的压力损失对整个系统将造成巨大的影响。泵需要足够的压力把流体输送到管道中，如果阀门压力损失过大，压缩机必须超负荷工作，系统的寿命将大大缩短。

大部分阀门与被连接管道有相似的直线圆孔，但也有一些阀门的通道不是圆形的，有的阀门还是缩径的。阀门流道的形状和尺寸直接影响阀门的压力损失。

4.3　管件

管件用于管道连接、转向、汇合或分流。管件包括法兰、管托、管道支吊架、弯头、三通、四通和管道补偿器等部件。

4.3.1　法兰

法兰是管路中最常用的连接方式。法兰连接拆装方便，密封可靠，适用的压力、温度和管径范围大。法兰的材料有钢、铝、不锈钢、硬聚氯乙烯等。常用的法兰形式有板式平焊法兰、带颈平焊法兰、带颈对焊法兰、承插焊法兰、平焊环松套板式法兰、翻边松套板式法兰、法兰盖等七种，如图 4-18 所示。

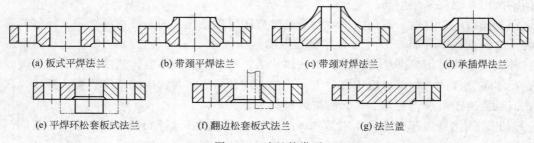

(a) 板式平焊法兰　　　(b) 带颈平焊法兰　　　(c) 带颈对焊法兰　　　(d) 承插焊法兰

(e) 平焊环松套板式法兰　　　(f) 翻边松套板式法兰　　　(g) 法兰盖

图 4-18　法兰的类型

板式平焊法兰在环境工程中应用较为普遍。这种法兰由于刚度较低，在螺栓压紧力的作用下，易发生变形而导致泄漏，所以仅适用于中低压容器（PN≤1.0MPa），并适用于有毒、易燃、易爆以及真空度要求较高的场合。

带颈平焊法兰和带颈对焊法兰不仅在法兰平板上增加了一个短颈，大大增加法兰的刚度，而且有多种密封面，适用的压力范围较广。带颈对焊法兰由于法兰的颈较高，且与钢管的连接处采用对接焊，因而有很高的承载能力，适用压力范围更广，可用于中高压场合。

承插焊法兰在法兰和钢管之间仅有单面填角焊，承载力较差，只适用于 DN≤50mm 的小口径管道上，且公称压力不得大于 1.0MPa。

平焊环松套板式法兰和翻边松套板式法兰是松套法兰的两种主要形式。这两种松套法兰套在管子的翻边或套环外侧，拧紧法兰的螺栓时，法兰将管子的翻边或套环压紧，使管子连接起来，承受压力时法兰力矩完全由翻边或套环来承担。该类法兰适用于具有腐蚀性介质的管道系统或有色金属管道系统。

翻边松套板式法兰和平焊环松套板式法兰由于都采用平板式，因而适用于公称压力 PN<1.6MPa 的场合，且前者适用的公称压力和公称直径较后者更小。

法兰盖主要用于管道端头以及人孔、手孔的封头。

选择标准法兰时，首先根据公称压力、工作温度和介质性质，选出所需法兰的类型、标准号及其材料牌号；然后根据公称压力和公称直径，按已选出的法兰标准号，确定法兰的结构尺寸和螺栓数目与尺寸。按公称压力选择标准法兰时，应注意下列问题：

① 当选择与设备或阀件相连接的法兰时，应按设备或阀件的公称压力来选择，否则将造成所选用的法兰与设备或阀件上的法兰尺寸不相符合。

② 对气体管道上的法兰，当公称压力小于 0.25MPa 时，一般应按 0.25MPa 等级选用。

③ 对液体管道上的法兰，当公称压力小于 0.6MPa 时，一般应按 0.6MPa 等级选用。

④ 真空管道上的法兰，一般按公称压力不小于 1MPa 时的等级选用凸凹式法兰。

⑤ 易燃、易爆、有毒性和刺激性介质管道上的法兰，其公称压力等级不小于 1MPa。

4.3.2　法兰垫片

为了法兰结合面的密封，在结合面之间都置有垫片，法兰垫片是法兰连接必须使用的管件附件。在管路设计中选择法兰垫圈主要是选择适合的垫片材料，垫片材料取决于管道输送介质的性质、最高工作温度和最大工作压力。法兰连接用的垫片一般分软垫片、金属垫片、石棉缠绕式垫片三类。软垫片适用于中低压管道的法兰；金属垫片适用于高压管道的法兰；石棉缠绕式垫片适用于大直径法兰，或者用于管道输送的介质温度和压力变化波动较大的管道上。软垫片是用整块的平板制成的，常用的有橡胶板、橡胶石棉板、耐酸石棉板和耐油橡胶板。表 4-3 列举了法兰用垫片材料及其适用范围。

表 4-3　法兰用垫片材料及其适用范围

垫片材料	使用介质	最高工作压力/MPa	最高工作温度/℃
橡胶	水、压缩空气、惰性气体	0.6	60
夹布橡胶板	水、压缩空气、惰性气体	1.0	60
低压橡胶石棉板	水、压缩空气、惰性气体、蒸汽、煤气	1.6	200
中压橡胶石棉板	水、CO_2、O_2、Cl_2、稀酸、稀碱、氨等	4.0	350
高压橡胶石棉板	压缩空气、惰性气体、蒸汽、煤气	10.0	450
耐酸石棉板	有机溶液、碳氢化合物、浓无机酸(硝酸、硫酸、盐酸)、强氧化性盐溶液	0.6	50
浸渍过的石棉板	具有氧化性的气体	0.6	300
软聚氯乙烯板	水、压缩空气、稀酸、稀碱、具有氧化性的气体	4.0	350
耐油橡胶石棉板	油品、溶剂	4.0	350
耐油橡胶板	油品、溶剂	1.0	60

4.3.3　弯头

在管路系统中，弯头是改变管路方向的管件。如图 4-19 所示，管道中安装各种不同角度（常见 90°、60°、45°等）的弯头，用于改变管道的走向和位置。弯头的材料有铸铁、不锈钢、合金钢、可锻铸铁、碳钢、有色金属及塑料等。弯头按照生产工艺可分为：焊接弯头、冲压弯头、推制弯头、铸造弯头、对焊弯头等。与管子连接的方式有直接焊接（最常用的方式）、法兰连接、热熔连接、电熔连接、螺纹连接及承插式连接等。

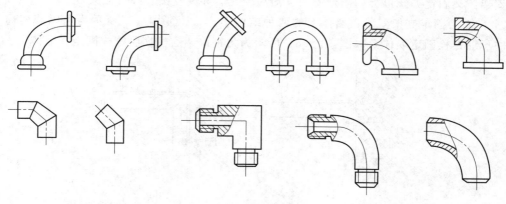

图 4-19　弯头

4.3.4 三通、四通管件

三通、四通管件又称管件三通、四通或者三通、四通接头等，主要是用于改变流体方向的，用在主管道要分支处。三通是具有三个口子，即一个进口、两个出口，或两个进口、一个出口的一种管件，有 T 形与 Y 形。三通有等径和异径之分：等径三通的接管端部均为相同的尺寸；异径三通的主管接管尺寸相同，而支管的接管尺寸小于主管的接管尺寸。四通有等径和异径之分：等径四通的接管端部均为相同的尺寸；异径四通的主管接管尺寸相同，而支管的接管尺寸小于主管的接管尺寸。一般用碳钢、铸钢、合金钢、不锈钢、铜、铝合金、塑料等材质制作。

图 4-20 为三通、四通管件形式。

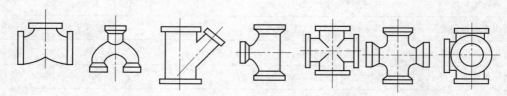

图 4-20　三通、四通管件形式

4.3.5 管道支吊架和管托

管道支吊架、管托的选用及设置是管道系统设计中的一个重要组成部分。管道在环境工程中往往都要加以支承和固定，这些支承和固定管道的机构设施，就叫管道的支吊架。管托主要用于圆形管道与支架间的固定连接，起支承（托）管道作用，是支架的一种形式。管道支吊架的功能有：

① 承受管道的自重和管道的各种附件、保温层以及管道内介质的重量；

② 对热力管道热变形进行限制和固定；

③ 减少由于管道热膨胀所引起的应力对设备、装置的推力和力矩，并防止或减缓管道的振动等。

管道支吊架设计得好坏、其结构形式选用得恰当与否，对管道的应力状况好坏和能否安全运行有着很大的影响。

支架按其固定方式可分为固定支架、活动支架、导向支架、弹簧支架等。

图 4-21 为固定支架安装在墙体上的两种结构形式。图 4-21（a）所示为角钢墙架通过墙体上的预埋螺栓固定墙体上，图 4-21（b）所示为角钢墙架通过膨胀螺栓固定在墙体上。

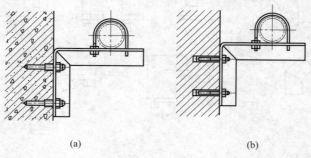

(a)　　　　　　　　　　　(b)

图 4-21　固定支架

图 4-22 为活动支架安装在墙体上的两种结构形式。图 4-22(a) 所示为角钢墙架与墙体上的预埋件采用焊接连接，图 4-22(b) 所示为角钢墙架插入墙体上的预留孔中，然后再在孔中填入混凝土（称为"二次灌浆"）加以固定。

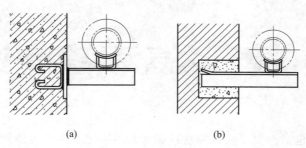

(a)　　　　　　　　　　　　(b)

图 4-22　活动支架

一般管道架设，能设支架的不设吊架。吊架适用于蒸汽膨胀系数大的管道，允许自由伸缩，防止掉落，主要用于室内架空管道的支承。管道吊架的上端固定在建筑物的梁底或楼板底部，下端是用以固定管子的管箍，中间是可以调节长度的活动吊杆。

思考题与习题

1. 金属管、非金属管和复合管分别包括哪些种类？

2. 不锈钢管有哪些优点？试举例说明不锈钢管在环境工程中的应用。

3. 指出 PTFE、UPVC、PE、HDPE、PE-X、PP-R、PB、ABS、FRP 各表示何种管材。

4. 对比分析 UPVC 双壁波纹管、UPVC 芯层发泡管、UPVC 双壁螺旋消音管、UPVC 螺旋缠绕管、UPVC 径向加筋管等管材的结构特点、性能及应用场合。

5. 简述 HDPE 管的性能特点及应用场合。

6. 简述交联聚乙烯管性能上的优点和应用情况。

7. 分别简述 PP-R 管、PB 管、ABS 管性能上的优点和应用情况。

8. 对比分析 UPVC 管、PP-R 管、PB 管、HDPE 管、ABS 管、PE-X 管、铜管以及镀锌钢管的性能特点。

9. 简述阀门型号编制方法。

10. 闸阀有哪些种类？各种类型闸阀的结构特点及适用范围如何？

11. 截止阀的构造和性能有什么特点？

12. 蝶阀的构造和性能有什么特点？

13. 简述球阀的构造和性能特点，以及选用方法。

14. 止回阀有哪些种类？各安装在管道的什么位置？

15. 选择阀门过程中，应注意哪些事项？

16. 哪些阀门适用于在管道中调节流量？哪些阀门不适于在管道中调节流量？

17. 试比较各类阀门的技术经济性能。

18. 简述各种法兰的结构特点及其应用场合。

19. 法兰常用垫片材料有哪些？它们适用范围如何？

第 **5** 章　大气污染控制设备

大气污染物主要包括粉尘（或颗粒物）和气态污染物。气态污染物主要有五大类：①含硫化合物，如 H_2S、SO_2、SO_3、硫酸雾和有机硫气溶胶；②含氮化合物，如 NH_3、NO_x（氮氧化物，如 NO、N_2O 和 NO_2）；③碳氧化物，如 CO、CO_2；④卤化物，如 HF、HCl；⑤有机物污染物（碳氢化物），包括烃类、醇类、醛类、烯烃、酮类和胺类等。大气污染控制设备是指用于治理空气污染的专用机械设备，包括除尘设备、除湿设备、气态污染物净化设备，分别用于治理固态、液态和气态三种污染物。本章重点介绍目前常用的除尘设备（如袋式除尘器、电除尘器）和气态污染物净化设备（如吸收净化设备、吸附净化设备、冷凝净化回收设备、气固催化反应设备、燃烧净化设备）的结构、特点及选用。

5.1　除尘设备

5.1.1　除尘设备的分类、性能及选择方法

5.1.1.1　除尘设备分类

从气体中去除或捕集固态、液态微粒的除尘设备称为除尘装置或除尘器。除尘器的种类繁多，目前通常根据捕集分离尘粒的机理，将各种除尘器归纳成机械式除尘器、湿式除尘器、过滤式除尘器和静电除尘器等四大类。

（1）机械式除尘器　通常指利用质量力（重力、惯性力和离心力等）的作用而使尘粒物质与气流分离的装置，包括重力沉降室、惯性除尘器、旋风除尘器。

（2）湿式除尘器　是利用液滴、液膜、气泡等形式，将含尘气流中的尘粒和有害气体去除的设备。湿式除尘器的种类很多，通常情况，耗能低的主要用于治理废气；耗能高的一般用于除尘。用于除尘方面的湿式除尘器主要有：喷淋除尘器、文丘里除尘器、自激式除尘器和水膜式除尘器。

（3）过滤式除尘器　是采用一定的过滤材料，使含尘气流通过滤材料来达到分离气体中固体粉尘的一种高效除尘设备。目前常用的有袋式除尘器和颗粒除尘器。

（4）静电除尘器　是含尘气体在通过高压电场进行电离的过程中，使尘粒荷电，并在电场力的作用下使尘粒沉积在集尘极上，将尘粒从含尘气体中分离出来的一种除尘设备。

目前，袋式除尘器、静电除尘器以及中小型锅炉配套的旋风除尘器是目前国内外应用较为广泛的三种高效除尘器。

5.1.1.2　除尘器性能指标

除尘器性能指标包括技术性能指标和经济性能指标。其中，前者包括气体处理量、除尘效率、阻力损失，后者包括设备费、运行费、占地面积、使用寿命等。上述各项指标是除尘设备选用及研发的依据。表 5-1 列举了除尘设备的分类和基本性能。

表 5-1　除尘设备的分类及基本性能

类别	除尘设备型式	阻力/Pa	除尘效率/%	投资费用	运行费用
机械式除尘器	重力沉降室	50～150	40～60	少	少
	惯性除尘器	100～500	50～70	少	少
	旋风除尘器	400～1300	70～92	少	中
	多管旋风除尘器	80～15000	80～95	中	中
湿式除尘器	喷淋除尘器	100～300	75～95	中	中
	文丘里除尘器	5000～20000	90～98	少	高
	自激式除尘器	800～2000	85～98	中	较高
	水膜式除尘器	500～1500	85～98	中	较高
过滤式除尘器	颗粒除尘器	800～2000	85～99	较高	较高
	袋式除尘器	800～2000	85～99.9	较高	较高
静电除尘器	干式除尘器	100～200	85～99	高	少
	湿式除尘器	125～500	90～99	高	少

5.1.1.3　除尘器选择

在选择除尘器过程中，必须进行综合的环境、技术、经济评价，应全面考虑以下因素：

① 考虑除尘器的除尘效率。各种除尘器对不同粒径粉尘的除尘效率见表 5-2；

② 注意选用的除尘器是否满足排放标准规定的排放浓度；

③ 注意粉尘的物理特性（例如黏性、比电阻、润湿性等）对除尘器性能有较大的影响，另外，不同粒径粉尘的除尘器的除尘效率有很大的不同；

④ 气体的含尘浓度较高时，在静电除尘器或袋式除尘器前应设置低阻力的初净化设备，去除粗大粉尘，以使设备更好地发挥作用；

⑤ 气体温度和其他性质也是选择除尘设备时必须考虑的因素；

⑥ 考虑所捕集粉尘的处理问题；

⑦ 考虑设备位置，及可利用的空间、环境条件等因素；

⑧ 考虑设备的一次性投资（设备、安装和施工等）以及操作和维修费用等经济因素。

表 5-2　各种除尘器对不同粒径粉尘的除尘效率

除尘器名称	不同粒径下的除尘效率/%			除尘器名称	不同粒径下的除尘效率/%		
	$50\mu m$	$5\mu m$	$1\mu m$		$50\mu m$	$5\mu m$	$1\mu m$
惯性除尘器	95	26	3	干式静电除尘器	>99	99	86
中效旋风除尘器	94	27	8	湿式静电除尘器	>99	98	92
高效旋风除尘器	96	73	27	中能文丘里除尘器	约100	>99	97
冲击式湿式除尘器	98	85	38	高能文丘里除尘器	约100	>99	98
自激式湿式除尘器	约100	93	40	机械振动式除尘器	>99	>99	99
喷淋除尘器（空塔）	99	94	55	逆喷袋式除尘器	约100	>99	99

各类除尘器特点及适用范围：

① 机械式除尘器结构装置简单，造价较低，维护较简便，可耐高温。其中，重力沉降室及惯性除尘器是应用较早的两种除尘器，除尘效率较低，一般在一些对除尘效率要求不高的场合下应用，有时也用作前级预除尘器。旋风除尘器是工业中应用较为广泛的除尘设备之一。通常情况下，旋风除尘器对 $5\mu m$ 以上的尘粒去除效率最高可达 95% 左右，因此常作二级除尘系统中的预除尘、气力输送系统中的卸料分离和小型工业锅炉的除尘用。

② 湿式除尘器用水作除尘介质，除尘效率一般可达 95% 以上。其中，文丘里除尘器对微细粉尘除尘效率高达 99% 以上，但能耗高。这类除尘器可处理高温、高湿的烟气及带有一定黏性的粉尘，同时也能净化某些有害气体。其主要缺点是会产生污水，必须配备水处理设施，以消除二次污染；还应注意设备的腐蚀问题，在寒冷地区要采取防冻措施；处理高温烟气时，会形成白雾，不利于扩散。

③ 采用纤维织物作滤料的袋式除尘器，主要用于工业尾气的除尘方面，除尘效率可达 98% 以上，能满足环保要求；能较好地适应排风量的波动；可回收有价值的细粒物料，这使它更具有经济价值，但初投资较高。在不断开拓新的滤料品种情况下，它在高温、高湿、高含尘浓度领域的应用还会进一步扩展。

④ 采用廉价的砂、砾、焦炭等颗粒物作为滤料的颗粒层（床）除尘器具有耐腐蚀、耐磨损的特点，能适应排风量和湿度变化的场合，除尘效率比较高，但设备体积大，清灰装置复杂，阻力也较高。当前主要用来处理高温含尘气体。

⑤ 静电除尘器已被广泛用作各种工业炉窑和火力发电站大型锅炉的除尘设备，能处理高温、高湿烟气。它的除尘效率高，可达 98% 以上，能满足环保要求的排放浓度；处理风量大，可达数千至一二百万立方米每小时；阻力较低，仅 $100\sim500Pa$，且运行能耗低。但静电除尘器结构复杂，初投资高，占地面积大，对操作、运行、维护管理要求高。

5.1.2 袋式除尘器

袋式除尘器属于过滤式除尘器，可用于净化粒径大于 $0.1\mu m$ 的含尘气体，其除尘效率一般可达 99% 以上，不仅性能稳定可靠，操作简单，而且所收集的干尘粒也便于回收利用。对于细小而干燥的粉尘，采用袋式除尘器净化较为适宜。袋式除尘器缺点：由于所用滤布受到温度、腐蚀性等条件的限制，只适用于净化腐蚀性小、温度低于 $300℃$ 的含尘气体，不适用于黏结性强、吸湿性强的含尘气体（含有油雾、凝结水和粉尘黏度大的含尘气体）。

5.1.2.1 袋式除尘器的除尘机理

袋式除尘主要是依靠含尘气流通过滤袋纤维时产生的筛滤、碰撞、截留、扩散、静电和重力等六种效应进行净化，其中以筛滤效应为主。如图 5-1 所示，当含尘气流从下部进入圆筒形滤袋，再通过并列安装的滤袋时，由于滤料的阻截，粉尘被捕集于滤袋的内表面上，净化后的气体由除尘器上部的出口排出。沉积在滤袋上的粉尘，可在机械振动的作用下从滤袋的表面脱落，落入灰斗中。

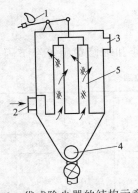

图 5-1　袋式除尘器的结构示意图
1—振打机构；2—含尘气体进口；
3—净化气体出口；4—排灰装置；
5—滤袋

粉尘因截留、惯性碰撞、静电和扩散等作用，逐渐在滤袋表面形成粉尘层，常称为粉尘初层。初层形成后，它成为袋式除尘器的主要过滤层，提高了除尘效率。滤布仅仅起着形成粉尘初层和支承它的骨架的作用，但随着粉尘在滤布上积聚，滤袋两侧的压力差增大，会把有些已附在滤料上的细粉尘挤压过去，使除尘效率下降，同时，粉尘在滤袋上积聚会增加气体通过滤袋的阻力，因而需要及时清灰，以免阻力过高，造成除尘效率下降。

5.1.2.2　袋式除尘器的滤料与选用

滤料是袋式除尘器制作滤袋的材料，其特性直接影响除尘器性能（包括除尘效率、压力损失、清灰周期等）。

（1）对滤料的要求　性能良好的滤料一般应满足下列要求：

① 容尘量要大，清灰后滤布上要保留粉尘初层，以保证较高的滤尘效率；

② 滤布网孔直径适中，透气性好，过滤阻力小；

③ 强度高，抗拉、抗折、耐磨、耐高温和耐腐蚀，使用寿命长；

④ 吸湿性小，容易清除黏附在滤布上的尘粒；

⑤ 制作工序简单、成本低。

上述要求很难同时满足，可根据除尘要求的重点选择滤料。

（2）滤料的选用　按滤料材质分，有天然纤维、无机纤维和合成纤维等；按滤料结构分为滤布和毛毡两类。在选择滤料时，必须综合考虑含尘气体的特性（如温度、湿度、酸碱性、粒径、黏附性和含尘浓度）、滤料的特点和清灰方式，同时还必须注意滤布及灰尘的带电性。

5.1.2.3　袋式除尘器的分类

袋式除尘器的结构形式很多，通常根据其特点不同进行如下分类。

（1）按清灰方式分类　清灰是袋式除尘器运行中十分重要的一环，实际上许多袋式除尘器都是按清灰方式命名和分类的。按清灰方式，袋式除尘器可分为人工拍打、机械振动、逆气流反吹、脉冲喷吹、气环反吹与联合清灰等不同种类。

一般逆气流反吹与机械振动为间歇式，即清灰时切断气流。逆气流反吹方式可采用较高的过滤速度，但需要另设中压或高压风机；机械振动只允许较低的过滤速度，清灰强度较弱，对滤袋有一定损伤，会增加维修和更换滤袋的工作量，因而已逐渐被淘汰。气环反吹和脉冲喷吹为连续式，即清灰时不切断气流。气环反吹方式下滤袋磨损快，气环箱与传动构件易发生故障，目前采用较少。

脉冲喷吹袋式除尘器是一种向滤袋高速喷吹压缩空气，使达到清除滤袋上积尘的目的的方式。自二十世纪五十年代问世以来，脉冲喷吹袋式除尘器在国内外被广泛使用，经不断改进，在净化含尘气体方面取得了很大发展。由于清灰技术先进，气布比大幅度提高，故具有处理风量大、占地面积小、净化效率高、工作可靠、结构简单、维修量小等特点。除尘效率可以达到99%以上，是一种比较成熟、完善的高效除尘设备。

如图 5-2 所示，脉冲喷吹袋式除尘器的主体包括上部箱体（喷吹箱）、中部箱体（滤尘箱）和下部箱体（集尘斗）三部分。上部箱体装有喷吹管 8 和把压缩空气引进滤袋的文氏管4，并附有压缩空气贮气包（空气包）9、脉冲阀 10、控制阀 11 以及净化气体排气口 6、中部箱体装有滤袋 3 和滤袋支架框架 7。下部箱体装有排灰装置泄尘阀 14 和含尘气体进口 1，脉冲控制仪 12 装在机体外壳上。脉冲喷吹袋式除尘器用脉冲阀作为喷吹气源开关，先由控

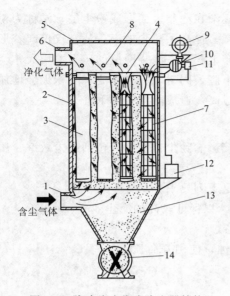

图 5-2　脉冲喷吹袋式除尘器结构

1—进口；2—中部箱体；3—滤袋；4—文氏管；

5—上部箱体；6—排气口；7—框架；

8—喷吹管；9—空气包；10—脉冲阀；11—控制阀；

12—脉冲控制仪；13—集尘斗；14—泄尘阀

制仪输出信号，通过控制阀实现脉冲喷吹。常用的脉冲阀为 QMF-100 型。根据控制仪表的不同，控制阀有电磁阀、气动阀和机控阀三种。

脉冲喷吹袋式除尘器的机理如图 5-2 所示，含尘气体由外往里通过滤袋，把尘粒阻隔在滤袋外表面，气体得到净化。处理后的空气经过喇叭形的文氏管 4 进入上部箱体 5，最后从排气口 6 排走。滤袋用钢丝框架 7 固定在文氏管上。在每排滤袋上部均装有一根喷吹管 8，喷吹管上有直径为 6.4mm 的小孔与滤袋相对应。喷吹管前装有与压缩空气相连的脉冲阀 10。由脉冲控制仪 12 不断发出短促的脉冲信号，通过控制阀 11 按程序触发每个脉冲阀。当脉冲阀开启时，与它相连的喷吹管 8 就和压缩空气包 9 相通，高压空气从喷吹孔以极快的速度吹出。在高速气流的引射作用下，诱导几倍于喷气量的空气进入文氏管，吹到滤袋内，使滤袋急剧膨胀，引起冲击振动。在这一刹那的时间内产生一股由里向外的气流，使黏附在袋外表面上的粉尘

吹扫下来，落进下部集尘斗 13 内，最后经泄尘阀 14 排出。

脉冲喷吹袋式除尘器有定型产品，选择脉冲喷吹袋式除尘器的规格时，首先应确定比负荷，然后根据总处理风量计算出过滤面积，并据此选择除尘器。脉冲喷吹袋式除尘器的比负荷与喷吹压力、脉冲宽度、喷吹周期以及尘粒性质、含尘气体浓度诸因素有关。一般情况下，主要取决于含尘气体初始浓度。

（2）按过滤方式分类　按照含尘气流通过滤袋的方式不同，袋式除尘器可以分为内滤式和外滤式等两种，如图 5-3 所示。

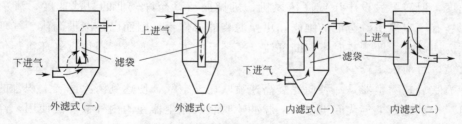

图 5-3　不同类型袋式除尘器示意图

内滤式是含尘气体由滤袋内向滤袋外流动，粉尘被分离在滤袋内。其优点是，滤袋不需要设支承骨架，且滤袋外侧为净化后的干净气体，当处理常温和无毒烟尘时，可以不停车进行内部检修，从而改善劳动卫生条件。对于含放射性粉尘的净化，一般多采用内滤式。

外滤式是含尘气体由滤袋外向滤袋内流动，粉尘被分离在滤袋外。对于外滤式除尘器，由于含尘气体由滤袋外向滤袋内流动，因此滤袋内部必须设置骨架，以防止过滤时将滤袋吸瘪，但反吹清灰时由于滤袋的胀、瘪动作频繁，滤袋与骨架之间易出现磨损，增加更换滤袋次数与维修的工作量，而且其维修也较困难。

一般来说，下进气除尘器多为内滤式，外滤式要根据清灰方式来确定。例如，采用脉冲清灰方式的圆袋形除尘器及大部分扁袋形除尘器多采用外滤式，而采用机械振动或气流反吹清灰的圆袋形除尘器多采用内滤式。

（3）按进气口位置分类　根据除尘器进气口的位置不同，除尘器可以分为上进气与下进气两大类，如图 5-3 所示。采用上进气时，含尘气体与被分离的粉尘下落方向一致，能在滤袋上形成较均匀的粉尘层，过滤性能好，但配气室设在上部，使除尘器高度增加，并有积灰等现象。采用下进气方式时，粗尘粒可直接沉降于灰斗中，降低了滤袋的负荷与磨损。但由于气流方向与灰尘下落方向相反，清灰后的细尘会重新积附于滤袋表面，降低了清灰效果。

（4）按滤袋截面形状分类　按照滤袋的形状可分为圆袋和扁袋。一般采用圆袋，并往往把许多袋子组成若干袋组。扁袋的特点是可在较小的空间布置较大的过滤面积，排列紧凑。

（5）按除尘器内的压力状态分类　按照除尘器内的压力状态分类可分为负压式和正压式。

入口含尘气体处于正压状态的称正压式。风机设置在除尘器之前，使除尘器在正压状态下工作。由于含尘气体先经过风机后才进入除尘器，因此不适用于高浓度、粗颗粒、高硬度、强腐蚀性和附着性强的粉尘，会对风机的磨损较严重。

入口含尘气体处于负压状态的称负压式。风机置于除尘器之后，使除尘器在负压状态下工作，此时除尘器必须采取密封结构。由于含尘气体经净化后再进入风机，因此对风机的磨损很小。在用于处理高湿度、有毒性的气体时，除尘器本身也易采取保温措施，但这种除尘器造价较高。

从技术经济综合比较看，具备选用正压式袋式除尘器的条件时，应尽量选用正压式袋式除尘器。

5.1.2.4　袋式除尘器的工作性能参数

（1）除尘效率　袋式除尘器的除尘效率通常在 99% 以上，影响除尘效率的因素主要有滤料特性（滤料织造结构）、灰尘的性质（粒径、惯性力、形状、静电荷、含湿量等）、运行参数（过滤速度、阻力、气流温度、湿度、清灰频率和强度等）和清灰方式（机械振动、逆反向气流、脉冲喷吹、气环反吹等）。在除尘器运行过程中，上述因素都是互相依存的。一般来讲，除尘效率随过滤速度增加而下降；滤料上的粉尘层越厚，粉尘负荷越高，除尘效率也就越高。

（2）处理风量　袋式除尘器的处理风量必须满足系统设计风量的要求。系统风量波动时，应按最高风量选用袋式除尘器。对于高温烟气，应按其进入袋滤器前的实际工况温度折算为工况处理风量 Q_w 来选择袋滤器，其折算方法为

$$Q_w = Q_s(273 + T)/273 \tag{5-1}$$

式中　Q_s——除尘系统所需的标况处理风量，m^3/h；

T——进入袋滤器的实际工况温度，℃。

（3）烟气温度　为了选用合适的袋式除尘器，烟气温度必须考虑以下两个因素：①滤料材质所允许的长期使用温度和短期最高使用温度，一般按长期使用温度选取；②为防止结露，烟气温度应保持高于露点 $15 \sim 20$℃。

（4）压力损失　含尘气体通过滤袋所消耗的能量，通常用压力损失表示，它是袋式除尘器的重要技术经济指标。袋式除尘器的压力损失一般包括除尘器结构阻力及滤料压力损失两

部分。正常工作的袋式除尘器，其压力损失一般控制在 1500～2000Pa。

压力损失决定着除尘能量消耗、除尘效率、过滤速度、进口含尘浓度和清灰的时间间隔。当处理含尘浓度低的气体时，清灰时间间隔可以适当延长；当处理含尘浓度高的气体时，清灰时间间隔应尽量缩短，但会使清灰次数增多，缩短滤袋寿命。因此，进口浓度低、清灰时间间隔短、清灰效果好的除尘器可以选用较高的过滤风速；反之，则应用较低的过滤风速。

5.1.2.5　袋式除尘器选型（或设计）的步骤

袋式除尘器的选型或设计一般按如下主要步骤进行。

（1）收集相关资料　包括净化气体特性、粉尘特性、净化指标，以及各种袋式除尘器的性能，特别是清灰方式等内容。

（2）选定袋式除尘器的形式、滤料及清灰方式　首先，确定选择除尘器的形式。应注意的事项主要有：①袋式除尘器主要用于控制粒径在 $1\mu m$ 左右的微粒，当含尘气体浓度超过 $5g/m^3$ 时，为降低除尘器的过滤负荷，最好采用二级除尘，即在袋式除尘器的前面加第一级除尘，如旋风除尘器或重力沉降室；②不适用于净化油雾，水雾，黏结性强、湿度高的粉尘。

例如，在处理风量不很大，净化效率要求高，且厂房面积受限制，投资、设备订货和操作管理都有条件时，可以采用脉冲喷吹袋式除尘器、逆气流反吹与机械振动联合清灰袋式除尘器等。在处理风量大（如 $10^5 m^3/h$ 以上）时，可考虑采用逆气流反吹袋式防尘器等。对中小型企业，厂房面积不太受限制，投资、设备及维修管理都有一定困难的情况，可考虑采用简易袋式除尘器和机械振动清灰袋式除尘器等形式。

其次，选择适当的滤料。选择滤料时，应考虑含尘气体的特性（温度、湿度和腐蚀性）和技术经济指标。例如，当气体温度为 150～300℃时，可以选用玻璃纤维滤袋；当粉尘为纤维状时，应选用表面较光滑的尼龙等滤袋；对一般工业性粉尘，可选用涤纶绒布等滤袋。

然后，确定清灰方式。清灰方式是选型的重要依据，它受粉尘黏性、过滤速度、空气阻力、压力损失、净化效率等诸多因素共同制约，所以要依据主要制约因素确定清灰方式。

（3）确定过滤速度和过滤面积　袋式除尘器的过滤速度（也称过滤风速）v_f，是指气体通过滤料的平均速度，单位：m/min。过滤速度的大小是决定除尘器性能和经济性的重要指标，可按下式计算：

$$v_f = \frac{Q}{60A} \tag{5-2}$$

式中　v_f——过滤速度，m/min；

　　　Q——袋式除尘器处理风量，m^3/h；

　　　A——过滤面积，m^2。

反过来，当过滤速度确定后，则过滤面积即可确定。

过滤风速 v_f 过高会使积于滤料上的粉尘层压实，阻力急剧增加。由于滤料两侧的压差增加，粉尘颗粒渗入滤料内部，甚至透过滤料，致使出口含尘浓度增加。这种现象在滤料刚清完灰后更为明显。若过滤速度高，则导致滤料上迅速形成粉尘层，引起过于频繁的清灰，缩短滤袋使用寿命。若过滤速度较低，则阻力低、效率高，但若过滤速度过低，则过滤面积过大，需要过大的设备，设备费用增大，同时设备占地面积也大。因此，需综合考虑粉尘特性、入口含尘浓度、烟气温度、滤料特性、清灰方式及设备阻力等因素，确定过滤速度。

（4）除尘器选择或设计　采用定型产品，根据处理风量 Q 和总过滤面积 A 即可选定除尘器的型号规格。如果需要自行设计，可按下列步骤进行。

① 确定滤袋尺寸，即确定直径 D 和高度 L。

滤袋直径一般取 $D=100\sim60\mathrm{mm}$，通常选择 $D=200\sim300\mathrm{mm}$。尽量使用同一规格，以便检修更换。滤袋高度对除尘效率和压力损失几乎无影响，一般取 $2\sim6\mathrm{mm}$。

② 计算每只滤袋的面积 a。

$$a=\pi DL \tag{5-3}$$

③ 计算滤袋数 n。

$$n=A/a \tag{5-4}$$

④ 滤袋的布置及吊挂固定。需要滤袋数较多时，可根据清灰方式及运行条件，将滤袋分成若干组，每组内相邻的两滤袋间距一般取 $50\sim70\mathrm{mm}$。组与组之间以及滤袋与外壳之间的距离，应考虑更换滤袋和检修的需要。滤袋的固定和拉紧方法对其使用寿命影响很大，要考虑到换袋、维修、调节方便，防止固紧处磨损、断裂等。

⑤ 壳体设计。包括除尘器箱体、进排气风管形式、灰斗结构、检修孔及操作平台等。

⑥ 粉尘清灰机构的设计和清灰制度的确定。

⑦ 粉尘输送、回收及综合利用系统的设计。包括回收有用粉料和防止粉尘再次飞扬。

（5）估算除尘器的除尘效率、压力损失，确定过滤和清灰循环周期　过滤周期的长短应根据压力损失和流量的变化确定，其变化随着滤料上粉尘层的不断增加而发生，这些都与除尘系统采用的风机的特性和总能耗有关。

5.1.3　电除尘器

电除尘器，也称静电除尘器，是利用静电力将气体中的悬浮粒子分离出来的一种技术，可用于烟气除尘净化和有用尘粒物质回收。电除尘装置对 $1\sim2\mu\mathrm{m}$ 细微粉尘捕集效率高达99%以上；压力损失仅为 $200\sim500\mathrm{Pa}$；处理烟气量大，处理能力可达 $1\times10^{5}\sim1\times10^{6}\mathrm{m}^{3}/\mathrm{h}$；能耗低，一般 $0.2\sim0.4\mathrm{W/m}^{3}$；能在高温或强腐蚀性气体下操作，正常操作温度高达 $400{}^\circ\mathrm{C}$。但一次性投资费用高，占地面积大，不宜直接净化高浓度含尘气体，结构复杂，安装、维护管理要求严格。

5.1.3.1　电除尘器的除尘机理

电除尘器利用气体电离使尘粒荷电。在电场力的作用下，荷电的尘粒在电场内迁移并被捕集，再将捕集物从集尘表面上清除，尘粒得以从烟气中分离并被收集。它是利用静电力实现粒子与气流分离的一种除尘装置。

如图 5-4 所示，电除尘器的放电极（又称阴极或电晕极）和收尘极（又称阳极或集尘极）接于高压直流电源，维持一个足以使气体电离的静电场。通常用细线作电晕极，用薄板或薄壁管作集尘极。电除尘器工作涉及电晕放电、

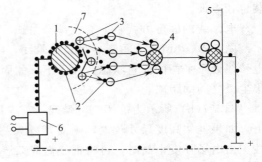

图 5-4　电除尘过程示意图
1—电晕极；2—电子；3—离子；4—粒子；
5—集尘极；6—供电装置；7—电晕区

气体电离、粒子荷电、荷电粒子的迁移和捕集、清灰等过程，粒子荷电、荷电粒子的迁移和捕集、清灰是其中的三个基本过程。为了保证电除尘器在高效下运行，必须使粒子为荷电，并有效地完成粒子捕集和清灰等过程。

5.1.3.2 电除尘器的结构组成

无论哪种类型的电除尘器，其结构一般都由图 5-5 所示的几部分组成。

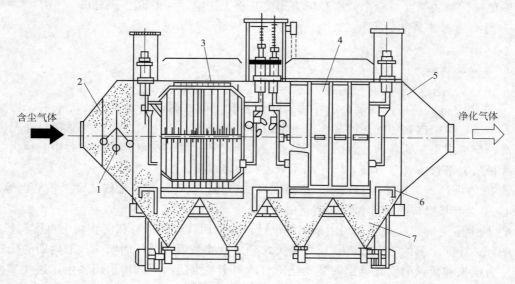

图 5-5 卧式电除尘器示意图

1—振打清灰装置；2—均流板；3—电晕极；4—集尘极；5—外壳；6—检修平台；7—灰斗

下面重点介绍电晕极、集尘极、气流均布装置、外壳。

（1）电晕极　电晕极系统由电晕线、电晕极框架、框架吊杆、支承绝缘套管及电晕极振打装置等组成。电晕线是产生电晕放电的主要部件，其性能好坏直接影响除尘器的性能。对电晕线的一般要求是：起晕电压低、发电强度高、电晕电流大，机械强度高、刚性好、不易变形、耐腐蚀，能维持准确的极距，易清灰。

电晕极形式很多，目前常用的有芒刺角钢、RS 形线、圆形线、星形线、锯齿线、芒棘线、麻花形线等，其形状见图 5-6。其中，芒刺角钢、RS 形线、锯齿线属于芒刺形线，是目前国内应用最广泛的极线。该极线制造容易、质量轻，材料采用普通碳素钢，成本低，安装也较方便。

电晕线的固定方式目前有重锤悬吊式、框架式、桅杆式等三种方式，如图 5-7 所示。

图 5-7(a) 所示为重锤悬吊式电晕线，电晕线在上部固定后，下部用重锤拉紧，以保证电晕线处于平衡的伸直状态。设于下部的固定导向装置可以防止电晕线摆动，保持电晕极与集尘极之间的距离。

图 5-7(b) 所示为框架式电晕线，首先用钢管支承框架，然后将电晕极绷紧布置于框架上。如果框架高度尺寸较大，则需每隔大约 0.6～1.5m 增设一横杆，以增加框架的整体刚性。当电场强度很高时，可将框架做成双层，各自采用独立的支架和振打机构。这种方式工作可靠，断线少，采用较多。

图 5-7(c) 所示为桅杆式电晕线，以中间的主立杆作为支承，在两侧各绷以 1～2 根电晕线，在高度方向通过横杆分隔成 1.5m 长的间隔。这种方式与框架式相似，但金属材料较节

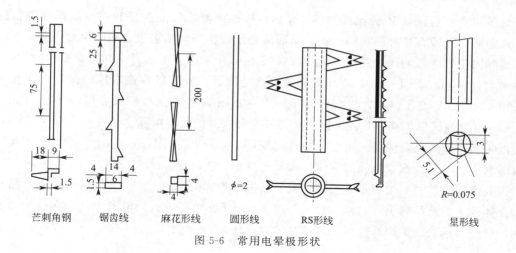

芒刺角钢　　锯齿线　　麻花形线　　圆形线　　RS形线　　　星形线

图 5-6　常用电晕极形状

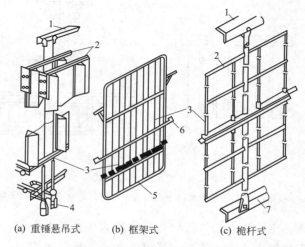

(a) 重锤悬吊式　　(b) 框架式　　(c) 桅杆式

图 5-7　电晕线固定方式示意图

1—顶部梁；2—横杆；3—电晕线；4—重锤；5—阴极框架；6—振打装置；7—下部梁

省。相邻电晕线之间的距离（即极距）对放电强度影响较大，极距太大会减弱放电强度，极距太小会因屏蔽作用使放电强度降低，一般极距为 200～300mm，其具体值需根据集尘极板形式和尺寸等配置情况而定。

（2）集尘极　集尘极系统是由集尘极板、上部悬挂装置及下部振打装置等部件组成。集尘电极的结构对粉尘的二次飞扬、金属消耗量（约占总耗量的 40%～50%）和造价有很大影响。对集尘极的一般要求是：振打时粉尘的二次扬起少；单位集尘面积消耗金属量低；极板高度较大时，应有一定的刚性，不易变形；振打时易于清灰，造价低。

电除尘器的集尘电极从形式来看，主要有管状和板状两大类。

小型管式除尘器的集尘极为直径约 15cm、长 3m 左右的圆管，大型管式除尘器的直径可加大到 40cm，长 6m。每个除尘器所含集尘管数目少则几个，多则可达 100 个以上。板式集尘极常用平板形、鱼鳞形、波浪形、Z 形、C 形等几种形式。

极板通常采用普通碳素钢 Q235A、优质碳素钢等制造。用于净化腐蚀性气体时，应选用不锈钢。为了抑制粉尘二次飞扬，要在极板上加工出防风沟和挡板，流体流速 1m/s 左右，防风沟宽度与板宽 B 的比控制为 $1:10$。极板两侧设置的沟槽和挡板既能加强板的刚性，又能防止气流直接冲刷板的表面，从而降低了二次扬尘。极板之间间距对电除尘器的电场性能和除尘效率影响较大：间距太小（200mm 以下）时，电压升不高，会影响除尘效率；间距太大（400mm 以上）时，电压升高又受到变压器、整流器容许电压的限制。因此一般在采用 $60\sim72$kV 变压器时，极板间距 $0.2\sim0.4$m，且集尘极板长一般为 $10\sim20$m，高 $10\sim15$m。处理风量 1000m^3/s 以上、效率高达 99.5％ 的大型电除尘器含有上百对极板。

近年来，板式电除尘器一个引人注目的变化是：发展宽间距超高压电除尘器。宽间距电除尘器制作、安装、维修等较为方便，而且设备小，能耗也低。

板式电除尘器的集尘板垂直安装，电晕极置于相邻的两板之间。集尘板通常被悬吊在固定于壳体顶梁的悬吊梁上，其固定形式如图 5-8 所示。极板伸入两槽钢中间，在极板与槽钢之间的衬垫支承块在紧固螺栓时能将极板紧紧压住。

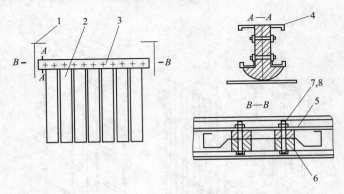

图 5-8　紧固型悬挂方式

1—壳体顶梁；2—极板；3—C 形悬吊梁；4—支承座；5—凸套；6—凹套；7—螺栓；8—螺母

（3）气流均布装置　电除尘器内气流分布对除尘效率有较大影响，对气流分布装置的要求是分布均匀性好、阻力损失小。为了减少涡流，保证气流分布均匀，在进出口处应设变径管道（渐扩管和渐缩管），进口变径管内应设 $2\sim3$ 层气流分布板；出口的渐缩管处设置一层气流分布板。相邻气流分布板的间距为板高的 $0.15\sim0.2$ 倍，二者之间装设锤击振打清灰装置。

最常见的气流分布板有多孔板式、格板式、垂直偏转板式、垂直折板式、X 形孔板式、栏杆式和百叶式等结构，如图 5-9 所示。其中，多孔板式因其结构简单，易于制造，使用最为广泛。多孔板式通常采用厚度为 $3\sim3.5$mm 的钢板制作，圆孔直径为 $30\sim50$mm，开孔率约为 $25％\sim50％$，具体需要通过试验确定。

   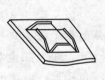

(a) 格板式　(b) 多孔板式　(c) 垂直偏转式　(d) 锯齿形　(e) X形孔板式　(f) 垂直折板式

图 5-9　气流分布板的结构形式

电除尘器正式投入运行前，必须进行测试、调整，检查气流分布是否均匀，对气流分布的具体要求是：任何一点的流速不得超过该断面平均流速的±40％；在任何一个测定断面上，85％以上测点的流速与平均流速不得相差±25％。

（4）外壳　电除尘器外壳是密封烟气、支承全部内件质量及外部附加载荷的结构件。外壳的作用：引导烟气通过电场，支承阴、阳极和振打设备，形成一个与外界环境隔离的独立的收尘空间。

为了减小烟气泄漏，外壳必须密封。若漏风量大，不但风机负荷加大，也会因电场风速提高使除尘效率降低。在处理高湿烟气时，冷空气的漏入会使局部烟气温度降至露点以下，导致除尘器构件积灰和腐蚀。

除尘器外壳材料要视处理烟气的性质和操作温度而定。电除尘器的外壳一般有砖结构、钢筋混凝土结构和钢结构。外壳上部安装绝缘瓷瓶和振打机构，下部为集灰斗，中部为收尘电场。同时，外壳需敷设保温层，以防止含尘气体冷凝结露、粉尘集结电极或腐蚀钢板。灰斗内表面必须保持光滑，以免滞留粉尘。电除尘器灰斗下设排灰装置，较常用的有螺旋输送机、仓式泵、回转下料器和链式输送机。排灰装置应不漏风，工作可靠。

5.1.3.3　电除尘器的分类及选用

根据不同的特点，电除尘器可分成不同的类型。

（1）根据集尘极的结构形式划分　可分为管式电除尘器和板式电除尘器。

① 管式电除尘器。如图 5-10 所示，管式电除尘器是将电晕极（放电极）线放置在金属圆管的轴线位置上，圆管内壁成为集尘极（收尘级）的表面。圆管的内径通常为150～300mm，长 2～5m。在管的中心放置电晕极和集尘极的极间距（异极间距）均相等，电场强度的变化较均匀，具有较高的电场强度。通常采用多排圆管并列结构，以提高除尘器的处理量。含尘气体从管的下方进入管内，净化后的气体从顶部排出。由于单根圆管通过的风量很小，通常是用多管并列而成的，多管管式电除尘器的电晕线分别悬吊在每根单管的中心。由于含尘气体从管的下方进入管内，往上运动，故仅适用于立式电除尘器。

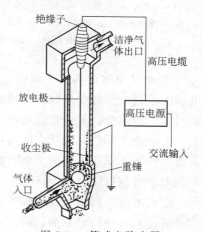

图 5-10　管式电除尘器

管式电除尘器的电场强度高且变化均匀，但清灰较困难，多用于净化气流量小或含雾滴的气体。

② 板式电除尘器。如图 5-11 所示，板式电除尘器在一系列平行的通道间设置电晕极。两平行的集尘极之间的距离一般为 200～400mm；通道数有几个到几十个，甚至上百个，高度为 2～12m，甚至达 15m。除尘器长度可根据对除尘效率的要求确定。

为了减少被捕集粉尘的再飞扬和增强极板的刚度，一般做成网、棒、管、鱼鳞、槽形、波形等形式，清灰较方便，制作、安装较容易，但电场强度变化不够均匀。

板式电除尘器由于几何尺寸很灵活，可做成大小不同的各种规格，它是工业中最广泛采用的形式，绝大多数情况下用干式清灰。

（2）根据气体流向划分　可分为立式电除尘器和卧式电除尘器。

① 立式电除尘器。在这种电除尘器内，含尘气体从下往上垂直流动。管式电除尘器多

为立式电除尘器，图 5-12 为立式多管电除尘器的结构图。它占地面积小，但高度较大，检修不方便，气体分布不易均匀，捕集到的粉尘容易产生二次飞扬。气体出口可设在顶部。通常规格较小，处理风量少，适宜在粉尘性质便于被捕集的情况下使用。

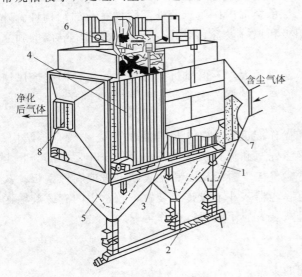

图 5-11　板式电除尘器示意图

1—下灰斗；2—螺旋除灰机；3—电晕极；4—集尘极；
5—集尘极振打清灰装置；6—电晕极振打清灰装置；
7—进气气流分布板；8—出气气流分布板

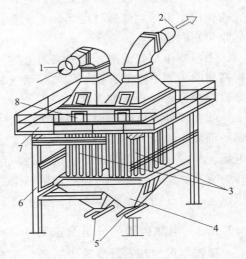

图 5-12　立式多管电除尘器结构示意图

1—含尘气体入口；2—净化出口；3—管状电除尘器；
4—灰斗；5—排灰口；6—支架；
7—平台；8—人孔

② 卧式电除尘器。气体在电除尘器内沿水平方向流动，可按生产需要适当增加或减少电场的数目。其特点是分电场供电，避免各电场间互相干扰，有利于提高除尘效率；便于分别回收不同成分、不同粒度的粉尘，达到分类捕集的作用；容易保证气流沿电场断面均匀分布；由于粉尘下落的运动方向与气流运动方向垂直，粉尘二次飞扬比立式电除尘器要少；设备高度较低，安装、维护方便；适于负压操作，对风机的寿命及劳动条件均有利。但占地面积较大，基建投资较高。

立式电除尘器由于受到高度的限制，在要求除尘效率高而希望增加电场长度时，不如卧式灵活；而且在检修方面，卧式除尘器也比立式方便。但由于立式电除尘器占地面积少，当烟气或尘粒有爆炸危险时，可考虑采用立式电除尘器，因其上部是敞开的，爆炸时不致发生很大的损害。

（3）根据清灰方式划分　可分为干式电除尘器和湿式电除尘器

① 干式电除尘器。对于干式电除尘器，粉尘呈干燥状态，操作温度一般高于被处理气体露点 20～30℃，可达 350～450℃，甚至更高。可采用机械、电磁、压缩空气等振打装置清灰。常用于收集经济价值较高的粉尘。

② 湿式电除尘器。对于湿式电除尘器，粉尘为泥浆状，操作温度较低，一般含尘气体都需要进行降温处理，在温度降至 40～70℃后再进入电除尘器，设备需采取防腐蚀措施。一般采用喷水或淋水、溢流等方式在集尘极表面形成水膜，将黏附其上的粉尘带走，由于水膜的作用避免了粉尘的再飞扬，除尘效率很高，适用于气体净化或收集无经济价值的粉尘。另外，由于水对被处理气体有冷却作用，风量减少。若气体中有一氧化碳等易爆气体，用湿

式电除尘器可减少爆炸危险。

（4）根据电极在电除尘器内的配置位置划分　根据粉尘在电除尘器内的荷电过程和捕集过程是否分离，可将电除尘器分为单区式电除尘器和双区式电除尘器，图 5-13 为单区和双区式电除尘器的尘粒荷电和分离示意图。

① 单区式电除尘器。单区式电除尘器的电晕极和集尘极都装在一个区域内，气体含尘尘粒的荷电和积尘是在同一个区域中进行。常见的两种单区式电除尘器如图 5-14 所示。通常应用于工业除尘和烟气净化，是目前应用最为广泛的一种电除尘器。

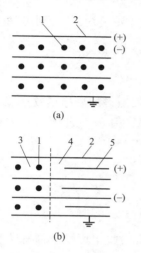

图 5-13　单区和双区式电除尘器示意图

1—电晕线；2—接地的集尘极；

3—荷电区；4—集尘区；5—高压板

图 5-14　单区式电除尘器结构示意图

1—绝缘瓶；2—集尘极表面上的粉尘；3,7—电晕极；

4—吊锤；5—捕集的粉尘；6—高压母线；8—挡板；

9—收尘极板；10—重锤；11—高压电源

② 双区式电除尘器。双区式电除尘器如图 5-15 所示。气体含尘尘粒的荷电和积尘是在结构不同的两个区域内进行的，在前一个区域内装电晕极系统以产生离子，而在后一个区域中装集尘极系统以捕集粉尘。双区式电除尘器供电电压较低，结构简单，一般用于空调净化方面。近年来，在工业废气净化中也有采用双区式电除尘器，但其结构与空调净化有所不同。

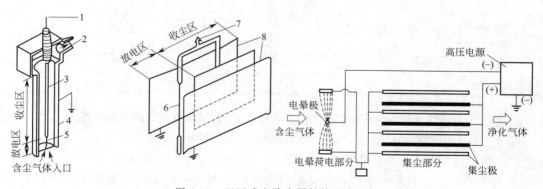

图 5-15　双区式电除尘器结构示意图

1,7—连接高压电源；2—洁净气体出口；3—不放电的高压电源；4,8—集尘极板；5,6—电晕极

（5）根据电晕极采用的极性划分 可分为正电晕和负电晕。

① 正电晕。在电晕极上施加正极高压，而集尘极为负极接地。

② 负电晕。在电晕极上施加负极高压，而集尘极为正极接地。

正电晕的击穿电压低，工作时不如负电晕稳定，但负电晕会产生大量对人体有害的臭氧及氮氧化物，因此用作净化送风的空气时只能采用正电晕，而用作工业排出气体的除尘时则绝大多数采用负电晕。在工程实际应用中大部分采用干式、板式和水平卧式电除尘器。

5.1.3.4 电除尘器除尘效率及其影响因素

设进入电除尘器的烟气的初始烟尘浓度为 C_0，处理后的烟尘浓度为 C_1，则电除尘器的除尘效率 η 为

$$\eta = \frac{C_0 - C_1}{C_0} \times 100\% \tag{5-5}$$

实际工程中，往往根据在一定的除尘器结构形式和运行条件测得的总捕集效率值，然后将 η 值代入下列德意希-安德森方程式中，反算出相应的驱进速度值 ω_e，此值也称为有效驱进速度。

$$\eta = 1 - \exp\left(-\frac{\omega_e A}{Q}\right) \tag{5-6}$$

式中 A——电除尘器集尘极的总表面积，m^2；

Q——通过电除尘器的风量，m^3/s。

若令 $f = A/Q$，则 f 表示了单位时间内单位体积烟气所需的收尘面积，简称为比集尘面积，$m^2/(m^3 \cdot s)$。

比集尘面积是衡量电除尘器除尘能力的一个重要参数。该参数越高，说明电除尘器的除尘效率越高，相应的一次投资也越高。

有效驱进速度 ω_e 常在静电除尘器的设计计算中被使用。对于工业电除尘器，有效驱进速度变化处于 $0.02 \sim 0.2 m/s$ 范围内。表5-3列出了各种工业粉尘的有效驱进速度。

表5-3 各种工业粉尘的有效驱进速度 ω_e

粉尘种类	有效驱进速度/(m/s)	粉尘种类	有效驱进速度/(m/s)
煤粉（飞灰）	0.01~0.04	冲天炉（铁焦比=10）	0.03~0.04
纸浆及选纸	0.08	水泥生产（干法）	0.06~0.07
平炉	0.06	水泥生产（湿法）	0.01~0.11
酸雾（H_2SO_4）	0.06~0.08	多层床式焙烧炉	0.08
酸雾（TiO_2）	0.06~0.08	红磷	0.03
飘悬焙烧炉	0.08	石膏	0.16~0.20
催化剂粉尘	0.08	二极高炉（80%生铁）	0.125

影响电除尘器除尘效率的因素除了包括影响电晕放电的因素（即气体的温度、压力、流速和成分）外，还有粉尘的特性、除尘器结构和操作因素等。

（1）粉尘特性对除尘效率的影响

① 粉粒粒径。粉粒粒径不同，在电场中的荷电机制就不同，那么驱进速度也就显著不同。对于大于 $1\mu m$ 的颗粒，随着粒径的减小，除尘效率降低。粒径为 $0.1 \sim 1\mu m$ 的颗粒，除尘效率几乎不受颗粒粒径的影响。

② 粉粒比电阻。粉尘的导电性能好坏对除尘效率影响极大。粉尘比电阻小，导电性好；比电阻大，导电性差。粉尘层的比电阻定义为：厚 1cm、覆盖 1cm² 集尘面积的粉尘层电阻，用符号 ρ 表示。

$$\rho = \frac{AR_m}{\delta} \tag{5-7}$$

式中　ρ——粉尘比电阻，$\Omega \cdot cm$；

　　　　A——集尘面积，cm^2；

　　　　R_m——平均电阻，Ω；

　　　　δ——粉尘层厚度，cm。

粉尘比电阻不仅与粉尘本身的性质和分散度有关，还与含尘气体的温度、湿度、组分、粉尘层的孔隙率等因素有关，因此，应以实际操作条件下的粉尘比电阻作为影响电除尘器性能的依据。一般情况下，电除尘器运行最适宜的比电阻范围为 $10^4 \sim 2 \times 10^{10} \Omega \cdot cm$。

（2）除尘器结构对除尘效率的影响

① 比集尘面积。比集尘面积增大，颗粒被捕集的机会增加，除尘效率就相应增大。

② 极间距的影响。气体流速一定的情况下，驱进速度一定，极间距越小，尘粒到达集尘极板的时间越短，尘粒越容易被捕集。但极间距过小易造成颗粒的二次飞扬。

③ 长高比的影响。集尘板有效长度与高度之比直接影响振打清灰时二次扬尘的多少。与集尘板高度相比，如果集尘板不够长，部分下落灰尘在到达灰斗之前可能被烟气带出除尘器，从而降低了除尘效率。

（3）气流速度及分布的影响　除尘器内气流速度过高，已沉积在集尘板上的尘粒就有可能脱离极板，重新回到气流中，产生二次飞扬；振打清灰时，从极板上剥落下来的尘粒也可能被高速气流卷走。因此，气流速度过大会导致除尘效率降低。从设备尺寸考虑，气速也不能太低，一般断面风速取 0.6～1.5m/s 为宜。

气流分布的均匀性对除尘效率也有较大的影响。若气流分布不均匀，流速低处提高的除尘效率远不能抵消流速高处效率的降低，则总效率下降。

5.1.3.5　电除尘器的设计与选型

（1）设计与选型原则

① 除尘效率要满足烟浓度排放标准的要求。

② 尽可能选择合适的有效驱进速度。在设计中，如果有效驱进速度值取得过高，设计的总集尘面积就可能无法满足除尘效率的要求；如果有效驱进速度值取得过低，设计的总集尘面积就可能过大，出现了大马拉小车的现象，造成浪费。

③ 静电除尘器各参数的匹配。对于一台已经投入运行的静电除尘器，根据实测所得效率计算得到的驱进速度是一个众多因素的综合反映，是一个基本不变的参数。因为影响它的诸多因素，如烟气成分、温度、湿度、含尘浓度、粉尘的成分、粒径分布、比电阻大小、除尘中流速、气流分布、电极构造、荷电条件及运行状况等已基本确定。而对于一台正在设计中的静电除尘器，诸多因素尚不确定，所选取的有效驱进速度不能涵盖所有因素的作用。因此，设计并不是选出一个驱近速度值这么简单。其实影响静电除尘器除尘效率的诸多因素都得仔细考虑，要统筹兼顾，优化设计，追求完美。在考虑这些因素中，最重要的是要让设备参数和烟气参数匹配，设备之间的参数匹配。其中，有静电除尘器本体和电源在容量方向的

匹配，电源电压和极距、极线类型的匹配，等等。在选取同样的有效驱进速度时，如果这些匹配工作做得好，总集尘面积的设计值就可以取得小一些。

（2）设计的原始数据　包括：锅炉技术参数；锅炉耗煤量、烟气量、烟温；制粉系统情况；空气预热器形式和过剩空气系数；烟尘浓度；除灰除渣方式；引风机形式及型号；设计煤种和校核煤种；煤质分析如飞灰成分分析、颗粒分析、比电阻、密度；烟气露点温度和烟气中水蒸气体积分数；厂址气象和地理条件等。由于烟尘浓度排放标准对应的烟气量是按标准状况考虑的，故烟气量和烟尘浓度建议提供两种状况的数据，即标准状况和实际状况的烟气量（m^3/h）和烟尘浓度（g/m^3）。电除尘器排出的烟气量和烟尘浓度须达到国家排放标准。

（3）电除尘器设计的主要参数　除尘效率、烟速、烟气在电场内停留时间和比集尘面积是电除尘器的基本工艺参数。设计人员根据用户对除尘效率的要求，以及燃料、灰尘特性而确定烟速、烟气在电场内停留时间和比集尘面积。一旦总集尘面积和断面积确定，电场长度就可以确定，也就确定了烟气在电场内停留时间。

当确定断面积和总集尘面积后就可确定结构设计参数，如长高比、室数、电场数、每个电场长度、电场宽度、灰斗数等。

电除尘器长高比定义为集尘板有效长度与高度之比。它直接影响振打清灰时二次扬尘的多少。一般选择长高比为 0.5～1.0，如果要求除尘效率大于 99%，则除尘器的长高比至少要为 1.0～1.5。

（4）电除尘器本体的设计计算　根据粉尘的比电阻、有效驱进速度 ω_e、含尘气体的流量 Q 以及预期要达到的除尘效率 η，即可进行除尘器的本体设计计算。设计参数包括集尘极板总表面积 A、电晕极和集尘极的数量和间距以及电场长度 L 等。

① 板式电除尘器参数的设计计算。集尘极板总表面积 A（m^2）可由下式求得：

$$A = \frac{Q}{\omega_e} \ln \frac{1}{1-\eta} \tag{5-8}$$

式中　Q——通过电除尘器的风量，m^3/s；

　　　η——除尘效率，%；

　　　ω_e——有效驱进速度，m/s，其值可参考表 5-3。

集尘极板总表面积 A 值大小决定了电除尘器本体的大小，即

$$n_p h L_p = A/2 \tag{5-9}$$

式中　L_p——板式集尘极板长度，m；

　　　h——板式集尘极板高度，m；

　　　n_p——集尘极的通道数。

根据电场断面的宽度和所选定的集尘极间距 $2b$，确定集尘极的通道数（或排数）n，即

$$n = \frac{B}{2b} + 1 \tag{5-10}$$

式中　$2b$——通道宽度，亦即集尘极间宽度，m；

　　　B——电场断面的宽度，m。

根据选定的电场风速 u（单位：m/s），可以确定集尘极的高度 h：

$$h = \frac{Q}{2b n_p u} \tag{5-11}$$

除尘器断面积（即通道横断面积）A_c（单位 m^2）：

$$A_c = \frac{Q}{u} = 2bhn_p \qquad (5-12)$$

极尘极板总表面积 A 确定后，再根据集尘极的排数和电场宽度，可计算出电场的长度。

在计算集尘极板总面积 A 时，靠近电除尘器壳体的最外层集尘极按单面计算，其余集尘极均按双面计算。电场长度 L 的计算公式为

$$L = \frac{A}{2(n+1)h} \qquad (5-13)$$

目前常用的单一电场长度为 $2 \sim 4m$，当实际要求的电场超过 $4m$ 时，可将电极沿气流方向分成几段，形成多个电场。

集尘时间（单位：s）为

$$t = \frac{L_p}{u} \qquad (5-14)$$

粉尘在电场内停留时间（集尘时间）应大于等于粉尘颗粒从电晕极飘移到集尘极所需的时间，即

$$t \geqslant \frac{b}{\omega_e} \qquad (5-15)$$

联立式（5-14）和式（5-15），则集尘极板长度 L_p 应满足

$$L_p \geqslant \frac{b}{\omega_e} u \qquad (5-16)$$

② 圆筒形电除尘器参数的设计计算。如下：

$$A = 2\pi R L_t n_t \qquad (5-17)$$

式中　L_t——圆筒电极长度，m；

　　　R——圆筒内半径，m；

　　　n_t——圆筒集尘极个数；

　　　A——集尘极板总表面积，m^2。

集尘极板高度 h 为

$$h = \frac{Q}{2bun} \qquad (5-18)$$

式中　u——除尘器断面气流速度，m/s；

　　　$2b$——通道宽度（集尘极间距），m。

除尘器断面积 A_c（单位：m^2）有：

$$A_c = \frac{Q}{u} = \pi R^2 n_t \qquad (5-19)$$

除尘器断面的气流速度（单位：m/s）有：

$$u = \frac{Q}{\pi R^2 n_t} \qquad (5-20)$$

集尘时间（单位：s）和圆筒电极长度有：

$$t \geqslant \frac{L_1}{v} \qquad (5-21)$$

$$L_t \geqslant \frac{R}{\omega} v \tag{5-22}$$

（5）电除尘器的选型　电除尘器形式和工艺配置，要根据处理的含尘气体性质及处理要求决定，其中粉尘比电阻是重要的因素。比电阻在 $10^4 \sim 2 \times 10^{10} \Omega \cdot cm$ 的范围，可采用普通干式电除尘器，若比电阻偏高，则采用特殊的电除尘器，如宽间距电除尘器、高温电除尘器等，或在烟气中加入一定量的水雾、NH_3、SO_3、$NaCO_3$ 等进行调质处理。对于低比电阻粉尘，一般干式除尘器难以捕集，但荷电颗粒凝聚后变为大颗粒，在其后加一旋风除尘器或过滤式除尘器，可获得较高的除尘效率。

湿式电除尘器既能捕集高比电阻粉尘，也能捕集低比电阻粉尘，除尘效率较高。但除尘器的积垢和腐蚀问题较严重，产生的污泥需要处理。

【例 5-1】　某钢铁厂烧结机尾气电除尘器集尘板总面积为 $1982 m^2$（两个电场），断面积为 $40 m^2$，烟气流量 $44.4 m^2/s$，该除尘器进、出口烟气含尘浓度的实测值分别为 $26.8 g/m^3$ 和 $0.133 g/m^3$。参考以上数据设计另一台烧结机尾气电除尘器，处理烟气量 Q_1 为 $70.0 m^3/s$，要求除尘效率 η_1 达到 99.8%。

解：根据实测数据计算原除尘器除尘效率：

$$\eta = \frac{C_0 - C_1}{C_0} \times 100\% = \frac{26.8 - 0.133}{26.8} \times 100\% = 99.5\%$$

根据式（5-6）计算有效驱进速度

$$\omega_e = \frac{-\ln(1-\eta)}{A/Q} = \frac{-\ln(1-0.995)}{1982/44.4} = 0.119 (m/s)$$

原除尘器断面风速　　$u = Q/A_c = 44.4/40 = 1.11 (m/s)$

设计新除尘器：按要求的除尘效率 $\eta_1 = 99.8\%$，取有效驱进速度 $\omega_e = 0.119 m/s$，计算所需集尘极板面积 $A = \frac{Q_1}{\omega_e} \ln \frac{1}{1-\eta_1} = \frac{70}{0.119} \ln \frac{1}{1-0.998} = 3655.65 (m^2)$

取通道宽度 $2b = 0.29 m$，集尘极板长 $L_p = 8.5 m$，集尘极板高 $h = 7 m$，则通道数

$$n_p = \frac{A}{2L_p h} = \frac{3655.65}{2 \times 8.5 \times 7} = 30.72$$

取通道数 $n_p = 31$，则新设计除尘器断面风速

$$u = \frac{Q_1}{2bhn_p} = \frac{70}{0.29 \times 7 \times 31} = 1.11 (m/s)$$

5.2　气态污染物净化设备

气态污染物在废气中以分子状态或蒸汽状态存在，属均相混合物，可根据物理的、化学的和物理化学的原理进行分离。目前国内外采用的主要技术为吸收、吸附、冷凝、催化和燃烧等五种。净化方法的选择部分取决于气体的流量和污染物浓度。尽可能地减少气体流量和提高污染物的浓度，可使处理费用降至最低。对于浓度较高的气体，可考虑增加预处理系统。废气中的颗粒物给气体净化装置的操作带来了困难，几种废气共存也使净化装置的设计和选择复杂化。

5.2.1　吸收净化设备

吸收净化法是利用各种气体在液体中的溶解度不同，使污染物组分被吸收剂选择性吸收，从而使废气得以净化的方法。能够用吸收法净化的气态污染物主要包括 SO_2、H_2S、HF、NO_x、CO、碳氢化合物及 VOC（volatile organic compounds，挥发性有机物）等。

5.2.1.1　吸收净化设备的类型

气态污染物吸收净化过程中，由于风量大而浓度低，因而常选用气相为连续相、湍流程度较高、相界面大的吸收净化设备，最常用的是填料塔，其次是板式塔，此外还有喷淋塔和文丘里洗涤器。

（1）填料塔　填料塔以填料作为气液接触的基本构件。填料塔结构如图 5-16 所示，塔体为直立圆筒，筒内充填一定高度的填料，下方有支承板，上方为填料压板及液体分布装置。气体在压差的推动下，从塔底送入，经过填料间的空隙上升。吸收剂自塔顶由喷淋装置均匀喷洒，沿填料表面下流。填料的润湿表面就成为气液连续接触的传质表面，净化气体最后从塔顶排出。

填料塔的气液接触时间、液气比均可在较大范围内调节，具有结构简单、压降小、操作稳定、适用范围广、便于用耐腐蚀材料制造、适用于小直径塔等优点。塔径在 800mm 以下时，较板式塔造价低、安装检修容易。但用于大直径的塔时，则存在效率低、重量大、造价高以及清理检修麻烦等缺点。近年来，由于填料结构的改进，新型高效、高负荷填料的开发，既提高了塔的通过能力和分离能力，又保持了压降小及性能稳定的优点，因此填料塔已被推广到所有大型气液操作系统中，在 VOC 污染控制工程中得到广泛应用。

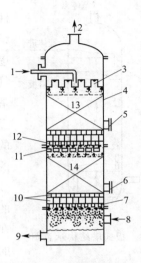

图 5-16　填料塔结构

1—液体入口；2—气体出口；3—液体分布器；
4—外壳；5—填料卸出口；6—入孔；
7，12—填料支承；8—气体入口；9—液体出口；
10—防止支承板堵塞的大填料和中等填料层；
11—液体再分布器；13，14—填料

湍球塔是近十年来发展的高效吸收净化设备，属于填料塔中的特殊塔型，如图 5-17 所示。

湍球塔是以一定数量的轻质小球作为气液两相接触的媒体。塔内有开孔率较高的筛板，一定数量的轻质小球置于筛板上。吸收液从塔上部的喷头均匀地喷洒在小球表面。需处理的气体由塔下部的进气口经导流叶片和筛板穿过湿润的球层。当气流速度达到足够大时，小球在塔内湍动旋转，相互碰撞。气、液、固三相接触，小球表面的液膜不断更新，使得废气与新的吸收液接触，增大了吸收推动力，提高了吸收效率。净化后的气体经过除雾器脱去湿气，由塔顶部的排出管排出塔体。

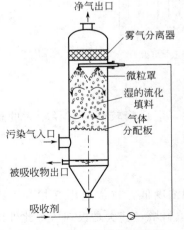

图 5-17　湍球塔结构示意图

湍球塔的优点是气流速度高，处理能力大；设备体积小，吸收效率高；能同时对含尘气体进行除尘；由于填料剧烈地湍动，一般不易被固体颗粒堵塞。其缺点是随着小球运动，有一定程度的返混；段数多时阻力较高；塑料小球不能承受高温，且磨损大，使用寿命短，需要经常更换。湍球塔常用于处理含颗粒物的气体或液体以及可能发生结晶的过程。

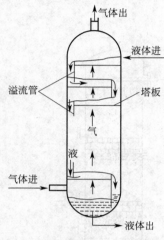

图 5-18　板式塔结构示意图

（2）板式塔　如图 5-18 所示，板式塔通常是由一个呈圆柱形的壳体及沿塔高按一定的间距水平设置的若干层塔板所组成。在操作时，吸收剂从塔顶进入，依靠重力作用由顶部逐板流向塔底排出，并在各层塔板的板面上形成流动的液层；气体由塔底进入，在压差的推动下，由塔底向上经过均布在塔板上的开孔，以气泡的形式分散在液层中，形成气液接触界面很大的泡沫层。气相中部分有害气体被吸收，未被吸收的气体通过泡沫层后进入上一层塔板，气体逐板上升与板上的液体接触，被净化的气体最后由塔顶排出。

板式塔主要按塔内所设置的塔板结构不同分类。板式塔的塔板可分为有降液管及无降液管两大类，如图 5-19 所示。在有降液管的塔板上，有专供液体流通的降液管，每层板上的液层高度可以通过调节溢流挡板的高度来实现，在塔板上气液两相呈错流方式接触，常用的板型有泡罩塔、浮阀塔和筛板塔等；在无降液管式的塔板上，没有降液管，气液两相同时逆向通过塔板上的小孔呈逆流方式接触，常用的板型有筛孔和栅条等。除此以外，还有其他类型的塔盘如导向筛板塔、网孔塔、旋流板塔等。

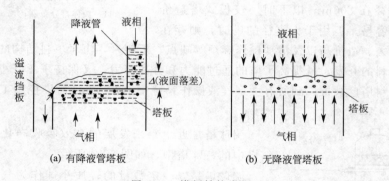

(a) 有降液管塔板　　　　　　　(b) 无降液管塔板

图 5-19　塔板结构类型

与填料塔相比，板式塔的空塔速度高，因而生产能力大，但压降较高。直径较大的板塔，检修清理较容易，造价较低。

5.2.1.2　吸收净化设备的选用

气态污染物吸收净化过程中，一般处理风量大、污染物浓度低，故常选用气相为连续相、湍流程度较高、相界面大的吸收净化设备，最常用的是填料塔，其次是板式塔，此外还有喷淋塔和文丘里洗涤器。常用的吸收净化设备类型及吸收效率如表 5-4 所示。

表 5-4　常用吸收净化设备的比较表

设备名称	吸收效率	主要吸收气体
填料塔	中	SO_2、H_2O、HCl、NO_2
各类板式塔(多孔塔、浮阀塔、泡罩塔、栅板塔)	小~中	Cl_2、HF
喷射塔	小	HF、SiF_4、HCl
旋风洗涤器	小~中	含粉尘多的气体
文丘里洗涤器	中~大	HF、H_2SO_4、烟尘
湍流吸收塔	中	HF、NH_3、H_2S
气泡塔	中	Cl_2、NO_2
旋流板塔	中	SO_2

为了强化吸收过程、降低设备的投资和运行费用，在选用吸收装置时需要考虑以下因素：

① 气、液相之间有较大的接触面积和一定的接触时间，处理能力要大；

② 气流通过时的压力损失小；

③ 结构简单，制作维修方便，造价低廉；

④ 吸收效率高；

⑤ 操作稳定，并有合适的操作弹性；

⑥ 针对具体情况，要求具有耐腐蚀能力。

对于易起泡、黏度大、有腐蚀性和热敏性的物质宜用填料塔；对于处理过程中有热量放出或须加入热量的系统，宜采用板式塔；有悬浮固体和残渣的物料，或易结垢的物料，宜用板式塔中大孔径筛板塔、十字架型浮阀塔和泡罩塔等；传质速率由气相控制，宜用填料塔；传质速率由液相控制宜用板式塔；当处理系统的液气比小时，宜用板式塔；操作弹性要求较大时，宜采用浮阀塔、泡罩塔等；对伴有化学反应（特别是当此反应不太迅速时）的吸收过程，采用板式塔较有利；气相处理量大的系统宜采用板式塔，处理量小的则填料塔更适宜。

喷淋塔、喷射塔及文丘里洗涤器等设备结构简单，造价低，不易堵塞，但能耗高，适用于以除尘为主，同时吸收易溶气体的场合。

填料塔和板式塔生产能力大，吸收效率高，操作弹性大，是目前工业上广泛使用的吸收净化设备。填料塔结构简单，便于用耐腐蚀材料制造，因而在气态污染物控制上被广泛选用。

5.2.1.3　填料塔的设计

填料塔主要由塔体、填料、填料支承装置、液体喷淋装置、液体再分布装置、气体进出口管等部件组成，其设计步骤如下：

（1）收集资料、找出气液平衡关系　根据实地调查或任务书给定的气液物料系统和温度、压力条件，查阅手册或相关资料。若无合适数据可供采用时，则应通过实验找出气液平衡关系。

（2）确定流程　吸收流程可采用单塔逆流流程，也可采用单塔吸收或部分吸收剂再循环的流程，或采用多塔串联、部分吸收剂循环（或无部分循环）的流程。部分吸收剂再循环的主要作用首先是提高喷淋密度，保证完全润湿填料和除去吸收热，其次是可以调节产品的浓度。当设计计算所得填料层高度过高时，应将其分为数塔，然后加以串联。有时填料层虽不太高，但由于系统容易堵塞或其他原因，为了维修方便也可采用数塔串联。

（3）确定吸收剂用量 对于废气处理，一般气、液相浓度都较低，吸收剂的最小用量可按下式计算：

$$L_{\min}=\frac{y_1-y_2}{\frac{y_1}{m}-x_2}G \tag{5-23}$$

式中 y_1，y_2——分别为在塔底进口和塔顶出口的被吸收组分的气相摩尔分数（被吸收组分与惰性气体物质的物质的量之比），kmol/kmol；

x_2——塔顶进口的被吸收组分的液相摩尔分数（被吸收组分与吸收剂的物质的量之比），kmol/kmol；

m——气相液相平衡常数；

G——单位时间通过吸收塔任一截面单位面积的惰性气体的量，即气相摩尔流率，kmol/(m² • h)；

$L_{\min}$——最小液相摩尔流率，kmol/(m² • h)。

为了保证填料表面充分润湿，必须保证一定的喷淋密度，否则操作无法进行。但如果吸收剂用量过大，不但会增加能耗，操作时出现严重带液现象，而且会增加吸收剂再生费用或者造成大量的工业污水，污染环境。因此，一般取吸收剂的用量为

$$L=(1.2-2.0)L_{\min} \tag{5-24}$$

（4）选择填料 填料是填料塔的核心部分，其作用是增大气、液两相的接触表面和提高气相的湍流程度，促进吸收过程的进行。填料的正确选择，对塔的经济性有重要的影响。对于给定的设计条件，常有多种填料可供选用，因此需要对各种填料作综合比较，选择出比较理想的填料。为了填料塔发挥良好的效能，填料应至少符合三个方面要求：一是要有较大的比表面积、良好的润湿性能以及有利于液体均匀分布的形状；二是要有较高的孔隙率；三是要求单位体积填料的重量轻、造价低、坚牢耐用、不易堵塞，有足够的机械强度，对于气液两相介质都有良好的化学稳定性。

填料的种类很多，大致可分为通用型填料和精密填料两大类。如图 5-20 所示，拉西环、鲍尔环、矩鞍和弧鞍填料等属于通用型填料，其特点是适用性好，但效率低，一般由金属、陶瓷、塑料、焦炭及玻璃纤维等材质制成。θ网环和波纹网填料属于精密填料，其特点是效率较高，但要求较苛刻，应用受到限制，其主要材质为金属材料。

图 5-20 填料种类

填料在填料塔内的装填方式有乱堆（散装）和整砌（规则排列）两种。乱堆填料装卸方便，压降大，一般直径在 50mm 以下的填料多采用乱堆方式装填；整砌装填常用规整填料整齐砌成，压降小，适用于直径在 50mm 以上的填料。

　　（5）计算塔径　填料塔直径应根据生产能力和空塔气速 v 确定。若选择小的空塔气速，则压降小，动力消耗少，操作弹性大，设备投资大，而生产能力低；低气速也不利于气液充分接触，会使分离效率降低。若选择较高的空塔气速 v，则不仅压降大，且操作不稳定，难于控制。

　　先用泛点和压降通用关联图计算泛点空塔气速 v，操作空塔气速 v 常为泛点气速的 $50\% \sim 80\%$。图 5-21 是填料塔泛点和压降的通用关联图，此图反映出泛点与压降、填料因子、液气比等参数的关系。当操作空塔气速 v 确定后，填料塔直径 D 由下式计算：

$$D = \sqrt{\frac{4Q}{\pi v}} \qquad (5\text{-}25)$$

式中　D——塔的内径，m；

　　　　Q——操作条件下混合气体的体积流量，m^3/s。

　　由上式计算出来的塔径，尚需根据有关标准规定进行圆整，以便于塔设备的制造和维

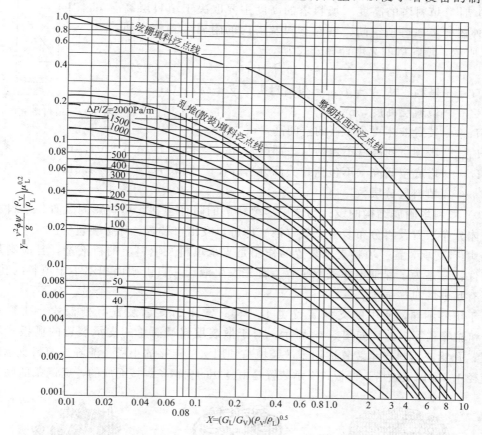

图 5-21　填料塔泛点和压降的通用关联图

v—空塔气速，m/s；g—重力加速度，m/s^2；ϕ—填料因子，m^{-1}；ρ_V，ρ_L—气体和液体的密度，kg/m^3；

ψ—液体密度校正系数，等于水与液体的密度之比；μ_L—液体的黏度，$mPa \cdot s$；G_V，G_L—气、液相的质量流量，kg/h

修。直径在 1m 以下时，间隔为 100mm；直径在 1m 以上时，间隔为 200mm。

塔径确定后，应对填料尺寸进行校核。

（6）计算填料层的总高度 填料层的高度是很重要的。填料层如果太高，塔内液流的壁效应将很严重，这将导致填料表面利用率下降。因此，当填料层高度超过一定数值时，塔内填料要分层，层与层间加设液体再分布器，以保证塔截面上液体喷淋均匀。

从理论上讲，填料层的传质是连续进行的，气、液两相组成连续变化，因此用传质单元数计算填料层高度最为合适。因此，一般采用传质单元法计算填料层的总高度，即

$$Z = H_{OG} N_{OG} \qquad (5\text{-}26)$$

式中 H_{OG}——传质单元高度，m，H_{OG} 值多以经验数据为准；

N_{OG}——传质单元数。

（7）填料层分段 为了减少放大效应，提高塔内填料的传质效率，对于较高的填料层需要进行合理分段。

（8）计算压降 全塔压降由填料层压降和塔内件压降两部分组成。如果计算出的全塔压降超过限定值，则需调整填料的类型、尺寸或降低操作气速，然后重复计算，直至满足条件为止。

（9）计算填料塔的高度 填料塔的高度主要取决于填料层高度，另外还要考虑塔顶空间、塔底空间及塔内的附属装置等。如图 5-22 所示，填料塔的高度计算公式为

$$H = H_d + Z + (n-1)H_f + H_b \qquad (5\text{-}27)$$

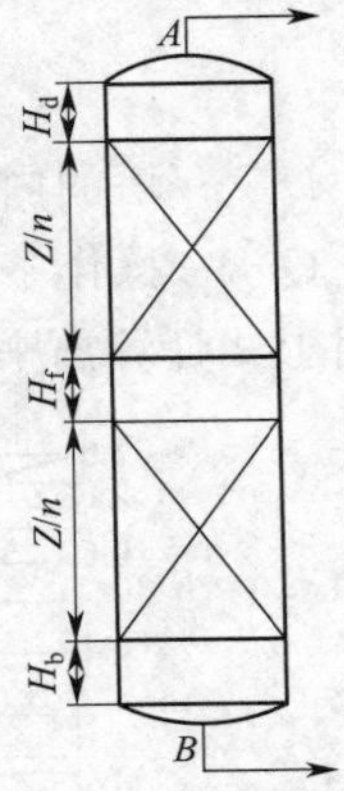

式中 H——塔高（从 A 至 B，不包括封头、支座高），m；

Z——填料层高度，m；

H_f——装置液体再分布器的空间高，m；

H_d——塔顶空间高（不包括封头部分），m，一般取 $H_d = 0.8 \sim 1.4$m；

H_b——塔底空间高（不包括封头部分），m，一般取 $H_b = 1.2 \sim 1.5$m；

n——填料层分层数。

图 5-22 填料塔高度计算图

（10）填料塔附属结构的设计与选用 填料塔的附件包括：填料紧固装置、填料支承装置、液体分布装置及再分布装置、气（液）体进口及出口装置、除雾装置等。

① 填料支承装置。填料支承装置的作用是支承填料及填料上的持液量，且应满足二个基本条件：一是为了保证不在支承装置上首先发生液泛，自由截面积不小于填料的孔隙率；二是应有足够的机械强度。

由于填料不同，使用的支承装置也不一样。常用的支承装置有栅板式、孔管式（图 5-23）和驼峰式等三种，如图 5-23 所示。对于散装填料最简单的支承装置的栅板式填料支承装置；孔管式填料支承装置适用于散装填料和用法兰连接的小塔；驼峰式填料支承装置适用于直径 1.5m 以上大塔。栅板式支承装置是由竖立的扁钢条焊接而成的，扁钢条的间距应为

(a) 栅板式填料支承装置　　　　(b) 孔管式填料支承装置　　　　(c) 驼峰式填料支承装置

图 5-23 三种常见的填料支承装置

填料外径的 0.6～0.7 倍。

② 液体分布装置。液体分布装置，也称液体分布器，对填料塔的操作影响很大。对于液体分布装置，不仅需要使整个塔截面面积的填料表面被均匀地润湿，而且不能过分地产生易被气流带走的细雾沫，而装置本身通道不易堵塞。若液体分布不均匀，则填料层内的有效润湿面积会减少，并可能出现偏流和沟流现象，影响传质效果。

常用的液体分布装置有喷洒式分布器和盘式分布器等，如图 5-24 所示。

喷洒式分布器如图 5-24(a) 所示。一般用于直径小于 600mm 的塔中。其优点是结构简单。缺点是小孔易被堵塞，因而不适用于处理污浊液体。操作时液体的压头必须维持恒定，否则喷淋半径的改变会影响液体分市的均匀性，此外，当风量较大时会产生并夹带较多的液沫。

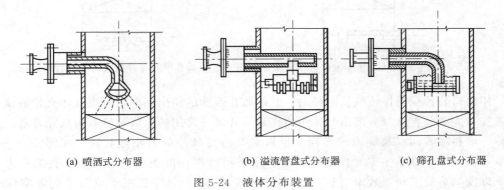

(a) 喷洒式分布器　　(b) 溢流管盘式分布器　　(c) 筛孔盘式分布器

图 5-24　液体分布装置

盘式分布器如图 5-24(b)、(c) 所示。液体加至分布盘上，盘底装有许多直径及高度均相同的溢流短管，称为溢流管式。在溢流管的上端开缺口，这些缺口位于同一水平面上，使管式的自由截面积较大，且不易堵塞。盘式分布器常用于直径较大的塔中，此类分布器的制造比较麻烦，但可以基本实现液体的均匀分布。

③ 液体再分布装置。液体沿填料层下流时，往往有逐渐靠塔壁方向集中的趋势，即壁流现象。在小塔中，由于单位截面积的周边大，此效应更为显著。任何程度的壁流都会造成的液体分布不均，降低填料塔的工作效率。液体再分布器可用来改善液体在填料层处的壁流效应，即在填料层中每隔一定高度应设置液体再分布器，将沿塔壁流下的液体导向填料层内。

常用的液体再分布器为截锥式再分布器（如图 5-25 所示），适用于直径在 600～800mm 以下的填料塔。

图 5-25(a) 所示的截锥式再分布器结构最简单，它的截锥筒体焊在塔壁上，截锥筒本身不占空间，其上下仍能充满填料。图 5-25(b) 所示的截锥式再分布器的结构是在截锥筒的上方加设支承板，截锥下面要隔一段距离再放填料。

④ 气体进口及出口装置。气体进口装置应既能防止塔内下流的液体进入管内而淹没气体通道，又能使气体在塔截面上分布均匀，防止固体颗粒的沉积。对于塔直径小于 2.5m 的小塔，常采用简单进气及分布装置，一种是气流直接进塔装置，一种是具有缓冲挡

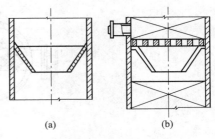

(a)　　　　(b)

图 5-25　截锥式再分布器

板的简单进料装置。当气流进入时，缓冲挡板的阻挡作用使气体从两个侧面环流向上，并均匀地分布到填料层中。

对于塔直径大于 2.5m 的塔，采用上述的气流进入装置的效果较差，这时应采用底部敞开式气体进口管（见图 5-26），管端封口作为缓冲挡板。这种形式的进气装置性能好，应用最为广泛，在大直径、高蒸气负荷时更为适用，且有各种不同的变体以适应不同的需要。其中之一是具有中间缓冲挡板的进气管，如图 5-27 所示，它加大了进口管直径，同时加一中间缓冲挡板将其分割成两个进口。该挡板仅挡住下一半，进入的气体将被挡住一部分，其余部分则从上方通过，进入第二个进口，这样可使气体较均匀地分配入塔。

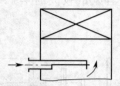　　　　　　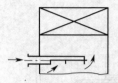

图 5-26　底部敞开式气体进口管示意图　　　图 5-27　具有中间缓冲挡板的进气管示意图

气体出口装置应能保证气流的畅通，并能防止液滴的溢出和积聚。当气体夹带液滴较多时，需安装除雾装置，以分离出气体中所夹带的雾滴。常用的除雾装置有折板除雾器、丝网除雾器、填料除雾器以及旋流除雾器。折板除雾器是最简单的除雾装置，如图 5-28 所示。丝网除雾器（图 5-29）主要元件是针织金属或塑料丝网，由于比表面积大、孔隙率大、结构简单以及除雾效率高（效率可达 90%～99%）、压降小而广泛用于填料塔的除雾沫装置中。但是，丝网除雾器不宜用于液滴中含有固体物质的场合。

⑤ 液体进口及出口装置。液体进口管大都直接与液体分布装置相连，其结构由液体分

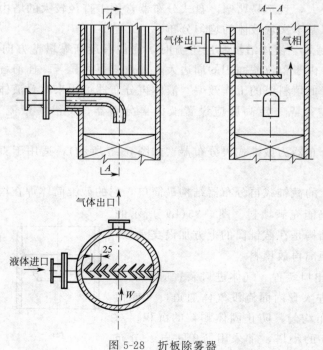

图 5-28　折板除雾器

布装置确定。液体的出口装置既要便于排出塔内所有的液体，又要能将塔内部与外部大气相隔离。对于负压操作的塔设备，必须有液封装置。常用的液体出口装置可采用水封装置，如图 5-30（a）所示。若塔的内外压差较大时，又可采用倒 U 形管密封装置，如图 5-30（b）所示，把塔的下部当作缓冲器，使其具有一定的液体，并保持液面恒定而不另设液封装置。

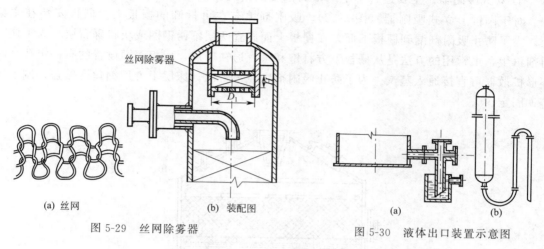

图 5-29　丝网除雾器

图 5-30　液体出口装置示意图

5.2.2　吸附净化设备

气体吸附净化是利用多孔固体吸附剂（如活性炭）将气体混合物中的一种或几种有害组分吸留在吸附剂中，从而达到分离净化目的的过程。吸附净化法通常用来去除废气中低浓度气态污染物，譬如挥发性有机污染物、恶臭污染物、SO_2、NO_x、酸雾、气态汞。

5.2.2.1　吸附净化设备的类型及结构特点

在气态污染物的吸附净化过程中，根据操作的连续性，可以将吸附工艺分为间歇式流程、半连续式流程或连续式流程。根据吸附剂运动状态的不同，吸附净化设备可分为固定床吸附器、移动床吸附器、流化床吸附器等类型。

（1）固定床吸附器　固定床吸附器是最古老的一种吸附装置，但目前仍然是应用广泛的吸附装置。

在固定床吸附器内，吸附剂颗粒均匀、固定不动地堆放在多孔支承板上，成为固定吸附剂床层，仅气体流经吸附床。根据气体流动方向不同，固定床可分为立式、卧式和环式三种，如图 5-31 所示。其中一段式固定床层厚 1m 左右，适用于浓度较高的废气净化，其他形式固定床层厚为 0.5m 左右，适用于浓度较低的废气净化。

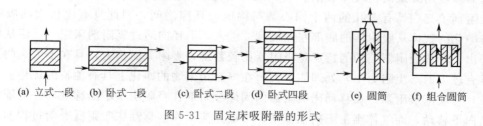

(a) 立式一段　(b) 卧式一段　(c) 卧式二段　(d) 卧式四段　(e) 圆筒　(f) 组合圆筒

图 5-31　固定床吸附器的形式

固定床吸附器由于结构简单、工艺成熟、制作容易，所以特别适用于小型、分散、间歇性的污染源治理。固定床吸附器的缺点是间歇性操作。因此在设计流程时应根据其特点，设计多台吸附器互相切换，以保证操作正常运行。

固定床吸附器按照床层吸附剂的填充方式可分为立式、卧式和环式三种。

① 立式吸附器。主要适合于小风量高浓度的情况。该吸附器可分为圆锥形和椭圆形两种。对于圆锥形立式吸附器（图 5-32），吸附剂填充在可拆卸的栅板上，栅板安装在主梁上。为了防止吸附剂漏到栅板下面，在栅板上面放置两层不锈钢网或块状砾石层。为了使吸附剂再生，最常用的方法是从栅板下方将饱和蒸汽通往床层，栅板下面设置的有一定孔径的环形扩散器可直接通入蒸汽。为了防止吸附剂颗粒被带出，床层上方用钢丝网覆盖，网上用铸铁固定。

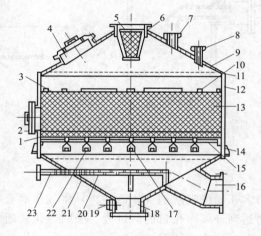

图 5-32　圆锥形立式吸附器

1—砾石；2—卸料机；3—网；4—装料孔；5—原料混合物及通过分配阀用于干燥和冷却的空气入口接管；
6—挡板；7—脱附时蒸汽排出管；8—安全阀接管；9—顶盖；10—重物；11—刚性环；12—外壳；
13—吸附剂；14—支撑环；15—栅板；16—净化气出口接管；17—梁；18—视孔；19—冷凝液排放及
供水装置；20—扩散器；21—底锥体；22—梁的支架；23—进入扩散器的水蒸气接管

② 卧式吸附器。固定床卧式吸附器主要适合处理风量大、浓度低的气体，缺点是床层截面积大，容易造成气流分布不均匀。卧式吸附器壳体为圆柱形，封头为椭圆形，壳体用不锈钢板或碳素钢板制成。吸附剂床层高度为 0.5～1.0m。在图 5-33 所示的吸附器中，待净化的气体从入口接管被送入吸附剂床层的上方空间，净化后的气体从吸附剂床层底部接管排出。用于吸附的饱和蒸汽经一定孔径的环形扩散器送入，然后从吸附器顶部接管排出。

③ 环式吸附器。环式吸附器的结构比立式和卧式吸附器要复杂。目前使用的环式固定床吸附器多使用纤维活性炭作吸附材料，用以净化有机蒸气。环式吸附器结构如图 5-34 所示。吸附剂填充在具有多孔的两个同心圆筒构成的环隙之间，因此具有比较大的吸附截面积。待净化的气体从吸附器的底部左侧接管 2 进入，沿径向通过吸附剂床层，然后从底部中心管排出。环式吸附器结构的特点是吸附器比较紧凑，吸附截面积大，且在不太高的流体阻力下具有较大的产生阻力小，处理能力大，在气态污染物的净化上具有独特的优势。

（2）移动床吸附器　在移动床吸附器内固体吸附剂在吸附层中不断移动，一般固体吸附剂由上向下移动，而气体则由下向上流动，形成逆流操作。移动床吸附器吸附过程实现连续

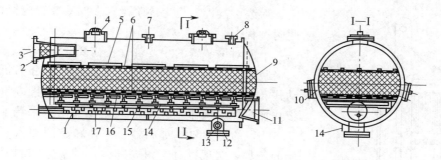

图 5-33　BTP 卧式吸附器

1—壳体；2—吸附时送入蒸汽空气混合物及干燥和冷却时送入空气的接管；3—分布网；4—带有防爆板的装料孔；
5—重物；6—网；7—安全阀接管；8—脱附段蒸汽出口接管；9—吸附剂床层；10—卸料孔；
11—吸附阶段导出净化气体及干燥和冷却时导出废空气的接管；12—视孔；
13—排出冷凝液和供水的接管；14—梁的支架；15—梁；16—可拆卸栅板；17—扩散器

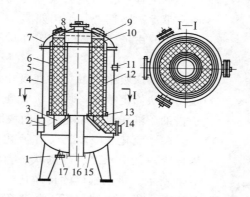

图 5-34　BTP 环式吸附器

1—支脚；2—蒸汽空气混合物及用于干燥和冷却的空气入口接管；3—吸附剂筒底支座；
4—壳体；5—多孔外筒；6—多孔内筒；7—顶盖；8—视孔；9—装料孔；10—补偿料斗；11—安全阀接管；
12—活性炭层；13—吸附剂筒底座；14—卸料孔；15—器底；16—净化气体和废空气出口及水蒸气入口接管；
17—脱附排出蒸汽和冷凝液及供水用接管

化，克服了固定床间歇操作带来的弊病，适用于稳定、连续、大量的气体净化。缺点是动力和热量消耗较大，吸附剂磨损严重。

典型的移动床吸附器的结构如图 5-35 所示。最上段是冷却器 7，用于冷却吸附剂，下面是吸附段Ⅰ、精馏段Ⅱ、汽提段Ⅲ，它们之间由分配板 6 分开。吸附段中装有脱附器，它和冷却器一样，也是列管式换热器。在它的下部，还装有吸附剂卸料板 5、料面指示器 12、水封管（封闭装置）3、卸料闸门（卸料阀门）2。

移动床吸附器的工作原理：经脱附后的吸附剂从设备顶部进入冷却器，温度降低后，经分配板进入吸附段，借重力作用不断下降，通过整个吸附器。需净化的气体，从上面第二段分配板下面引入，自下而上通过吸附段，与吸附剂逆流式接触，易吸附的组分全被吸附。净化后的气体从顶部引出。吸附剂下降到汽提段时，由底部上来的脱附气（即易吸附组分），与其接触，进一步吸附，并将难吸附气体置换出来，使吸附剂上的组分更纯，最后进入脱附器，在这里用加热法使被吸附组分脱附出来，吸附剂得到再生。脱附后的吸附剂用气力输送到塔顶，进入下一个循环操作。由此可见，吸附剂在下降过程中，经历了冷却、降温、吸

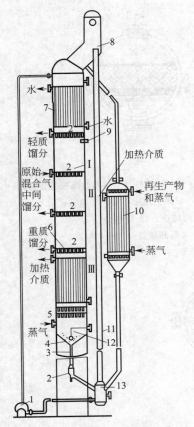

图 5-35　活性炭移动床吸附装置
Ⅰ—吸附段；Ⅱ—精馏段；Ⅲ—汽提段；
1—鼓风机；2—卸料闸门；3—水封管；
4—水封；5—卸料板；6—分配板；
7—冷却器；8—加料斗；9—热电偶；
10—再生器；11—气流输送管；
12—料面指示器；13—收集器

附、增浓、汽提、再生等阶段，在同一装置内交错了吸附、脱附过程。

下面对该装置的主要部件作简要介绍。

吸附剂加料装置：加料装货装置一般分为机械式和气动式。机械式加料器如图 5-36 所示，对于图 5-36(a) 的闸板式加料器，固体颗粒的加入速度靠闸板来调节；对于图 5-36(b) 的星形轮式加料器，固体颗粒的加入靠改变星形轮的转数来实现；对于图 5-36(c) 的盘式加料器，是以改变转动圆盘的转数来调节吸附剂的加入量。脉冲气动式加料器的操作原理为用电磁阀控制的气源周期性地通气和断气，从而使置于圆盘中心上方的气嘴周期性地向存在于圆盘上的颗粒雾料吹气，致使盘上的物料被周期性地排出。

分配板：作用是使气体分布均匀，气体与吸附剂分离而不带走吸附剂，其结构如图 5-37 所示。气体汇集在塔盘下面，并由塔壁周围均匀分布的几个口排出，进入环形集气管。

移动床吸附剂的移动速度由卸料装置控制，最常见的是由两块固定板和一块移动板组成，如图 5-38 所示，移动板借助于液压机械来完成在两块固定板间的往复运动。

（3）流化床吸附器　在流化床吸附器中，吸附层内的固体吸附剂呈悬浮、沸腾状态。流化床吸附器的结构如图 5-39 所示。进入锥体的待净化气体以一定速度通过筛板向上流动，进入吸附段后，将吸附剂吹起，在吸附段内，完成吸附过程。净化后气体进入扩大段后，由于气流速度降低，气体中夹带的固体吸附剂再回到吸附段，而气体则从出口管排出。

流化床吸附器的缺点是，气固逆流操作，气体与固体接触相当充分，气流速度比固定床的气流速度大 3～4 倍以上，吸附速度快，处理风量大，吸附剂可循环使用。所以该工艺强化了生产能力，对于连续性、大风量的污染源治理非常适合。其缺点是，动力和热量消耗较大，吸附剂强度要求高。

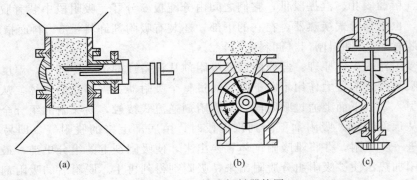

|(a)|(b)|(c)|

图 5-36　机械式加料器简图

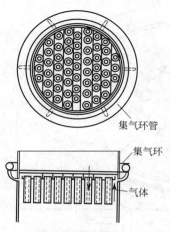

集气环管

集气环

气体

图 5-37　移动床吸附器分配板的结构装置

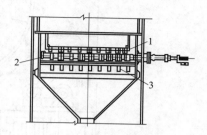

图 5-38　吸附剂卸料装置
1,3—固定板；2—移动板

（4）旋转床吸附器　旋转床吸附器的结构如图 5-40 所示。在转筒上按径向以放射状分为若干个吸附室，各室均装满吸附剂。操作时，需净化的空气从转筒外环室进入各吸附室，净化后不含溶剂的空气从鼓心引出。再生时，吹扫蒸汽自鼓心引入吸附室，将吸附的溶剂吹扫出去。经收集、冷凝、油水分离后，有机溶剂可回收利用。为了保证空气净化达到要求的程度，吸附操作在吸附剂未饱和前，就应进入再生。

旋转床吸附器优点：①解决了移动床移动时吸附剂的磨损问题；②能实现连续操作，处理风量大，易于实现自动控制；③气流压力损失小；④设备紧凑。

旋转床吸附器缺点：①动力损耗大；②需要一套减速传动机构，转筒与接管的密封也比较复杂；③由于蒸汽吹扫之后，吸附剂没有冷却时间，因而温度可能较高，吸附程度可能受一定影响。

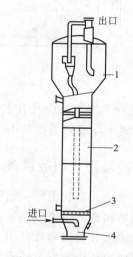

出口

进口

图 5-39　流化床吸附器
1—扩大段；2—吸附段；3—筛板；4—锥体

5.2.2.2　吸附器的选用

选择吸附器应注意：

① 气体污染物连续排出时应采用连续式或半连续式的吸附流程，可选用移动床吸附器或流化床吸附器；间断排出时采用间歇式吸附流程，可选用固定床吸附器。

② 排气连续且风量大时，可采用流化床或移动床吸附器。排气连续但风量较小时，则可考虑使用旋转床吸附器。

③ 固定床吸附器可用于各种场合，特别适合于小型、分散、间歇性的污染源治理。

④ 根据流动阻力、吸附剂利用率酌情选用不同型式的吸附器。

⑤ 处理的废气流中含有粉尘时，应先用除尘器除去粉尘。

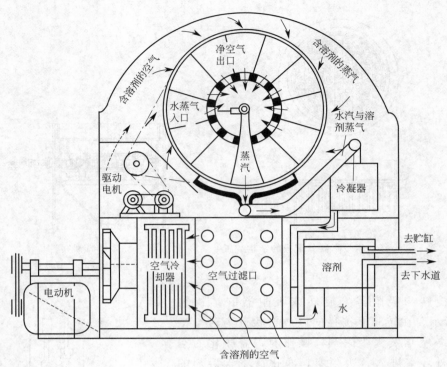

图 5-40　旋转床吸附器结构示意图

⑥ 处理的废气流中含有水滴或水雾时，应先用除雾器除去水滴或水雾。对气体中水蒸气含量的要求随吸附系统的不同而不同。

5.2.3　冷凝净化回收设备

冷凝净化法是利用同一物质在不同温度下具有不同饱和蒸气压，或不同物质在同样温度下有不同饱和蒸气压这一性质，采用降低系统温度或提高系统压力，将蒸气状态的污染物冷却凝结成液体并加以回收利用。冷凝回收所需设备和操作条件比较简单，回收物质的纯度比较高，但单独使用冷凝方法不易达到污染物排放标准，而且净化程度越高则操作费用越高。因此，冷凝法一般不单独使用，常作为吸收、吸附、燃烧等净化方法的前置处理，以减轻后续处理负荷，并可在低成本下回收高纯度物质。

冷凝净化工艺适用于回收低风量、高浓度有害物质，例如高浓度有机溶剂蒸气、高浓度HCl 废气、氯碱工业中的高浓度含汞蒸气等。浓度越高越有利于废气冷凝，所以很多企业将冷凝回收工艺作为废气治理中的预处理模块。冷凝回收与活性炭吸附脱附搭配使用，目前已广泛应用在加油站及储油罐区，不但可以降低废气中有机物质的挥发量，还可以将这部分挥发的有机物回收，如汽油、乙酸乙酯、乙醇等，既达到国家地区环保的排放要求，又取得一定的经济效益。

冷凝回收设备按冷却介质与废气是否直接接触，可分为接触冷凝器和表面冷凝器两类。

5.2.3.1　接触冷凝器

在接触冷凝器（又称混合冷凝器）里，冷却介质（通常为水）与废气直接接触进行热交换，废气中的气态污染物冷凝，冷凝液与冷却介质以废液的形式排出冷凝器。

接触冷凝器优点有利于传热和解决防腐问题，冷却效果好，设备简单，但要求废气中的组分不会与冷却介质发生化学反应，也不能互溶，否则难以分离回收。油类物质可以按密度不同加以分离回收。为防止二次污染，冷凝液需要进一步处理。

接触冷凝器主要类型有喷射式、喷淋式、填料式和塔板式，如图 5-41。

（1）喷射式接触冷凝器　如图 5-41（a）所示，这种冷凝器喷出的水流既可将蒸气冷凝，又将不冷凝气（如废气）带出，不需另加抽气设备。这种冷凝器冷却水用量较大，喷射式冷凝器应保证有充足的压力，这样使冷却水尽可能分散，以增加两相之间的接触面积。

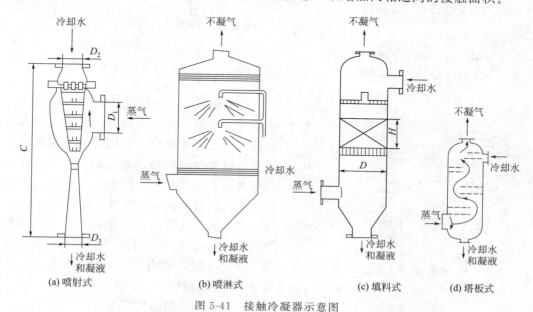

图 5-41　接触冷凝器示意图

（2）喷淋式接触冷凝器　如图 5-41（b）所示，喷淋式接触冷凝器结构类似喷淋塔，它是利用塔内喷嘴将冷却的水分散在废气中，在液体表面进行热交换。为了要增加接触面积，常常把液体喷成微小的雾状，但在实际操作中，雾化的程度要根据混合器的工作情况来选择。

（3）填料式接触冷凝器　如图 5-41（c）所示，填料式接触冷凝器的结构类似于填料吸收塔，它是利用填料表面进行热交换。填料的比表面积和孔隙率越大，越有利于增加接触面积和减少阻力。

（4）塔板式接触冷凝器　如图 5-41（d）所示，塔板式接触冷凝器的结构类似于板式吸收塔。塔板筛孔直径为 3～8mm，开孔率为 10%～15%。与填料塔相比，单位容积的传热量大，但阻力较大。

5.2.3.2　表面冷凝器

表面冷凝器又称为间壁式冷凝器，它是使用间壁把废气与冷却介质分开，使其不互相接触，通过间壁将废气中的热量移除，使其冷却。因而冷凝下来的液体很纯，可以直接回收利用。表面冷凝器冷却介质用量大，要求被冷却污染物中不含有微粒物或黏性物，以免在器壁上沉积而影响换热。

间接冷凝器有列管式冷凝器、翅管空冷冷凝器、螺旋式冷凝器、喷洒式冷凝器等四种。

（1）列管式冷凝器　如图 5-42 所示，列管式冷凝器是一种传统的标准设备，其结构简单、坚固、处理能力大，适应性较强，操作弹性较大。

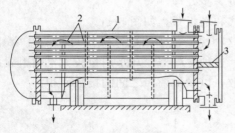

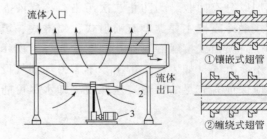

图 5-42　列管式冷凝器
1—壳体；2—挡板；3—隔板

图 5-43　翅管空冷冷凝器
1—翅管；2—鼓风机；3—电动机

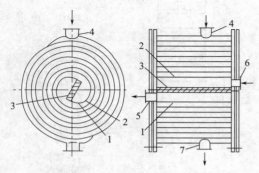

图 5-44　螺旋式冷凝器
1，2—金属片；3—隔板；4，5—冷流体连接管；
6，7—热流体连接管

（2）翅管空冷冷凝器　如图 5-43 所示，翅管空冷冷凝器，也称空冷器，其特点是冷凝管外装有许多金属翅片，利用空气在翅管的外面流过，以冷却冷凝管内通过的流体。翅管空冷冷凝器具有节水优点，但设备体积庞大，占用空间大，动力消耗大，适用于缺水地区。

（3）螺旋式冷凝器　螺旋式冷凝器结构如图 5-44 所示，传热元件由螺旋形板组成的冷凝器。该类冷凝器结构紧凑，传热性能好，传热效率高，比列管式冷凝器高 1～3 倍，不易堵塞，但操作压力和温度不能太高。

（4）喷洒式冷凝器　在喷洒式冷凝器中，冷却水自上而下喷淋，被冷却的流体在管内流动。该类冷凝器结构简单，传热效果好，便于检修和清洗，但占地较大，水滴易溅洒到周围环境，且喷淋不易均匀。

5.2.3.3　冷凝器选型

冷凝器的选型计算主要是确定冷凝器的传热面积，选定适用型号的冷凝器，计算冷却剂（水或空气）的流量及通过冷凝器时的流动阻力。选型注意以下几点：

① 根据当地条件确定采用冷凝器的类型，如水质、空气质量等；
② 总换热面积应满足最大负荷要求并有裕量；
③ 冷凝器台数一般应与压缩机对应；
④ 水或空气侧流动阻力要合适，不能太大；
⑤ 技术经济比较，注意初投资与运行费用的综合考虑，大、中型系统蒸发式冷凝器与水冷冷凝器＋冷却塔初投资基本相等，前者运行费低，但维护费用最高。

5.2.4　气固催化反应设备

气固相接触催化反应是将反应原料的气态混合物在一定的温度、压力下通过固体催化剂的催化作用，将废气中的有害气体转化成无害物质或转化成易于进一步处理的物质。例如，将氮氧化合物转化成氮气，二氧化硫转化成三氧化硫，碳氢化合物转化成二氧化碳和水。这类反应方式在工业上有广泛的应用，催化法对不同浓度的废气均有较高的转化率，但催化剂价格较高，还要消耗热能源，故适用于处理连续排放的高浓度废气。催化法净化气态污染物的主要设备是气固相催化反应器。

5.2.4.1　气固催化反应器类型及结构特点

反应器分固定床催化反应器和流化床催化反应器两大类。目前，中小型设备主要采用固定床催化反应器，且多为间歇式操作，而大型设备多为流化床催化反应器。

（1）固定床催化反应器　固定床催化反应器的特点是反应器内填充有固定不动的固体催化剂。该反应器结构简单，体积小，催化剂用量小，且在反应器内磨损少，气体与反应剂接触紧密，催化效率高，气体在反应器内的停留时间容易控制。

其缺点是催化剂层的温度不均匀，当床层较厚或气体穿过速度较高时，动力消耗大，不能采用细粒催化剂，以免被气流带走，催化剂更换或再生也不方便。

根据换热要求和方式的不同，固定床催化反应器可分为绝热催化和换热式两种。用于气态污染物净化的反应器通常为绝热催化反应器，该反应器又可分为单段式、多段式、列管式等类型，如图 5-45 所示。

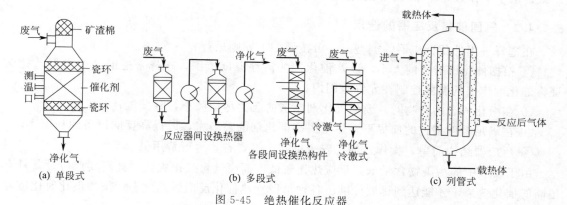

图 5-45　绝热催化反应器

① 单段绝热催化反应器。单段绝热催化反应器的外形一般呈圆筒形，在反应器的下部装有栅板，催化剂均匀堆置其上形成床层。气体由上部进入，均匀通过催化剂床层并进行反应。整个反应器与外界无热量交换。该反应器的优点是结构简单，气体分布均匀，反应空间利用率高，造价低，适用于反应热效应较小、反应过程对温度变化不敏感、副反应较少的反应过程。

② 多段绝热催化反应器。多段绝热催化反应器实际上可看作是串联起来的单段绝热催化反应器。它把催化剂分成数层，热量由二个相邻床层之间引出（或加入），避免了床层热量的积累，使得每段床层的温度保持在一定的范围内，并具有较高的反应速率。多段绝热催化反应器又分为反应器间设换热器、各段间设换热构件、冷激式等几种形式。这种反应器适用于中等热效应的反应。

③ 列管绝热催化反应器。列管绝热催化反应器的结构与列管式换热器相似。通常在管内装填催化剂，管间通入热载体；或者在管内通入热载体，而管间装填催化剂。列管绝热催化反应器传热效果好，适用于反应热特别大的情况。

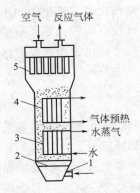

图 5-46 单层流化床反应器

1—进气口；2—布气板；3—冷却器；

4—预热器；5—过滤器

（2）流化床催化反应器 流化床催化反应器的原理与流化床吸附器相类似，形式有多种，这里仅介绍一种单层床且内设有换热器的反应器，如图 5-46 所示。废气由底部的进气口送入，经过布气板进入流化床的反应区。催化剂在气流的作用下，悬浮起来并呈流态化，反应产生的热量由冷却器吸收并向外输出，使冷却水转化成水蒸气再利用。在反应器上部设有预热器，使被处理的气体通过预热器吸收反应热，同时将反应后的气体冷却。最后，反应后的气体经过多孔陶瓷过滤器排出。为了防止催化剂微粒堵塞过滤器，将压缩空气由顶部吹入进行反吹清灰。

流化床催化反应器的主要优点：采用细颗粒催化剂，有利于采用细颗粒催化剂，有利于催化剂表面与废气接触，传质和反应转化率效率高；传热效率高，床层温度均匀；便于催化剂的连续再生和循环操作。

流化床催化反应器的主要缺点：由于返混作用，对于某些反应转化率和选择性不如固定床式；由于操作过程中催化剂在激烈运动中相互碰撞，所以催化剂容易磨损流失。

5.2.4.2 气固催化反应器的选用

在选择气固催化反应器的类型时，可按照如下原则进行。

① 根据催化反应器的大小，以及催化剂的活性温度范围，选择合适的结构类型，并保证将催化剂床层的温度控制在允许范围内；

② 在净化气态污染物时，要使催化剂床层的阻力尽量减小，降低能耗；

③ 在满足温度条件的前提下，尽量提高催化剂的装填率，以提高反应设备的利用率；

④ 反应器结构简单，操作方便，安全可靠，投资省，运行费用低。

由于废气中的污染物含量低，反应热比较低，而废气量又很大，因此需要反应设备具有很高的催化效果，才能达到排放标准。各种单段绝热催化反应器在气态污染物催化时比较常用。目前，NO_x 催化、有机废气催化燃烧及汽车尾气净化大多采用单段绝热催化反应器。

现有的烟气脱硝技术有选择性催化还原（SCR）、选择性非催化还原（SNCR）、SNCR-SCR 联合法等三种。三种方法各有千秋，在世界范围内都得到较快的发展，目前 SCR 工艺技术在工业上应用最广。SCR 工艺是利用还原剂（NH_3）对 NO_x 的还原功能，在催化剂的作用下，将 NO_x 还原为 N_2 和水。"选择性"指氨有选择性地将 NO_x 进行还原反应。SCR 装置一般布置在锅炉省煤器出口与空气预热器入口之间，催化反应温度 300～400℃。

如图 5-47 所示，SCR 烟气脱硝系统一

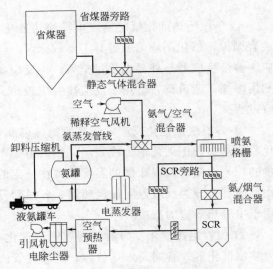

图 5-47 SCR 烟气脱硝系统组成

般由氨的储存系统、氨与空气混合系统、氨气喷入系统、反应器系统、省煤器旁路、SCR 旁路、检测控制系统等组成。液氨从液氨罐车由卸料压缩机送入液氨罐，再经过蒸发槽蒸发为氨气后通过氨缓冲槽和输送管道进入锅炉区，通过与空气均匀混合后由分布导阀进入 SCR 反应器内部反应，SCR 反应器设置于空气预热器前，氨气在 SCR 反应器的上方，通过一种特殊的喷雾装置和烟气均匀分布混合，混合后烟气通过反应器内催化剂层进行还原反应。

5.2.5　燃烧净化设备

废气燃烧净化法是将废气中有害的可燃组分经过高温氧化分解生成 CO_2、H_2O、NO_x 等产物的方法。废气燃烧工艺一般分为直接燃烧（简称 TO）、蓄热式燃烧（简称 RTO）、催化燃烧（简称 CO）、蓄热式催化燃烧（简称 RCO）等 4 种，只是燃烧方式和换热方式的两两不同组合，主要可以用于处理吸附浓缩气，也可以用于直接处理废气浓度＞3.5g/m³ 的中高浓度废气。

（1）直接燃烧（TO）　它是将高浓废气送入燃烧室直接燃烧（燃烧室内一般有一股长明火），废气中有机物在 750℃以上燃烧生成 CO_2 和水，高温燃烧气通过换热器与新进废气间接换热后排掉，换热效率一般≤60%导致运行成本很高，只在少数能有效利用排放余热或有副产燃气的企业中应用。

（2）蓄热式燃烧（RTO）　它的燃烧方式与直接燃烧（TO）相同，只是将换热器改为蓄热陶瓷，高温燃烧气与新进废气交替进入蓄热陶瓷直接换热，热量利用率可提高到 90%以上，运行成本较低，是目前国家主推的废气治理工艺。

（3）催化燃烧（CO）　它是采用贵重金属催化剂降低废气中有机物与氧气的反应活化能，使得有机物在 250～350℃较低的温度就能充分氧化生成 CO_2 和 H_2O，属无焰燃烧，高温氧化气通过换热器与新进废气间接换热后排掉，热量利用率一般≤75%，常用于处理吸附剂再生脱附出来的高浓度废气。

（4）蓄热式催化燃烧（RCO）　它的燃烧方式与催化燃烧（CO）相同，换热方式与 RTO 相同，具有 RTO 高效回收能量的特点和催化反应低温工作的优点，其热回收率高达 95%以上。RCO 处理技术特别适用于热回收率要求高的场合，也适用于同一生产线上因产品不同、废气成分经常发生变化或废气浓度波动较大的场合。

蓄热式热力氧化炉和催化燃烧设备是近些年来发展起来的新型设备，在挥发性有机化合物（VOC）治理工程领域中得到越来越广泛应用。

5.2.5.1　蓄热式热氧化炉

蓄热式热氧化炉（RTO）又称回热燃烧器，它利用高温氧化去除废气，将废气转化为 CO_2 和 H_2O，并回收废气分解时所释放出的热量，从而达到环保节能的双重目的。

RTO 实质上是蓄热式换热器与常规加热炉的结合体，主要由一个加热炉炉体、两个或者两个以上蓄热室、换向系统以及燃料、供风和排烟系统构成。RTO 炉内部配有蓄热陶瓷体，可以高效地吸收并利用有机废气燃烧释放的热量，用来维持设备本身的温度，并可用多余的热量给生产线提供热能，从而达到节约生产成本的目的。

如图 5-48 所示，RTO 主体结构由燃烧室、陶瓷填料床和切换阀等组成。RTO 系统中设置了多个蓄热室，每个蓄热室依次经历蓄热—放热—清扫等程序，周而复始，连续工作。

蓄热室放热后应立即引入适量洁净空气对该蓄热室进行清扫，待清扫完成后方可进入蓄热程序，否则残留的 VOC 随烟气排放到大气中，会降低处理效率。

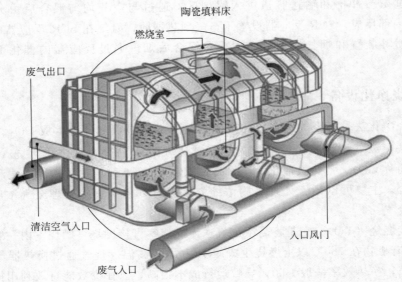

图 5-48　RTO 主体结构

RTO 系统处理有机废气工作原理：对有机废气进行预处理操作后，将其通入炉体内，加热到一定温度（通常 760℃ 以上），使废气中的有机成分发生氧化还原反应，生成小分子无机物（如 CO_2、H_2O），经风机、烟囱排入大气。氧化产生的高温气体流经陶瓷蓄热体，使陶瓷体升温而蓄热，用于预热后续进入的有机废气，从而节省废气升温的燃料消耗。

RTO 发展分四代：第一代 RTO 是单体式结构，以最简单的一进一出为风流导向；第二代 RTO 采用阀门切换式，有两个或多个陶瓷填充床，通过阀门的切换，改变气流的方向，从而达到预热 VOC 废气的目的；第三代 RTO 采用旋转式分流导向，并把炉膛内蓄热体分成多个等份的单体密封单元，通过不停转动把 VOC 导向至各个蓄热体单元进行氧化；第四代 RTO 是最新的治理供热一体化设备，采用旋转式阀门分流，把多个蓄热室紧凑结合为一个燃烧室，内置换热器或热风调节装置，达到治理废气的同时满足供热需求。

在我国，旋转 RTO 是近几年发展起来的，公认的占据主流地位的仍是三室塔式 RTO，净化效率高于旋转式 RTO。

RTO 系统对 VOC 净化效率高，节能效果显著，譬如三室 RTO 废气分解效率达 99% 以上，热回收效率达到 95% 以上。近年来在烘炉废气、喷涂、印刷、电子、医药等领域，得到了广泛的应用，不仅适用于处理中高浓度的 VOC 废气，又适用于处理大风量、低浓度的 VOC 废气。

RTO 缺点：装置重量大，因为采用陶瓷蓄热体；装置体积大，只能放在室外；要求尽可能连续操作；一次性投资费用相对较高；不能彻底净化处理含硫、含氮、含卤素的有机物。

5.2.5.2　催化燃烧设备

催化燃烧技术是指废气经管道由风机送入热交换器，将废气加热到催化燃烧所需要的起燃温度，再通过催化剂床层使之燃烧的技术。由于贵金属或过渡金属催化剂的存在，催化燃烧设备的起燃温度约为 $250 \sim 300℃$，大大低于直接燃烧法的燃烧温度 $650 \sim 800℃$，因此能耗远比直接燃烧法要低。催化燃烧法处理有机废气的净化率一般都在 95% 以上，最终产物主要为 CO_2 和 H_2O。

当处于低风量、中高浓度有机废气环境下，蓄热式催化燃烧（RCO）直接使用效果最好。当有机废气的流量大、浓度低、温度低、采用催化燃烧需消耗大量燃料时，可采用吸附浓缩＋催化燃烧组合工艺。

活性炭吸附浓缩＋催化燃烧系统主要由过滤器、吸附床、催化燃烧系统、换热器、加热器、阻燃器、电气控制系统及通风管道、阀门等组成。有机废气经过干式过滤、吸附浓缩、脱附、催化燃烧等过程：有机废气经收集首先进入干式过滤器中，然后干燥废气进入活性吸附床，利用活性炭吸附有机废气，达标的气体在吸附风机的引力下由烟囱排入大气中；活性炭吸附设备中的某一组达到饱和状态时，进出风量调节阀自动关闭，活性炭吸附床上的脱附阀门打开，脱附风机运行，新鲜空气进入换热器后进入加热器中，被加热至 $50 \sim 120℃$ 的空气进入活性炭吸附床，饱和活性炭通过热空气吹扫后再生重新投入使用；脱附出来的高浓度有机废气（通常浓缩了 $10 \sim 20$ 倍）在脱附风机的引力下进入催化燃烧器，有机废气被电加热器继续加热至 $250℃$ 以上，在催化剂的作用下，有机废气催化燃烧分解成 CO_2 和 H_2O，并释放出大量热量，该热量通过热交换器换热回收一部分能量后，与常温的气体在脱附风机的引力下由烟囱排入大气中。

思考题与习题

1. 按照捕集分离尘粒的机理，除尘设备可分为哪些类型除尘器？各有什么特点及其适合范围？

2. 评价除尘设备的技术指标和经济指标有哪些？

3. 袋式除尘器的除尘机理是什么？它对滤料有哪些要求？

4. 袋式除尘器有几种清灰方式？各有什么特点？

5. 电除尘器性能的主要影响因素是什么？试就其进行分析。

6. 电晕线有哪几种形式？各有何特点？电晕线的固定方式又如何？

7. 试说明电除尘器的结构组成。

8. 气态污染物种类有哪些？针对气态污染物目前国内外采用的主要净化技术有哪些？

9. 吸收净化法的基本原理、净化对象是什么？

10. 吸收净化设备有哪些？各有何特点？

11. 吸附净化法的基本原理及净化对象是什么？

12. 吸附净化设备类型及其结构特点是什么？

13. 冷凝净化法的基本原理及其使用场合是什么？

14. 接触冷凝净化设备包括哪几类？各自特点是什么？

15. 表面冷凝器包括哪几类？各自特点是什么？

16. 简述气固催化反应器类型及结构特点。

17. 对比分析直接燃烧、蓄热式燃烧、催化燃烧、蓄热式催化燃烧等 4 种燃烧工艺的特点。

18. 简述蓄热式热氧化炉（RTO）的工作原理及技术特点。

19. 试分析活性炭吸附浓缩＋催化燃烧组合工艺。

20. 应用一管式电除尘器捕集气体流量为 $0.075\text{m}^3/\text{s}$ 的烟气中的粉尘，若该除尘器的圆筒形集尘板直径 0.3m，筒长 $L=3.66\text{m}$，粉尘粒子的驱进速度为 12.2cm/s，试确定当烟气气体均匀分布时的除尘效率。

21. 设计电除尘器用来处理石膏粉尘，处理风量为 $129600\text{m}^3/\text{h}$，入口含尘浓度为 $3\times10^{-2}\text{kg/m}^3$，要求出口含尘浓度降至 $1.5\times10^{-5}\text{kg/m}^3$。试计算该除尘器所需极板面积、电场断面积、通道数和电场长度。

22. 某水泥厂预热器窑层需设置一台电除尘器，经增湿调质后的烟气量为 $10\times10^4\text{m}^3/\text{h}$。除尘器进口浓度最高为 60g/m^3，要求出口浓度低于 130mg/m^3，试设计电除尘器。

第 **6** 章　污水处理设备

近年来，污水处理设备产品种类和数量逐年增加，为水处理工程项目建设的良好发展提供了保证。本章涉及的污水处理设备包括分离设备、曝气设备、活性污泥法处理设备、生物膜法处理设备、膜生物反应器、厌氧生物处理设备、污泥机械脱水设备等，这些设备既有常见设备，又有近年来开发的新型设备。重点介绍这些设备的工作原理、结构特点及应用场合。

6.1　分离设备

6.1.1　格栅除污机

格栅除污机是给排水处理中不可缺少的设备，供水厂源水进水口、污水及雨水提升泵站、污水处理厂等的进水口处都设有格栅除污机，用于清除粗大的漂浮物（如垃圾、草木、纤维状物质）以及较大的固体悬浮物等，以达到保护其他机电设备正常运行和减轻后续工序处理负荷的目的。常用的机械格栅除污机的类型有链条式、移动伸缩臂式、钢丝绳牵引式、回转式等。

水泵前栅条间隙应根据水泵要求确定，当不分设粗、细格栅时，可选用较小的栅条间隙，见表 6-1。栅条间隙不宜过小，否则耙齿易被卡住。

表 6-1　栅条的间隙

水泵口径/mm	栅条间隙/mm	水泵口径/mm	栅条间隙/mm
<200	15~20	500~900	40~50
200~450	20~40	1000~3500	50~75

格栅除污机的格栅一般与水平面成 $60°\sim75°$，有时成 $90°$ 安置。设计面积一般应不小于进水管渠有效面积的 1.2 倍。使用机械格栅时，一般应不少于二台。如设置一台，则应同时设置一台人工清理的格栅，以防在机械格栅发生故障时影响泵站的正常工作。

格栅除污机传动系统有电力传动、液压传动及水力传动三种。我国多采用电力传动系统。机械格栅的动力装置，除水力传动外一般应设在室内，或采用其他保护设施加以防护。

6.1.2　沉砂池及除砂设备

6.1.2.1　沉砂池

作为污水处理中的预处理设备，沉砂池通常设置在泵站、倒虹管、沉淀池之前，将进入沉砂池的污水流速控制在只能使密度大的无机颗粒（如泥砂、煤渣等）下沉，而有机悬浮物则随水流带走，以缩小污泥处理构筑物的容积，降低水泵和管道的磨损，提高污泥有机组分的含量。沉砂池的结构材料常用钢筋混凝土或钢板。考虑到污水的腐蚀性及设备的经济性，以钢筋混凝土材料居多。常用的沉砂池有平流式沉砂池、竖流式沉砂池、曝气沉砂池、多尔沉砂池及钟式沉砂池等类型。

6.1.2.2　除砂设备

除砂设备采用两种集砂方式，即吸砂型和刮砂型，相应的除砂设备有吸砂机和刮砂机。吸砂机的工作原理是，用砂泵将池底层的砂水混合液抽至池外，经脱水后的砂粒输送至盛砂容器内待外运处置。常见吸砂机类型有行车式气提吸砂机、行车泵吸式吸砂机、旋流式吸砂机。刮砂机的工作原理是，将沉积在池底的砂粒刮到池心，再清洗提升，脱水后输送到池外盛砂容器内待外运处置。常见刮砂机类型有链板式刮砂机、链斗式刮砂机、旋转式刮砂机、行车式刮砂机、提耙式刮砂机、悬挂式中心传动刮砂机。为了进一步提高除砂效果，有的沉砂池配套了砂水分离器、旋流器等专用设备。

6.1.3　沉淀池

沉淀池是应用颗粒或絮体的重力沉降作用去除水中悬浮物的一种传统水处理构筑物，它的平面形式常采用长方形和圆形两种。沉淀池一般是在生化处理前或生化处理后泥水分离的构筑物，多为分离颗粒较细的污泥。在生化处理之前的称为初沉池，沉淀的污泥无机成分较多，污泥含水率相对于二沉池污泥低些。在生化处理之后的沉淀池一般称为二次沉淀池（二沉池），多为有机污泥，污泥含水率较高。

沉淀池根据池中水流方向及构造类型，可分为平流式沉淀池、竖流式沉淀池和辐流式沉淀池，另外还有斜管（斜板）沉淀池。以下简要介绍上述四种沉淀池。

6.1.3.1　平流式沉淀池

常用的平流式沉淀池的结构如图 6-1 所示。污水从池的一端流入，从另一端流出，按水平方向在池内流动。池呈长方形，在池的进口端或沿池长方向，设有一个或多个贮泥斗，贮存沉积下来的污泥。为使池底污泥能滑入污泥斗，池底应有 1‰～2‰ 的坡度。采用机械排泥的平流式沉淀池，其池宽应与排泥机械相配套。

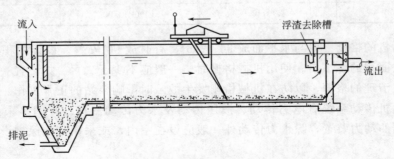

图 6-1　配行车刮泥机的平流式沉淀池

6.1.3.2　竖流式沉淀池

竖流式沉淀池的池体多设计成圆筒形。实际工程中，为了构筑物布置紧凑而使相邻池壁合用，也将沉淀池的池体做成方形体或多边形体。

如图 6-2 所示，竖流式沉淀池上部为圆筒形的沉淀区，下部为截头圆锥状的污泥斗，之间为缓冲层，约 0.3m。废水由设在沉淀池中心的进水管自上而下排入池中，进水的出口下设伞形放射板（挡板），废水经反射板的阻拦向四周均匀分布，然后沿沉淀区的整个断面缓慢上升，悬浮物在重力作用下沉降入池底锥形污泥斗中，澄清后的出水从池上端周围的溢流堰中排出，由四周集水槽收集。溢流堰前也可设浮渣槽和挡板，保证出水水质。为了防止漂浮物外溢，在水面距池壁 0.4～0.5m 处安设挡流板，挡流板伸入水中部分的深度为 0.25～0.30m，伸出水面高度为 0.1～0.2m。集水槽大多采用平顶堰或三角形锯齿堰。

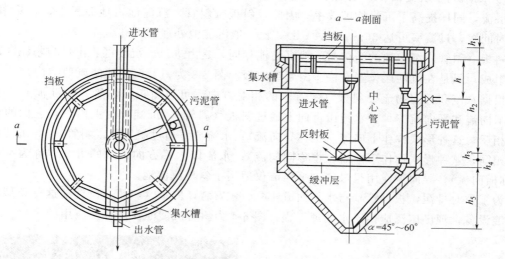

图 6-2　圆形竖流式沉淀池

竖流式沉淀池直径或边长为 4～7m，一般不大于 10m。为了保证水流自下而上垂直流动，要求池直径 D 与沉淀区有效水深的比值不大于 3，否则池内水流就有可能变成辐射流而使絮凝作用减少，发挥不了竖流式沉淀池的优点。

竖流式沉淀池水流方向与颗粒沉淀方向相反。当颗粒自由沉淀时，其沉淀效果比平流式沉淀差得多。当颗粒具有絮凝性时，一方面，上升的小颗粒和下沉的大颗粒之间相互接触、碰撞而絮凝，使粒径增大，沉速加快；另一方面，沉速等于水流上升速度的颗粒将在池中形成一悬浮层，对上升的小颗粒起拦截和过滤作用，因而沉淀效率比平流式沉淀池更高，因而竖流式沉淀池尤其适用于分离絮凝性颗粒和污泥浓缩等场合，如作为二沉池和污泥浓缩池使用等。

6.1.3.3　辐流式沉淀池

辐流式沉淀池的池表面呈圆形或方形。直径（或边长）6～60m，最大可达 100m，池周水深 1.5～3.0m，池底坡度不宜小于 0.05。废水自池中心进水管进入池，沿半径方向向池周缓缓流动。悬浮物在流动中沉降，并沿池底坡度进入污泥斗，澄清水从池周溢流出水渠。辐流式沉淀池多采用回转式刮泥机收集污泥，刮泥机刮板将沉至池底的污泥刮至池中心的污泥斗，再借重力或污泥泵排走。为了刮泥机的排泥要求，辐流式沉淀池的池底坡度平缓。

辐流式沉淀池虽然采用机械排泥，沉淀性效果好，日处理量大，但池水水流速度不稳定，受进水影响较大，底部刮泥、排泥设备复杂，对施工单位的要求高。占地面积较其他沉淀池大，一般适用于大中型污水处理厂。

6.1.3.4 斜板（斜管）沉淀池

斜板（斜管）沉淀池是指在平流式或竖流式沉淀池的沉淀区内，装设一组倾斜的平行板或平行管道（常称斜管填料）分割成一系列沉淀浅层，使被处理的污水与沉降的悬浮物在各沉淀浅层中相互运动并分离。

斜板（斜管）沉淀池是运用哈真（Hazen）提出的浅池理论原理设计的。每两块平行斜板间（或平行管内）相当于一个很浅的沉淀池。通常在沉淀池有效容积一定的条件下，沉淀池越浅，沉淀时间就越短；沉淀池面积愈大，沉淀池的效率愈高。在沉淀池内增设一组斜板（斜管）既增大了沉淀面积，也缩短了沉淀时间，与此同时，板间（管间）的水流也由紊流变为层流，同样提高了沉淀处理效率。因此，斜板（斜管）沉淀池占地面积小，去除率高，停留时间短，过流率可达 $36m^3/(m^2 \cdot h)$，比一般沉淀池处理能力高出 3～7 倍。

斜板（斜管）沉淀池的结构与一般沉淀池相同，是由进口、沉淀区、出口与集泥区四个部分组成，只是在沉淀区设置有许多斜管或斜板。图 6-3 为斜管沉淀池的典型结构。

根据水流和沉淀物流过斜板（斜管）的相对方向，可将斜板（斜管）沉淀池分为上向流、下向流和平向流三种。水流由下向上通过斜板（斜管），沉淀物由上向下，它们的方向正好相反，这种形式称作上向流（也称异向流）；水流向下通过斜板（或斜管），与沉淀物的流向相同，这种形式称作下向流（也称同向流）；水流以水平方向流动的方式，称为平向流（也称横向流）。异向流应用得最广，平向流仅适用于斜板沉淀池。

为了及时排泥，板（管）与水平面成 45°～60° 安装。斜板（斜管）沉淀池这种新型的高效沉淀设备，现已广泛应用于水处理工程。图 6-4 为斜管沉淀池在工程中应用的照片。

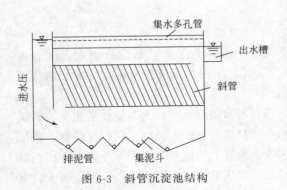

图 6-3 斜管沉淀池结构

图 6-4 斜管沉淀池

上述四种沉淀池特点及适用条件见表 6-2。

表 6-2 四种沉淀池的特点及适用条件

池型	优点	缺点	适用场合
平流式	(1)处理水量大小不限,沉淀效果好 (2)对水量和温度的变化有较强的适应能力 (3)平面布置紧凑 (4)施工简单,造价较低	(1)占地面积大 (2)进、出配水不易均匀 (3)采用多斗排泥时,每个泥斗需单独设排泥管、操作工作量大,管理复杂;采用机械刮泥时,机件浸入水中,易锈蚀	(1)适用于地下水位高和地质条件差的地区 (2)适用于大中小型污水处理厂

池型	优　点	缺　点	适用场合
竖流式	(1)排泥方便,管理简单 (2)占地面积较小 (3)适用于絮凝性胶体沉淀	(1)池子深度大,施工困难,造价较高 (2)对冲击负荷和温度变化适应能力较差 (3)池径不宜过大,否则布水不均匀	适用于中小型污水处理厂
辐流式	(1)对大型污水厂较为经济 (2)机械排泥设备已定型系列化	(1)排泥设备复杂,操作管理技术要求较高 (2)机械排泥设备复杂,施工质量要求高	(1)适用于地下水位较高地区 (2)适用于大中型污水处理厂
斜板(斜管)式	(1)生产能力大,处理效率高 (2)停留时间短,占地面积小	(1)构造复杂,斜板、斜管造价高,须定期更换,易堵塞 (2)固体负荷不宜过大,耐冲击负荷能力较差	(1)适用于中小型污水处理厂的二次沉淀池 (2)可用于已有平流式沉淀池的挖潜改造

6.1.4　气浮装置

气浮装置是一类向水中加入空气,使空气形成高度分散的微小气泡并作为载体,将废水中的悬浮颗粒载浮于水面,从而实现固液和液液分离的水处理设备。在水处理中,气浮法不宜用于高浊度原水的处理,主要应用于处理含有细小悬浮物、藻类及微絮体的废水、造纸废水和含油废水等的场合。按水中产生气泡的方式不同,气浮装置可分为溶气气浮装置、布气气浮装置和电解气浮装置。溶气气浮装置分为溶气真空气浮装置和压力溶气气浮装置两种。溶气真空气浮装置已逐步淘汰;压力溶气气浮装置是目前国内外最常用的一种气浮装置,适用于各类废水处理(尤其是含油废水处理)。本书重点介绍压力溶气气浮装置。

压力溶气气浮装置的原理是将原水加压,同时加入空气,使空气溶解于水,然后骤然减至常压,溶解于水的空气以 $20\sim100\mu m$ 左右微小气泡从水中析出,并黏附于悬浮物颗粒上,使其整体密度比水小而上浮于水面,通过机械装置将其刮除,从而实现固液分离。

目前的基本流程有全程加压溶气气浮、部分加压溶气气浮、回流加压溶气气浮和空气升液气浮四种。目前使用最广的部分回流溶气式压力溶气气浮工艺如图 6-5 所示。

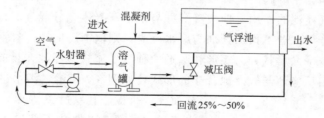

图 6-5　部分回流溶气式压力溶气气浮工艺

该法将部分澄清液(10%~30%)经过泵加压,由泵出水管段引入空气后,送往压力溶气罐,使空气充分溶于水中,然后经过释放器后与絮凝后的原水混合进入气浮池进行气浮分离。该法处理效果稳定,并能大量节约能耗,在污水处理工艺中应用最广泛。

压力溶气气浮装置主要包括压力溶气系统、溶气释放系统及气浮池三部分。

(1)压力溶气系统　包括水泵、空压机(或射流器)、压力溶气罐、液位自动控制设备等。加压水泵的作用是提供一定压力的水量,一般采用离心泵。选择离心泵时,除考虑溶气水的压力外，还应包括管道系统的水头损失。

压力溶气罐是影响溶气效果的关键设备，其作用是在一定压力下，保证空气充分地溶解于废水中，并使水、气充分混合。压力溶气罐有多种形式，推荐采用能耗低、溶气效率高的空气压缩机供气的喷淋式填料罐。其构造如图 6-6 所示。

该种压力溶气罐具有如下特点：

① 用普通钢板卷焊而成，其设计制造按一类压力容器考虑。

② 该压力溶气罐的溶气效率与无填料的溶气罐相比约高出 30%。在水温 20～30℃ 范围内，释气量约为理论饱和溶气量的 90%～99%。

③ 可应用的填料种类很多，如瓷质拉西环、塑料斜交错淋水板、不锈钢圈填料、塑料阶梯环等。阶梯环具有较高的溶气效率，可优先考虑。不同直径的溶气罐需配置不同尺寸的填料，填充高度一般取 1m 左右。当溶气罐直径超过 500mm 时，考虑到布水的均匀性，可适当增加填料高度。

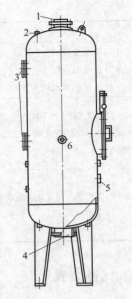

图 6-6　压力溶气罐

1—进水管；2—进气管；3—观察窗；
4—出水管；5—液位传感器；6—放气管

④ 由于布气方式、气流流向等因素对填料罐溶气效率几乎没有影响，因此，进气的位置及形式一般无须多加考虑。

⑤ 为了自动控制罐内最佳液位，采用了浮球液位传感器，当液位达到了浮球传感器下限时，指令关闭进气管上的电磁阀；反之，当液位达到上限时，指令开启电磁阀。

（2）溶气释放系统　溶气释放系统是产生微细气泡的重要器件，一般由释放器（或穿孔管、减压阀）及溶气水管路组成。溶气释放器的功能是将压力溶气水消能、减压，使溶入水中的气体以微气泡的形式释放出来，并能迅速而均匀地与水中杂质相黏附。释放器的性能往往因结构不同而有很大差异，目前国内所使用的溶气释放器可分为常规型和高效型两种，前者使用的是以截止阀为主的阀门类释放器，后者使用的是 TS、TJ、TV 型等新型释放器。

（3）气浮池　气浮池的作用是使微气泡群与水中絮凝体充分混合、接触、黏附，以保证带气絮凝体与清水分离；若不投加药剂与原水反应，则取消反应池。气浮池按流态分有平流式和竖流式两种，按平面形状分为矩形和圆形两种。平流式气浮池在目前气浮净水工艺中使用最为广泛，常采用反应池与气浮池合建的形式，如图 6-7 所示。污水进入反应池（可用机械搅拌、折板、孔室旋流等形式）完成反应后，将水流导向底部，以便从下部进入气浮接触池，延长絮体与气泡的接触时间，池面浮渣被刮入集渣槽，清水由底部集水管集取。该形式的优点是池身浅、造价低、构造简单、管理方便；缺点是与反应池较难衔接，容积利用率低等。目前根据污水水质特点及整个处理系统的工艺要求还出现了气浮-沉淀、气浮-过滤等工艺一体化的组合形式。

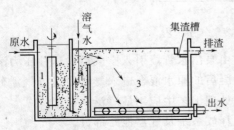

图 6-7　反应池、气浮池合建的平流式气浮池

1—反应池；2—接触池；3—气浮池

6.1.5 过滤设备

在污水处理行业中，过滤主要用以去除水中的悬浮或胶态杂质，特别是能有效地去除沉淀技术不能去除的微小粒子和细菌等。过滤设备种类繁多，本书简要介绍普通快滤池、压力过滤器、精密过滤器等三种常用的过滤设备。

6.1.5.1 普通快滤池

目前所谓的普通快滤池是指传统的快滤池布置形式。滤料一般为单层细砂级配滤料或煤、砂双层滤料。冲洗采用单水冲洗，冲洗水由水塔（箱）或水泵供给；气水反冲洗也得到推广应用。普通快滤池属于重力式过滤器，即靠水层自身的重力克服滤料层阻力进行过滤，作用水压一般为 $0.04\sim0.05\text{MPa}$，滤速为 $8\sim16\text{m}^3/(\text{m}^2\cdot\text{h})$。

普通快滤池一般用钢筋混凝土建造。快滤池的运行过程主要是过滤和反冲洗两个过程的交替进行。过滤时，滤池进水和清水支管的阀门开启，原水自上而下经过滤料层、承托层，经过配水系统的配水支管收集，最后经由配水干管、清水支管及干管后进入清水池。当出水水质不满足要求或滤层水头损失达到最大值时，滤料需要进行反冲洗。为使滤料层处于悬浮状态，反冲洗水经配水系统干管及支管自下而上穿过滤料层，均匀分布在滤池平面，冲洗废水流入排水槽、浑水渠排走。

水处理常用的滤料有石英砂、无烟煤、矿石粒以及人工生产的陶粒滤料、瓷料、纤维球、塑料颗粒、聚苯乙烯泡沫颗粒等，目前应用最为广泛的是石英砂和无烟煤。

快滤池按所采用滤床层数分为单层滤料、双层滤料和三层滤料滤池。

承托层也称为垫料层，一般配合大阻力配水系统使用。其作用：一是防止过滤时滤料从配水系统上的孔眼处随水流失，二是在反冲洗时起一定的均匀布水作用。承托层一般由天然鹅卵石铺垫而成。

配水均匀性对冲洗效果影响很大。配水系统可分为大阻力配水系统和小阻力配水系统两种。大阻力配水系统由一条干管和多条带孔支管构成。干管设在池底中心，支管埋于承托层中间，距池底有一定高度，支管下开两排小孔，与中心线成 45°角交错排列。孔的口径小，出流阻力大，使管内扬程水头损失的差别与孔口水头损失相比非常小，从而使整个孔口的水头损失趋于一致，以达到均匀布水的目的。另外，若使集水室中的水头损失与配水系统本身相比很小，也可达到均匀布水的目的。若采用多孔滤板、滤砖、格栅、滤头等方式配水，则均属小阻力配水系统。

6.1.5.2 压力过滤器

压力过滤器是一种罐体的过滤设备，外壳一般为不锈钢或玻璃钢制，内部填充滤料，利用外加压力克服滤料阻力进行过滤，作用水压达 $0.15\sim0.25\text{MPa}$。压力过滤器在较高的最终水头损失下操作，过滤周期短，反冲洗次数少，运行管理较方便，特别适用于水量较小而固体悬浮物浓度又相对较高的场合。图 6-8 为压力过滤器在工程中应用的照片。

压力过滤器分竖式和卧式两种结构形式。根据所采用滤料层的不同，压力过滤器可分为石英砂过滤器、活性炭过滤器、锰砂过滤器、纤维球过滤器、多介质过滤器等。压力过滤器因填充介质不同，用途与作用各有区别。譬如，活性炭过滤器介质为活性炭，目的是吸附、去除水中的色素、有机物、余氯、胶体等；锰砂过滤器的介质为锰砂，主要去除水中的二价铁离子；多介质过滤器的介质是石英砂、无烟煤等，功能是滤除悬浮物、机械杂质、有机物

图 6-8　压力过滤器应用

等，降低水的浑浊度。

（1）石英砂过滤器　石英砂过滤器利用石英砂作为过滤介质，在一定的压力下，把浊度较高的水通过一定厚度的粒状或非粒状的石英砂过滤，有效地截留除去水中的悬浮物、有机物、胶质颗粒、微生物、氯、异味及部分重金属离子等，最终达到降低水浊度、净化水质效果的一种高效过滤设备。石英砂过滤器主要用于水处理除浊、软化水、电渗析、反渗透（RO）、超滤的前级预处理。

（2）活性炭过滤器　活性炭由于炭粒的表面积很大，因此具有很强的吸附能力。活性炭过滤器通常以比表面积大于 $1000m^2/g$ 的高效活性炭为过滤介质，使其既有上层特效过滤又有下层高效吸附等功能。活性炭过滤器是一种较常用的水处理设备，作为水处理脱盐系统前处理能够吸附前级过滤中无法去除的余氯，可有效保证后级设备使用寿命，提高出水水质，防止污染，特别是防止后级反渗透膜、离子交换树脂等的游离态余氯中毒污染。同时还吸附从前级泄漏过来的小分子有机物等污染性物质，对水中异味、胶体及色素、重金属离子等有较明显的吸附去除作用，还具有降低化学需氧量（COD）的作用。可以进一步降低 RO 进水的污染密度指数（SDI）值，保证 SDI<5，总有机碳（TOC）<2.0mg/L。

（3）锰砂过滤器　锰砂过滤器又称为除铁锰过滤器，主要依靠锰砂自身的催化作用，除此之外，过滤时在锰砂滤料表面会逐渐形成一层铁质滤膜作为活性滤膜，能起催化作用。新生成的氧化铁作为活性滤膜物质又参与新催化除铁过程，所以活性滤膜除铁过程是一个自动催化过程。锰砂过滤器主要用于地下水处理以及循环水处理级污水处理等。

（4）纤维球过滤器　纤维球过滤器，顾名思义，就是内装纤维球的过滤器。纤维球孔隙率占滤料层的 93% 左右。纤维球过滤器运行时水上进下去，由于水流经过过滤层的阻力作用，滤料形成了上松下紧的理想空隙结构，能有效地去除水中的悬浮物、泥沙等，并对水中的有机物、胶体、铁、锰等有较明显的去除作用。该产品应用于油田含油污水等方面的精细过滤，纤维球不易黏油，便于反洗再生，过滤精度高。

（5）多介质过滤器　多介质过滤器顾名思义就是填充的滤料有两种以上的机械过滤器，用于去除水中的泥砂、悬浮物、胶体等杂质和藻类等生物，降低对反渗透膜元件的机械损伤及污染。常见多介质过滤器的滤料有：无烟煤、陶粒、石英砂、活性炭等。多介质过滤器的滤层设计滤料时一般要考虑粒径，要求下层滤料粒径小于上层滤料粒径，以保证下层滤料的有效性和充分利用。上层的密度要小，以保证反洗之后分层复原，如果上层密度小，那么经过反洗之后上层的滤料会沉到下层。以两层滤床为例，上层滤料颗粒最大，由密度小的轻质滤料组成，如无烟煤、活性炭；下层滤料粒径小，密度大，一般由石英砂组成。上层滤料起粗滤作用，阻力小，水头损失小，下层滤料起精滤作用，截污能力强，这样就充分发挥了多介质滤床的作用，水头损失小，过滤效果好，充分发挥了各层的优点。

多介质过滤器主要由罐体、滤料层、进出水管、布水组件、反洗气管、配套仪表等组成。图6-9为竖式多介质过滤器示意图。罐体内设无烟煤和石英砂双层滤料，粒径一般采用 0.6～1.0mm，厚度一般用 1.1～1.2m，滤速为 8～10m/s 或更大。配水系统通常用小阻力的缝隙式滤头、支管开缝或孔等。反冲洗污水通过顶部的漏斗或设有挡板的进水管收集并排除。为提高反洗效果，常考虑用压缩空气辅助冲洗。外部安装有压力表、取样管，及时监控滤罐的压力和水质变化。滤器顶部还设有排气管，以排除罐内和水中析出的气体。

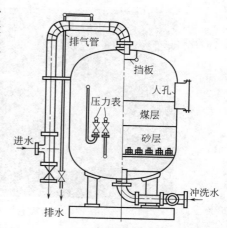

图6-9 竖式多介质过滤器构造示意图

多介质过滤器广泛用于水处理的工艺中，可以单独使用，但多数是作为水质深度处理（交换树脂、电渗析、反渗透）的预过滤。

6.1.5.3 精密过滤器

精密过滤器，又称作保安过滤器，其筒体外壳一般用不锈钢、玻璃钢等材质制造，内部滤芯采用成型的滤材，原液（如污水）在压力的作用下，流经滤材时，滤液透过滤芯流出，滤渣留在滤芯上，能有效去除水中的悬浮物、某些胶体物质和细小颗粒物等，从而达到过滤的目的。应根据不同的过滤介质及设计工艺选择不同的过滤元件，以达到出水水质的要求。成型的滤材有：滤布、滤网、滤片、烧结滤管、线绕滤芯、熔喷滤芯、微孔滤芯及多功能滤芯。因滤材不同，过滤孔径也不相同。精密过滤是介于砂滤（粗滤）与超滤之间的一种过滤，过滤孔径一般在 0.01～120μm 范围。同种形式的滤材，按外形尺寸又分为不同的规格。精密过滤器机体也可选用快装式，以方便快捷地替换滤芯及清洗。

线绕滤芯（又称蜂房滤芯）有两种：一种是聚丙烯纤维-聚丙烯骨架滤芯，最高使用温度60℃；另一种是脱脂棉纤维-不锈钢骨架滤芯，使用温度120℃。熔喷滤芯是以聚丙烯（PP）为原料，采用熔喷工艺形成的滤材，最高工作温度60℃。

蜂房式管状滤芯，利用特定工艺形成了外疏内密的蜂窝状结构，这一优良的过滤特性，可完成对被处理水的固液相分离过程，达到满意的制水效果。但随着制水周期的递增，滤芯因受截留物的污染，其运行阻力会随之上升，当设备运行的进出水压差比初始压差升高0.15MPa时，应及时更换滤芯。

污水精密过滤器性能特点：①过滤精度高，滤芯孔径均匀；②过滤阻力小，通量大，截污能力强，使用寿命长；③滤芯材料洁净度高，对过滤介质无污染；④耐酸、碱等化学溶剂；⑤强度大，耐高温，滤芯不易变形；⑥价格低廉，运行费用低，易于清洗，滤芯可更换。

水处理工程上，精密过滤器常设置在压力过滤器之后，用于去除水中细小微粒，以满足后续工序对进水的要求。有时也设置在全套水处理系统末端，来防止细小微粒进入成品水。常用的滤芯有以下几种规格：$0.1\mu m$、$0.2\mu m$、$0.5\mu m$、$0.8\mu m$、$1\mu m$、$2\mu m$、$3\mu m$、$5\mu m$、$10\mu m$、$20\mu m$、$30\mu m$、$50\mu m$、$75\mu m$、$100\mu m$、$120\mu m$，精密过滤器常作为电渗析、离子交换、反渗透、超滤等装置的保护性过滤器使用。图 6-10 为精密过滤器及其滤芯的外形。

图 6-10　精密过滤器及其滤芯的外形

6.1.5.4　微滤机

微滤机是一种截留细小悬浮物的筛网过滤器，采用微孔筛网（孔径一般为 0.075～0.18mm），将其固定在转鼓型滚筒上，所有的自动装置均由机箱体外的控制电箱进行控制。它通过截留水体中固体颗粒实现固液分离。工作时，2/5 滤网浸没在水中，被处理的废水沿轴向进入转鼓，经筛网流出，水中杂质（细小的悬浮物、颗粒物、纤维、纸浆等）即被截留于鼓筒上滤网内面。当截留在滤网上的杂质被转鼓带到上部时，被筛网外侧的反冲洗水冲到排污槽内流出，实现固、液两相分离。当水位下降到水位控制器所在的位置时，水位控制器会将电信号传递给控制中心，控制中心将启动滚筒电机和高压水泵。滚筒开始缓慢转动，同时，高压水泵将高压水从喷嘴里泵出，高压水将黏附在筛网上的污物冲洗掉，污物被置于滚筒内部的集污槽所收集，然后从排污管排出，完成固液分离和自动清洗过程。图 6-11 为微滤机实物图。

微滤机不仅具有阻力低、过水能力强、过滤效率高的特点，而且具有运转平稳、能耗低、占地面积小、过滤面积大、安装灵活方便、操作维护简便的优点。因此，微滤机近年来广泛应用于水产养殖原水处理系统中藻类及悬浮物机械过滤、水产养殖场废水处理。在水产养殖领域，微滤机更多地用在对原水的第一级过滤上，以滤除水中的大颗粒泥沙、悬浮藻类、颗粒等，或者用在密闭循环净化的第一级粗滤环节。

6.1.5.5　纤维滤布转盘过滤器（池）

纤维滤布转盘过滤器（池）是目前世界上最先进的过滤器之一，其处理效果好，出水水质稳定，设备运行可靠，自动化程度高，目前在全世界已有许多污水厂成功应用。

纤维滤布转盘过滤器（池）由中心转鼓、转盘、驱动装置、中心进水配水装置、反冲洗

图 6-11 微滤机

装置、排泥系统、液位槽、配套液位表及自控系统（如 PLC 自控）等组成。纤维滤布转盘过滤器（池）的核心装置就是中间的滤盘，上面包裹着滤布，过滤布由不锈钢丝或聚酯丝编织而成，过滤孔径可达 $10\mu m$。滤盘固定在中心转鼓周围，并与中心转鼓具有连通孔。转盘由右上方的驱动电机带动旋转；滤盘中间是中空的中心集水筒。反冲洗装置包括反冲洗吸盘、反冲洗水泵。排泥装置包括排泥泵（也是反冲洗水泵）、斗形集泥槽，斗形集泥槽上面排布多孔的排泥管。图 6-12 为纤维滤布转盘过滤器结构示意图。

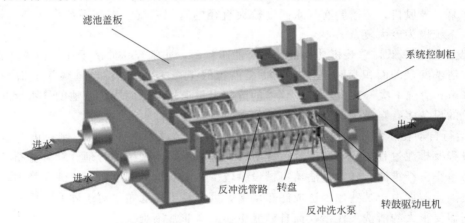

图 6-12 纤维滤布转盘过滤器结构示意图

纤维滤布转盘过滤器的运行状态包括过滤、反冲洗、排泥状态。

（1）过滤 原水（污水）由中心转鼓的一端开口流入转鼓内，并通过连通孔进入各转盘，转盘两侧装有过滤布，原水通过过滤布过滤后，清水流出过滤布，从过滤水出口排出系统外。随着过滤的进行，过滤布内侧的截留杂质不断增加，过滤压差随之增加，透过滤布的水量减小。

（2）反冲洗 当杂质堆积过多时，中心转鼓液位达到设定值，需要进行反洗，将过滤布内侧堆积的杂质反洗出。反洗水泵抽取透过过滤布的清水，喷洒到过滤布外侧，将过滤布内侧的截留杂质冲洗下来，冲洗后污水掉落在接液盘内，然后排出装置外。反洗时转盘旋转，反洗水喷洒不同角度的过滤布，直至转盘旋转一周，过滤布经过清洗，反洗停止，重新进入静止过滤过程，直至再次进行反洗。

（3）排泥　纤维滤布转盘过滤器的过滤转盘下设有斗形池底，有利于池底污泥的收集。污泥池底沉积减少了滤布上的污泥量，可延长过滤时间，减少反洗水量。经过一定的时间段，PLC启动排泥泵，通过池底穿孔排泥管将污泥回流至厂区排水系统。其中，排泥间隔时间及排泥历时可予以调整。

与常规滤池相比，纤维滤布转盘过滤器具有如下特点：

① 出水水质好并且稳定。纤维滤布转盘过滤器采用滤盘外包滤布来代替传统滤池的砂滤料，滤布孔径很小，可截留粒径为几微米的微小颗粒，因此出水水质及出水稳定性都优于粒料滤池。而常规滤池冲洗前因穿透问题水质较差，冲洗后会因滤层中残存的清洗水对出水有影响。另外过滤的水量也随阻力的变化而变化。

② 设计新颖，耐冲击负荷。纤维滤布转盘过滤器相当于是滤池及沉淀池的结合，具有排泥的功能。颗粒大的污泥直接沉淀到斗形池底，不会堵塞滤布，即不像普通滤池所有的悬浮物（SS）都必须经过滤料。因此过滤周期长，清洗间隔长，而且可承受的水力负荷及污泥负荷也远远大于常规砂滤池，悬浮物（SS）负荷相当于普通砂滤池的 1.5 倍，滤速比普通滤池增加 50%。因此纤维滤布转盘过滤器更耐高悬浮物浓度和大颗粒悬浮物的冲击。

③ 设备简单紧凑，附属设备少，整个过滤系统的投资低。纤维滤布转盘过滤器清洗时可连续过滤。而砂滤池反冲洗时不能连续过滤，为保证连续，需要在砂滤池前设中间储水池或采用多台滤池交替工作。纤维滤布转盘过滤器采用小型水泵负压抽吸滤后水自动清洗，省去许多传统滤池需要的反冲洗水池、水塔等。传统滤池因反冲洗强度大，气水反冲不仅需要大功率水泵、鼓风机，还需要有气水两套较大直径的管阀系统。整套系统多而杂，投资高。自动控制系统极为庞大复杂。

④ 设备闲置率低，总装机功率低。由于滤布较薄，非常容易冲洗干净，清洗非常高效，清洗时，清洗滤盘的面积只相当于整个滤盘面积的 1%。清洗的特点是频繁但清洗历时短（60～120min 清洗 1 次，1min/次）。总体的清洗水量也较少。而传统滤池的气水反冲洗水泵和鼓风机的设备多、自动阀门大而多、功率大，且闲置率高。

⑤ 运行自动化，因而运行和维护简单、方便。过滤过程由计算机控制，可调整负压抽吸清洗过程及排泥过程的间隔时间及过程历时。基本不需专人维护管理。纤维滤布转盘过滤器的检修量小。纤维滤布转盘过滤器机械设备较少，泵及电机间歇运行，滤布磨损较小，滤布易于更换，假如由于某些原因造成滤布堵塞，可轻易更换滤布。对于砂滤池而言，若滤料堵塞，则需要很大的清洗工作量，而且砂滤更换滤料非常困难。

⑥ 水头损失比砂滤池小很多。纤维滤布转盘过滤器一般为 0.2m，而砂滤池的水头损失一般为 1.5m 多。砂滤罐的水头损失则高于 5m，能量损失大，增加运行费用。

⑦ 占地面积比其他滤池小很多。由于滤盘垂直中空管设计，使小的占地面积即可保证大的过滤面积，从而减少了池容，减少了材料量及土方量，显著降低了工程造价。日处理 1 万 t 的滤池，占地面积不大于 $20m^2$，高度 3.3m。对于技术改造，可以解决空间不够的困难。

⑧ 纤维滤布转盘过滤器比粒料滤池易于安装。现场连接管配件及电气设备之后，即可投入使用，而粒料滤池则往往需要进行滤料安装。

⑨ 设计周期和施工周期短。纤维滤布转盘过滤器整体设备化，可整体装运，设计和施工方便并快捷，而且扩建容易。

⑩ 对地基地耐力要求低，设备地基的投资少，特别适用于对已建污水处理厂的升级改造。

纤维滤布转盘滤器（池）主要用于冷却循环水处理、废水的深度处理后回用。作为冷却水、循环水过滤后回用：进水水质 SS 浓度≤80mg/L，出水水质 SS 浓度≤10mg/L；用于污水的深度处理，设置于常规活性污泥法、延时曝气法、SBR（序批式间歇反应器）系统、氧化沟系统、滴滤池系统、氧化塘系统之后，并能结合投加药剂，有效地去除总悬浮固体、磷和重金属等。滤布转盘过滤器用于过滤活性污泥终沉池出水，设计水质：进水 SS 浓度 30mg/L（最

图 6-13　纤维滤布转盘滤器（池）的应用

高可承受 80～100mg/L），出水 SS 浓度≤5mg/L，浊度≤2NTU。实际运行出水更优质，一般出水浊度在 1NTU 左右。图 6-13 为纤维滤布转盘滤器（池）在污水处理工程中的应用。

6.1.6　膜分离设备

膜分离是一门近些年来新兴的跨学科的高新技术。膜分离是以渗透选择性膜为分离介质，在其两侧施加某种推动力，使原料侧组分选择性透过膜，从而达到分离或提纯的目的。推理动力可以是压力差、温度差、电位差或浓度差。水处理工程领域的压力驱动型膜分离技术有微滤（简称 MF）、纳滤（简称 NF）、反渗透（简称 RO）等，电位差驱动型膜分离技术主要有电渗析（简称 ED），浓度差驱动型膜分离技术主要包括扩散渗析（简称 DD）和正渗透等。

限于篇幅，本书只介绍常用的反渗透设备、超滤设备、陶瓷膜设备、电渗析设备、扩散渗析设备。

6.1.6.1　反渗透设备

反渗透（RO）是用足够的压力使溶液中的溶剂（一般指水分子）有选择性透过反渗透膜（或称半透膜）而各种溶质和固体颗粒被阻挡的膜分离技术，用于处理溶解性有机物如葡萄糖、蔗糖、染料、可溶性淀粉、蛋白质、细菌与病毒等，可获得 100％的分离效率，从而达到净化水与回收有用物质的双重目的。近年来，已开始用于废水的三级处理和废水中有用物质的回收，离子去除率可达 96％以上。RO 法由于分离过程不需加热，没有相的变化，具有耗能较少、设备体积小、操作简单、适应性强、应用范围广等优点，已成为水处理技术的重要方法之一。

一般 RO 膜设备系统包括预处理系统、RO 膜装置、后处理系统、清洗系统和电气控制系统等。预处理系统一般包括原水泵、加药装置、石英砂过滤器、活性炭过滤器、精密过滤器、超滤等，主要作用是降低原水的污染密度指数（SDI）、余氯，及藻类、细菌等其他杂质，达到反渗透的进水要求。预处理系统的设备配置应该根据原水的具体情况而定。RO 膜装置（见图 6-14）主要包括多级高压泵、RO 膜组件、支架等，主要作用是去除水中的杂质，使出水满足使用要求。后处理系统是在反渗透不能满足出水要求的情况下增加的配置，主要包括混床、杀菌、超滤、连续电除盐（EDI）技术等其中的一种或者多种设备。后处理

系统能将 RO 膜的出水水质更好地提高，使之满足使用要求。清洗系统主要有清洗水箱、清洗水泵、精密过滤器组成。当反渗透系统受到污染出水指标不能满足要求时，需要对 RO 进行化学清洗使之恢复功效。电气控制系统是用来控制整个反渗透系统正常运行的，包括仪表盘、控制盘、各种电器保护部件、电气控制柜等。

图 6-14　RO 膜装置

RO 膜组件是反渗透设备系统的核心。膜组件通常由膜元件和压力容器（外壳）组成。一个膜组件中，有些只安装一个元件，但大多安装有多个元件。常用的膜组件形式主要分为板框式、圆管式、螺旋卷式和中空纤维式四种类型。

（1）板框式 RO 膜组件　如图 6-15 所示，板框式 RO 膜组件结构是将渗透膜贴在多孔板的单侧或两侧，再紧粘在不锈钢或环氧玻璃钢承压板的两侧，构成一个渗透元件；然后将几块或几十块元件层层叠合，用长螺栓固定后装入密封耐压容器内。

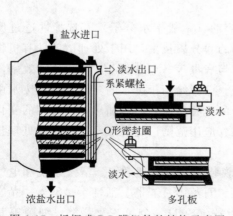

图 6-15　板框式 RO 膜组件的结构示意图

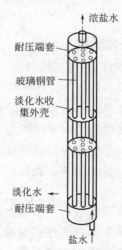

图 6-16　内压圆管式 RO 膜组件的结构示意图

（2）圆管式 RO 膜组件　按照料液流动方向不同，圆管式 RO 膜组件可分为内压式和外压式两种，它们将 RO 膜装在耐压微孔承压管的内侧和外侧，制成管状膜的元件，然后将很多管束装配在筒形耐压容器内。图 6-16 为内压圆管式 RO 膜组件的结构示意图，带压料液从管内流过，在管外侧收集透过液。内压圆管式 RO 膜组件在实际应用中很有意义，它能够处理含悬浮颗粒和溶解性物质的液体，像沉淀一样在膜组件中将料液进行浓缩，运行期间系统处处都可以保持良好的排水作用。对外压圆管式 RO 膜组件来说，带压料液从管外透过膜进入管内；由于需要耐高压的外壳，且进水流动状况又差，一般使用较少。

（3）螺旋卷式 RO 膜组件　如图 6-17 所示，螺旋卷式（简称卷式）膜组件在两片膜中夹入一层多孔支承材料，将两片膜的三个边密封而黏结成膜袋，另一个开放的边沿与一根多孔的透过液收集管连接。在膜袋外部的原料液侧再垫一层网眼型间隔材料（隔网），即膜-多孔支承材料-进料液侧隔网依次叠合，绕中心管紧密地卷在一起，形成一个膜卷，再装进圆柱形压力容器内，构成一个螺旋卷式膜组件。使用时，原料液沿着与中心管平行的方向在隔网中流动，与膜接触，透过膜的透过液则沿着螺旋方向在膜袋内的多孔支承体中流动，最后汇集到中心管而被导出，浓缩液由压力容器的另一端引出。

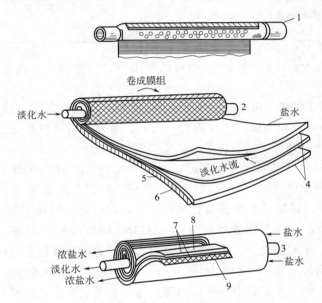

图 6-17　螺旋卷式反渗透膜组件

1,2,3—中心管；4,7—膜；5—多孔支承材料；

6,9—进料液隔网；8—多孔支承层

（4）中空纤维式 RO 膜组件　如图 6-18 所示，中空纤维式 RO 膜组件是将几十万（或数百万）根中空纤维弯成 U 形装入圆柱形耐压容器内，通常将纤维束的一端封住，另一端固定在用环氧树脂浇铸成的管板上。高压溶液从容器旁打进去，经过中空纤维膜的外壁，从中空纤维管束的另一端将渗透液收集起来，浓缩后的料液从另一端连续排掉。

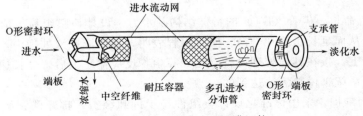

图 6-18　中空纤维式 RO 膜组件

上述四种传统膜组件的特点见表 6-3。

表 6-3　四种传统膜组件的特点列表

膜组件类型	主要优点	主要缺点	适用范围
板框式	结构紧凑，密封牢固，能承受高压，成膜工艺简单，膜更换方便，较易清洗，有一张膜损坏不影响整个组件	装置成本高，水流状态不好，易堵塞，支承体结构复杂	适用于中小处理规模水处理，要求进水水质较好
圆管式	膜的更换方便，进水预处理要求低，适用于悬浮物和黏度较高的溶液。内压圆管式水力条件好，很容易清洗	膜装填密度小，装置成本高，占地面积大，外压式不易清洗	适用于中小规模的水处理，尤其适用于废水处理
螺旋卷式	膜的装填密度大，单位体积产水量高，结构紧凑，运行稳定，价格低廉	制造膜组件的工艺较复杂，组件易堵塞且不易清洗，预处理要求高	适用于大规模的水处理，进水水质较好
中空纤维式	膜的装填密度最大，单位体积产水量高，不要支承体，浓差极化可以忽略，价格低廉	成膜工艺复杂，预处理要求最高，很易堵塞，且很难清洗	适用于大规模水处理，且进水水质需很好

下面介绍国内外近些年较为热门、独特的新型膜分离组件——碟管式反渗透（DTRO）膜组件。

DT 膜技术即碟管式膜（disc tube module）技术，分为 DTRO（碟管式反渗透）、DT-NF（碟管式纳滤）、DTUF（碟管式超滤）三大类，它是专门针对高浓度料液（如垃圾渗滤液）的过滤分离而开发的，其核心技术是碟管式膜片膜柱。

美国 Pall 公司首先提出碟管式反渗透概念，并开发出 DTRO 膜组件。如图 6-19 所示，DTRO 膜组件主要由 RO 膜片、导流盘、中心拉杆、外壳、两端法兰、各种密封件及连接螺栓等部件组成。将过滤膜片和导流盘叠放在一起，用中心拉杆和端盖法兰进行固定，然后置入耐压外壳中，就形成一个碟管式膜组件。DTRO 膜组件工作原理：料液通过膜堆与外壳之间的间隙后通过导流通道进入底部导流盘中，被处理的液体以最短的距离快速流经过滤膜，然后 180°逆转到另一膜面，再流入到下一个过滤膜片，从而在膜表面形成由导流盘圆周到圆中心，再到圆周，再到圆中心的切向流过滤，浓缩液最后从进料端法兰处流出。料液流经过滤膜的同时，透过液通过中心收集管不断排出。浓缩液与透过液通过安装于导流盘上的 O 形密封圈隔离。

DTRO 膜组件具有如下技术特点：

① 采用开放式流道，料液有效流道宽，流程短，避免了物理堵塞。

② 抗污染、耐高压。采用带凸点支承的导流盘，料液在过滤过程中形成湍流状态，最大程度上减少了膜表面结垢、污染及浓差极化现象的产生，使得碟管组件在高压 200bar（1bar＝10^5Pa）的操作压力下也能体现其优越的性能，能抗 SDI 值高达 20 的高污染水源的污染。

③ 膜使用寿命长。碟管（DT）的特殊结构及水力学设计使膜组易于清洗，清洗后通量恢复性非常好，从而延长了膜片寿命。实践工程表明，在渗液原液处理中，一级 DT 膜片寿命可长达 3 年以上，接在其他处理设备（比如膜生物反应器）上后寿命长达 5 年以上，这对于一般的膜处理系统来说是无法达到的。

④ 组件易于维护。采用标准化设计，组件易于拆卸维护，打开碟管组件可以轻松检查维护任何一片过滤膜片及其他部件，维修简单。当零部件数量不够时，组件允许少装一些膜

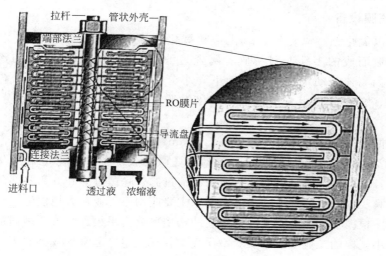

图 6-19 DTRO 膜组件的结构示意图

片及导流盘而不影响膜组件的使用。

因此，DTRO 膜组件对高浊度、高 SDI 值、高盐分、高 COD 废水处理能经济、有效、稳定运行，具有一定的优势，目前已广泛应用于垃圾渗滤液处理、脱硫废水处理、工业废水零排放等领域。

6.1.6.2 超滤设备

超滤（简称 UF）设备利用一种压力活性膜，在外界推动力（压力）作用下，水与部分低分子量溶质透过膜上微孔达到膜的另一侧，而胶体、颗粒和分子量相对较高的物质被截留，实现从溶液中分离的目的。超滤的分离机理主要是物理的筛分作用。

超滤膜设备应用范围极为广泛。目前超滤膜设备在印染废水、含油废水、喷漆废水、金属加工废水、食品废水、电镀废水等废水处理领域也得到了应用，可以去除悬浮物、胶体、色度、有机物、细菌，以及回收有用物质等。

超滤所用的膜为非对称性膜，膜孔径为 1～20nm，能够截留分子量 500 以上的大分子和胶体微粒，操作压力一般为 0.1～0.5MPa。目前，常用的膜材料有醋酯纤维、聚丙烯腈、聚酰胺、聚偏氟乙烯等。

超滤系统装置一般可分为间歇式和连续式两类，见图 6-20 和图 6-21。

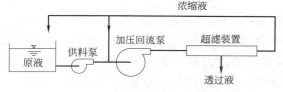

图 6-20 间歇式超滤系统流程

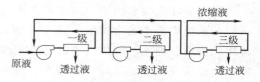

图 6-21 连续式串联超滤系统流程

超滤的膜组件同反渗透膜组件类似，可分为板式组件、管式组件、卷式组件和中空纤维式组件。板式超滤器基本上与板框式反渗透器相同，但新型的平板式超滤器的板框较薄，每片超滤膜的间隔仅 0.8cm。将几十块隔板平整叠合起来，用螺栓夹紧后即可进行超滤分离。中空纤维超滤膜的孔径要比中空纤维反渗透膜的孔径大得多。

6.1.6.3 陶瓷膜设备

陶瓷膜是以氧化铝、氧化钛、氧化锆和氧化硅等无机陶瓷材料作为支承体，经表面涂膜、高温烧制而成的多孔非对称膜。陶瓷过滤是一种错流过滤形式的流体分离过程：原料液在膜管内高速流动，在压力驱动下含小分子组分的澄清渗透液沿着与之垂直的方向向外透过膜，含大分子组分的混浊浓缩液被膜截留，从而使流体达到分离、浓缩、纯化的目的。

陶瓷膜根据孔径可分为微滤（孔径大于 50nm）、超滤（孔径 2～50nm）、纳滤（孔径小于 2nm）等种类，工业化的陶瓷膜设备包括陶瓷微滤膜设备、陶瓷超滤膜设备、陶瓷复合膜设备三大类。该系列设备可以取代传统的澄清过滤、除菌过滤和分离及部分浓缩工艺，区别于小型陶瓷膜实验设备的是处理量的不同，主要应用于工业化大规模生产中，规格、型号根据需求选用。根据支承体的不同，陶瓷膜的构型可分为平板、管式、多通道三种，其中平板膜主要用于小规模的工业生产和实验室研究。管式膜组合起来形成类似于列管式换热器的形式，可增大膜装填面积，但由于其强度问题，已逐步退出工业应用。规模应用的陶瓷膜，通常采用多通道构型，即在一圆截面上分布着多个通道，一般通道数为 7、19、37 等。陶瓷膜设备通常采用不锈钢材料组装而成，如图 6-22 所示。

图 6-22　陶瓷膜设备

与传统聚合物分离膜材料相比，陶瓷膜具有的优点有：①化学稳定性好，能耐酸、耐碱、耐有机溶剂；②机械强度大，可反向冲洗；③抗微生物能力强；④耐高温；⑤孔径分布窄、分离效率高。因此陶瓷膜在食品工业、生物工程、环境工程、化学工业、石油化工、冶金工业等领域得到了广泛的应用。陶瓷膜的不足之处在于造价较高，无机材料脆性大、弹性小，会给膜的成形加工及组件装备带来一定的困难等。

陶瓷膜设备在石油化工、食品工业、冶金工业、环境工程、生物工程等领域应用前景广阔，在水处理主要应用领域有：①钢铁厂冷轧乳化液废水、机加工金属切削含油乳化液废水；②印钞擦版废水；③电泳电镀镀锌废水；④油脂行业碱炼洗涤废水；⑤工业酸碱废水；⑥矿井废水；⑦脱硫废水；⑧研磨和微电子废水；⑨钛白废水；⑩印染废水。

以一个印染废水回用一体化膜法系统为例，介绍陶瓷膜设备的作用。

该系统主要由膜生物反应器（MBR）、陶瓷超滤膜设备、反渗透设备等组成。陶瓷膜是将颗粒物质、细菌、胶体、淤泥等从废水中分离出来且去除，除了能有效去除有机物和色度，超滤膜还能够延长反渗透膜的清洗周期和寿命，反渗透膜还可以去除 98% 的盐离子，完全去除硬度，且对 COD、色度也具有极好的去除作用，从而确保回用水水质。膜法投入实施的缺点是一次投入较大，但是膜法的优点也相当明显，其经济效益就非常客观，平均不到 3 年可完全收回成本，并且减少废水排放量的 70% 以上。

6.1.6.4 电渗析设备

电渗析过程与反渗透过程同为脱盐技术，它们的本质类似，都是通过输入能量使物质发生跨膜迁移以达到分离目的，只不过在电渗析中迁移的是带电离子，在反渗透中迁移的是水分子。

（1）电渗析原理　电渗析的原理是利用在外加直流电场作用下，以电位差为推动力，利用离子交换膜的选择透过性（即阳离子可以透过阳离子交换膜，阴离子可以透过阴离子交换膜），使阴、阳离子分别向阳极和阴极移动。离子迁移过程中，当膜的固定电荷与离子的电荷相反，则离子可以通过；如果它们的电荷相同，则离子被排斥，从而实现溶液除盐淡化、浓缩、精制或纯化等目的。图 6-23 为电渗析过程示意图。阴离子交换膜（阴膜）和阳离子交换膜（阳膜）交替排列在阴极和阳极之间，电极两端接通直流电流。原水从电渗析器下端进入电渗析器内，上端流出。以 NaCl 为例说明：Cl^- 在直流电流的作用下，透过阴膜向阳极移动，当遇到阳膜时被阻碍；Na^+ 透过阳膜向阴极移动，当其遇到阴膜时被阻碍。D2 室中的 Na^+ 透过 CM（阳膜）向 C1 室移动，Cl^- 透过 AM（阴膜）向 C2 室移动，这样进行一段时间后，D2 室溶液中的离子大部分迁移到相邻隔室 C1、C2 室，因此 D2 室浓度降低称为淡化室，C1、C2 室浓度升高称为浓缩室，从而实现了高含盐物料的电渗析淡化浓缩的目的。

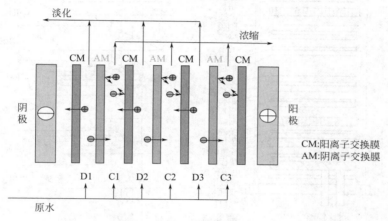

图 6-23　电渗析过程示意图

（2）电渗析设备的组成　如图 6-24 所示，电渗析设备主要由膜堆、极区和加紧装置三大部分构成。一对阴、阳极膜和一对浓、淡水隔板交替排列，组成一个结构单元，也叫一个膜对。一台电渗析器由若干膜对组成，这些膜对总称为膜堆，其位于电极（包括共电极）之间。隔板上有配水孔、布水槽、集水孔、集水槽、流水道及过水道，放在阴、阳极膜之间，起到分隔和支承阴、阳极膜的作用，构成浓、淡室，形成水流通道，并起配水和集水的作用。隔板常和隔网配合黏结在一起使用，隔板材料常用 1～2mm 厚的 UPVC（或 PP 或合成橡胶）板制成。隔网起着搅拌作用，以增加液流的紊流程度，常用隔网有鱼鳞网、编织网、冲膜式网等。隔板流水道分为有回路式和无回路式两种，如图 6-25 所示。有回路式隔板流程长，流速高，电流效率高，一次除盐效果好，适用于流量较小而除盐率要求较高的场合；无回路式隔板流程短，流速低，要求隔网搅动作用强，水流分布均匀，适用于流量较大的除盐系统。

极区的主要作用是给电渗析器供给直流电，将原水导入膜堆的配水孔，将淡水和浓水排出电渗析器，并通入和排出极水。极区由托板、电极、极框和弹性垫板组成。托板的作用是加固极板和安装进出水接管，常用厚的 UPVC 板制成。电极的作用是接通内外电路，在电渗析器内造成均匀的直流电场。阳极常用石墨、铅、铁丝涂钉等材料；阴极可用不锈钢等材料制成。极框用来在极板和膜堆之间保持一定的距离，构成极室，也是极水的通道。极框常用厚 5～7mm 的粗网多水道式塑料板制成。垫板起防止漏水和调整厚度不均的作用，常用

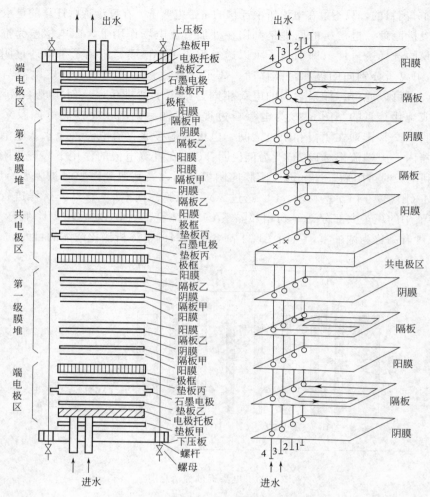

图 6-24　电渗析设备的结构组成示意图

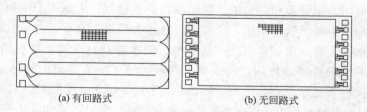

(a) 有回路式　　　　　　　　(b) 无回路式

图 6-25　隔板流水道的结构示意图

橡胶或软 PVC 板制成。

夹紧装置用于把极区和膜堆均匀夹紧，组成不漏水的电渗析器整体。可采用压板和螺栓拉紧，也可采用液压压紧。

电渗析器的基本组装形式如图 6-26 所示。通常用"级""段"和"系列"等术语来区别各种组装形式。电渗析器内电极对的数目称为"级"，凡是设置一对电极的叫作一级，两对电极的叫二级，依次类推。电渗析器内，进水和出水方向一致的膜堆部分称为一段，凡是水流方向改变一次，就增加一段。电渗析器组装应根据进水水质、产水量和除盐率等因素确定，有的还需经验确定其组装的级数、段数和膜对数。

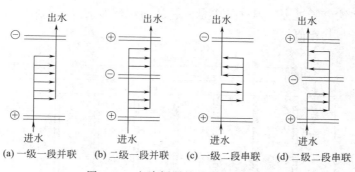

|（a）一级一段并联|（b）二级一段并联|（c）一级二段串联|（d）二级二段串联|

图 6-26　电渗析器的基本组装形式

（3）电渗析设备在水处理工程上的应用　电渗析早期已广泛应用于海水和苦咸水脱盐淡化制取饮用水和工业用水、海水浓缩制取食盐。近年来由于新开发的荷电膜具有更高的选择性、更低的膜电阻、更好的热稳定性和化学稳定性以及更高的机械强度，均相离子交换膜、双极膜等核心产品的性能即将比肩甚至超过进口膜的水平，这使电渗析技术的熟知度和应用度越来越高。电渗析不但可以应用于食品工业、化学工业、医药产业，而且在工业废水处理领域也得到了广泛应用。目前电渗析在工业废水处理实践中的应用主要有：

① 高盐废水脱盐。倒极电渗析凭借较高的水回收率、较长的膜寿命、良好的耐氯性和一定的有机物耐受性等特点，在某些工业废水的脱盐应用中优于反渗透，或者与反渗透组合应用时能获得更好的综合效果。电渗析技术用于脱盐时，更关注淡水水质。

② 零排放工艺中蒸发器之前的减量浓缩。电渗析技术用于浓缩时，更关注浓水水质。

③ 从酸液清洗金属表面所形成的废液中回收酸和金属。

④ 从电镀废水和废液中回收重金属离子（如 Cu^{2+}、Ni^{2+}、Zn^{2+}）。

⑤ 从合成纤维废水中回收硫酸盐。

⑥ 处理碱法造纸废液，从浓液中回收碱，从淡液中回收木质素，从亚硫酸纸浆废液中回收亚硫酸盐，等等。

⑦ 从放射性废水中分离放射性元素。

电渗析法除盐、淡化时，进入电渗析器的水质一般应满足下列要求：①浊度为 1～3NTU，活性氯含量<0.2mg/L；②总铁含量<0.3mg/L，锰含量<0.1mg/L；③水温为 5～40℃。

6.1.6.5　扩散渗析设备

扩散渗析（简称 DD）不同于电渗析，它不用外加直流电场，而是仅依靠离子交换膜两侧溶液的离子浓度差与离子交换膜的选择透过性，来达到分离回收的目的。根据离子交换膜自身所带电荷的差异，可将扩散渗析分为阳离子交换膜扩散渗析和阴离子交换膜扩散渗析，前者主要用于碱回收，后者主要用于酸回收。

扩散渗析也称离子交换膜扩散渗析，除了没有电极室以外，其他构造与电渗析基本相同。图 6-27 为回收酸洗钢铁废水中硫酸的扩散渗析器。在渗析槽中装设一系列间隔很近的耐酸阴离子交换膜，将整个槽子分隔成两组相互为邻的小室；阴膜之间放置隔板，根据流量确定并联的隔板数目。一组小室流入废水，一组小室流入清水，流向相反。由于在浓度差的推动下，废水中的氢离子、硫酸根离子和铁离子均有向扩散液中扩散的趋势，但由于阴离子交换膜的选择透过性，只有硫酸根离子较多地透过阴膜，进入清水。虽然当硫酸根离子透过阴膜时也携带一些铁离子过去，但这是少量的，从而实现酸的分离回收。用于碱回收的阳离子交换膜扩散渗析与其相似。

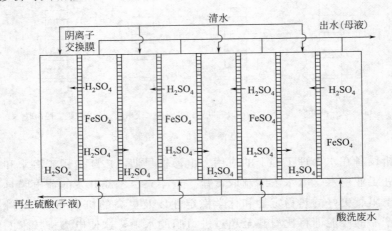

图 6-27　扩散渗析回收酸洗钢铁废水中的硫酸扩散渗析器

　　扩散渗析基本不耗电，具有运行费用低、无污染、操作简单等优点，但不足之处是分离速度比较慢，设备投资也较大。近年来，人们逐渐把目光投向了扩散渗析这一环保且节能的膜分离技术上，用于钢铁、化成箔、湿法冶金（冶铜）、电镀、PS 版印刷材料、蓄电池、钛白粉、多晶硅、木材糖化、稀土工业及其他有色金属冶炼等行业领域的废酸回收，以及造纸、黏胶纤维、铝合金型材加工、冶金等行业的废碱回收，回收率可达 70%～90%，但不能将它们浓缩。

　　扩散渗析使用注意事项：

　　① 原液须预处理，以防膜堵塞而影响使用寿命和回收效果。

　　② 由于扩散渗析的渗析速度与膜两侧溶液的浓度差基本呈正比，所以只有当原液酸（或碱）的浓度高于一定值，扩散渗析的回收效果才显著。譬如，回收硫酸时，只有废水硫酸浓度大于 10% 时，才有实用价值。

　　③ 为了提高离子交换膜两侧的浓度差及渗析速度，清水与原液在离子交换膜的两侧相向而流。

　　④ 为了便于操作、安全、节能，一般采用高液位槽重力流。

　　⑤ 设备停止工作时，应保证设备内充满料液或清水；在解体检修时，应将膜浸泡于清水或料液中，以保证膜性能的稳定性。

　　⑥ 扩散渗析运行时，膜两侧液体带入空气会在设备上部积聚，从而影响膜有效面积并产生气阻现象。因此，排气管标高应高出液体控制箱液面 1m 左右。

　　⑦ 使用时首先开启阀门，在膜两侧注入等体积的原液和自来水，随后静止 2h，之后按设备处理能力调节进出水流量。

　　⑧ 原料液虽经过预处理去除了杂质，但仍有少量杂质进入设备内，因而在使用过程中，还需要定期对设备进行反冲洗处理，以去掉进入设备内部与黏附在膜表面的杂质。当处理效果明显下降时，可将设备内原液放空，灌入 1%～3% 浓度的 NaOH（或硫酸）溶液浸泡 2～6h 进行中和，放空后改用清水灌入清洗（入口压力≤0.05MPa），清水放空后即可恢复正常工作。

6.2　曝气设备

曝气是将空气中的氧用强制方法溶解到水与活性污泥混合液中去的过程。曝气设备是污水好氧生物处理的关键性设备，其主要作用是充氧、搅拌、混合。曝气设备的选型不仅影响污水生化处理效果，而且影响到污水场占地、投资及运行费用。

6.2.1　曝气方式与技术性能指标

在污水处理工程实际中，一般将曝气方式分为空气扩散型水下曝气（俗称鼓风曝气）、机械曝气等 2 大类，其中机械曝气包括机械表面曝气和水下曝气机曝气。鼓风曝气和水下曝气机曝气都是在水体底层或中层以不同方式充入空气，使之与水体充分均匀混合，完成氧从气相到液相的转移。

反映曝气设备充氧性能好坏的技术指标有以下几项：

① 动力效率（E_p）。每消耗 1kW 电能转移到混合液中的氧量，单位 kg/(kW·h)；

② 氧的利用率（E_A）。通过鼓风曝气转移到混合液中的氧量占总供氧量的百分率，单位％；

③ 氧转移效率（E_L）。也称充氧能力，通过机械曝气装置，在单位时间内转移到混合液中的氧量，单位 kg/h。

一般对于鼓风曝气设备的性能按 E_p、E_A 两项指标评定，对机械曝气设备则按 E_p、E_L 两项指标评定。

对于较小的曝气池，采用机械曝气器能减少动力费用，并省去鼓风曝气所需的管道系统和鼓风机等设备，维护管理也比较方便。这类曝气器的缺点是：转速高，其动力消耗随曝气池的增大而迅速增大。所以曝气池不能太大，曝气池的深度也受到限制。而且，如果曝气池中产生泡沫，将严重降低充氧能力。鼓风曝气供应空气的伸缩性较大，曝气效果也较好，一般用于较大的曝气池。鼓风曝气的缺点是需要鼓风机和管道系统，曝气头存在堵塞现象。

6.2.2　鼓风曝气设备

鼓风曝气系统由空气加压设备、空气输配管路与水下空气扩散器（也称水下曝气头）组成。

空气加压设备包括空气净化器、鼓风机或空气压缩机，其风量要满足生化反应所需的氧量并能保持混合液呈悬浮状态，风压则要满足克服管道系统和水下空气扩散器的摩擦损耗以及扩散器上部的静水压；空气净化器的作用是改善整个曝气系统的运行状态和防止水下空气扩散器阻塞；空气输配管路包括干管和支管，干管常架设于相邻两廊道的公用墙上，向两侧廊道引出支管。

水下空气扩散器的作用是将空气进行扩散分割，并在水流作用下形成不同尺寸的气泡，增大空气与混合液之间的接触界面，把空气中的氧溶解于水中。扩散性能的好坏直接影响好氧生物处理的处理效果以及氧利用效率和动力效率等关键参数。

常见的水下空气扩散器有穿孔管、竖管、水力剪切扩散器及微孔曝气器等。

6.2.2.1 穿孔管

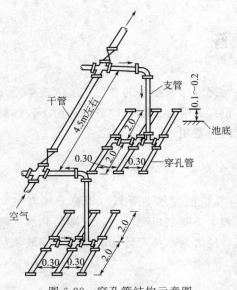

图 6-28 穿孔管结构示意图

如图 6-28 所示，穿孔管是穿有小孔的钢管或塑料管，常设于曝气池一侧高于池底 100～200mm 处，也有的按编织物的形式安装遍布池底。穿孔管属于中气泡型曝气器。

主要技术性能及参数：穿孔管的直径为 25～50mm，管上小孔直径一般为 2～3mm，孔开于管下侧与垂直面成 45°夹角处，间距为 10～15mm。为避免孔眼的堵塞，穿孔管孔眼处空气出口流速≥10m/s；布置排数由曝气池的宽度及空气用量而定，一般可用 2～3 排。穿孔管这种扩散装置构造简单，不易阻塞，阻力小，氧转移率为 4%～6%，动力效率（以 O_2 质量计）为 2.3～3kg/(kW·h)。穿孔管在国内采用较多。

近年来，为了降低空气压力，用穿孔管时也有采用如图 6-29 所示的布置方式，即将穿孔管布置成栅状，悬挂在池子一侧距水面 0.6～0.8m 处。这种曝气方式通常称浅层曝气。浅层曝气与一般曝气相比，空气量增大，但风压为一般曝气的 1/4～1/3，故电耗并不增加而略有下降。

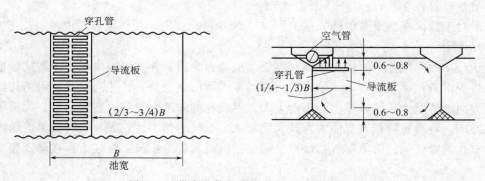

图 6-29 带穿孔管的浅层曝气池（单位：m）

6.2.2.2 竖管

竖管曝气装置属大气泡扩散器。该装置是在曝气池一侧布置竖管，竖管直径在 15mm 以上，距离池底 150mm 左右。大气泡在上升时形成了较强的紊流并能够剧烈地翻动水面，从而加强了气泡液膜层的更新和从大气中吸氧的过程。虽然大气泡气液接触面积比小气泡和中气泡的要小，但由于其构造简单，无堵塞问题，管理也简单。氧转移效率为 6%～7%，动力效率为 2～2.6kg/(kW·h)，较穿孔管稍低。近年来国内一些城市污水厂采用竖管曝气装置，一部分处理工业污水的曝气池也用这种形式。图 6-30 为一种竖管曝气装置及其布置的示意图。

6.2.2.3 水力剪切扩散器

水力剪切扩散器原理是利用本身构造能产生水力剪切作用的特征，在空气从装置吹出之

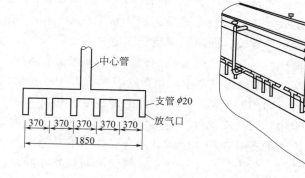

图 6-30　竖管曝气装置及其布置形式

前，将大气泡切割成小气泡。常用水力剪切扩散器有倒盆型空气扩散器、固定螺旋空气扩散器、射流式曝气器、散流曝气器、"金山"型曝气器等。这里主要介绍倒盆型空气扩散器和固定螺旋空气扩散器。

（1）倒盆型空气扩散器　该装置由盆形塑料壳体、橡胶板、塑料螺杆等组成，其结构如图 6-31 所示。空气由上部进入，由壳体和橡胶板之间的缝隙向四周喷出，呈一股喷流旋转上升。旋流造成的剪切作用和紊流作用使气泡尺寸变得较小（2mm 以下），液膜更新较快，传质效果较好。当水深为 5m 时氧转移效率可达 10%，4m 时为 8.5%；阻力较大，动力效率并不高 [1.75～2.88kg/(kW·h)]，氧利用率 4%～10%；由于停气时橡胶板与倒盆紧密贴合，无堵塞问题。

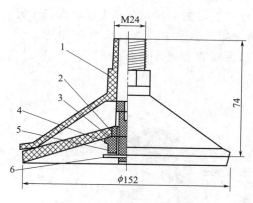

图 6-31　倒盆型空气扩散器

1—倒盆型塑料壳体；2—橡胶板；3—密封圈；
4—塑料螺杆；5—塑料螺母；6—不锈钢开口销

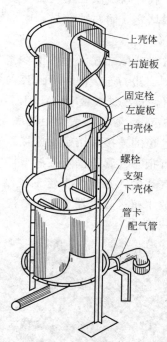

图 6-32　固定双螺旋曝气器结构示意图

151

（2）固定螺旋空气扩散器　该装置是国外在20世纪70年代发展起来，由圆形外壳和固定在圆柱形外壳内部的螺旋叶片组成。一般每台由三节组成，水深较浅（3m左右）时也可采用两节。目前生产的类型有：固定单螺旋、固定双螺旋和固定三螺旋等三种。固定双螺旋曝气器每节有两个圆柱形通道（简称两通道），固定三螺旋曝气器则有三个圆柱形通道（简称三通道）。在如图6-32所示的固定双螺旋曝气器中，每个通道内均有180°扭曲的圆形螺旋叶片，在同一节中螺旋叶片的旋转方向相同，两个相邻叶片的旋转方向相反。

固定螺旋空气曝气器安装在水中，无转动部件。空气由布气管从底部进入装置内，向上流动，壳体内外混合液的密度差产生的提升作用，使混合液在壳体内不断循环流动，空气泡在上升过程中，被螺旋叶片反复切割，气泡直径不断变小，气液不断激烈掺混，接触面积不断增加，有利于氧的转移。

固定双螺旋曝气器与穿孔管相比，在水深为3m时，处理效果可提高15%～20%或气量节省20%；当水深为5.2m时，两者可达到同样的处理效果，但可节省空气量50%左右。由此可见，该曝气器的特点是：结构简单；氧气转移率和动力效率较高，电耗较少；阻力小，提升和搅拌作用好，曝气均匀。

6.2.2.4　微孔曝气器

微孔曝气器是近年来发展起来的新型高效曝气器。常用微孔曝气器按材料可分为陶瓷（刚玉）、橡胶膜片和高密度聚乙烯（HDPE）；按结构形式可分为盘式、板式和管式。目前，在我国主要使用盘式和管式曝气器。

（1）膜片盘式微孔曝气器　该装置曝气气泡直径小，气液面积大，气泡扩散均匀，不会产生孔眼堵塞，耐腐蚀性强，比常规产品固定螺旋曝气器、散流曝气器和穿孔管曝气器能耗降低40%。

膜片盘式微孔曝气器的安装（图6-33）：曝气装置由曝气器、布气管道、三通、四通、弯头、调节器、连接件、清除装置等组成，布气管道按通常的环形布置，曝气器按供气量和池形布置，每组进气管应设置阀门，便于调节空气量。空气管设计流速：干管为10～15m/s；支管为5m/s。曝气器表面距池底安装高度为270mm或250mm，推板式为200mm。曝气器和布气管道的连接采用螺纹连接，安装时先把调节器按所需尺寸用膨胀螺栓固定在池底，然后用抱箍把布气管道固定在调节器上，为防止其他作业，如电焊火花和土建时混凝土等重物损坏曝气装置，必须等土建工程结束后在放水前把曝气器装上。为防止管道和连接部分漏气，应放水超过曝气器10cm左右，然后通气，如发现有管通连接部分漏气，应及时排除，然后正式投运。

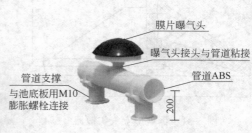

图6-33　膜片盘式微孔曝气器安装效果图

（2）管式曝气器　微孔管式曝气器（图 6-34）的扩散胶为进口三元乙丙橡胶，空气管道采用工程塑料 ABS 材质，橡胶膜片扩散出来的气泡直径小，气液界面面积大，开有大量的自闭孔眼，随着充氧和停止运行，孔眼都能自动张开和闭合。因此，不产生孔眼堵塞、沾污等弊病。

图 6-34　微孔管式曝气器安装效果图

（3）软管式曝气器　可变孔曝气软管（图 6-35）采用了新的构思——可变孔、薄壁、直通道和狭缝原理，同时气孔可随气量的增减而变化大小，从而使曝气变得更加均匀，也防止了堵塞，是一种高效节能型的曝气设备。软管在曝气时鼓胀，而在不曝气时受静水压力作用被压扁，在一定程度上避免了污泥倒灌，布气均匀、氧利用率高。该产品已广泛应用于石化、炼油、焦化、印染、制药、酿造、工业废水和城市污水等工业领域，备受用户赞誉。

图 6-35　可变孔曝气软管

（4）膜管悬挂式（链式）曝气器　该种曝气器具有管式曝气器优点，设置简单，并且维修简便，可以在不影响正常运行（不停水、不停止供气）的情况下进行检修、更换损坏的曝气器，实用可靠。该种曝气器常用于氧化塘中。

6.2.3　机械曝气设备

机械曝气是指用专门的曝气机械剧烈地搅动水面，使空气中的氧溶解于水中。通常，曝气机兼有搅拌和充氧作用，使系统接近完全混合型。常见的机械曝气设备可分为两大类型，即表面曝气机和水下曝气机。

6.2.3.1　表面曝气机

表面曝气机一般由电动机、机械传动部分和曝气部分组成。与鼓风曝气相比，表面曝气机不需要修建鼓风机房及设置大量布气管道和曝气器，设施简单、集中，维护方便，造价低。实践表明，表面曝气机适用于气候缓和地区中小规模的污水处理厂；此外也不太适用于曝气过程中产生大量泡沫的污水，其原因是产生的泡沫会阻碍曝气池液面吸氧，使溶氧效率急剧下降，处理效率降低。

表面曝气机按传动轴的安装方向可以分为水平轴式和立轴式两大类。

　　水平轴式表面曝气机械包括转刷曝气机、转盘（或转碟）曝气机，两种设备主要用于氧化沟工艺系统。

　　立轴式表面曝气机械又有多种形式，主要区别在于曝气叶轮的结构形式。常用有泵型、倒伞型、平板型三种叶轮，其中，泵型和倒伞型叶轮曝气机应用较为广泛。泵型叶轮曝气机按整机安装方式分为固定式和浮置式：前者是整机安装在构筑物上部；后者是整机安装于浮筒上，主要用于液面高度变动较大的氧化塘、氧化沟和曝气湖等场合，根据需要还可以在一定范围内水平移动。

　　这里主要介绍泵型叶轮曝气机、倒伞型叶轮曝气机、转刷曝气机、转盘（或转碟）曝气机。

　　（1）泵型叶轮曝气机　如图 6-36 所示，泵型叶轮曝气机由电机、减速器、联轴器、叶轮升降机构、泵型叶轮等组成，它利用叶轮的提升和输水作用，使曝气池内液体不断循环流动，更新气液接触面，不断从大气中吸氧。泵型叶轮由平板、叶片、上压罩、下压罩、导流锥和进水口等构成。泵型叶轮曝气机用于曝气池的表面曝气，叶轮直径为 760～1000mm。

　　泵型叶轮曝气机选型和使用时应注意三点：①叶轮浸没深度宜采用 40mm，过深会影响充氧量，过浅则容易引起叶轮脱水，使运转不稳定；②叶轮不能反转，反转会使充氧量下降；③叶轮外缘最佳线速度应在 4.5～5.0m/s 的范围内。

　　泵型叶轮曝气机可以用于污水处理厂曝气池充氧，还可用于预曝气、曝气沉砂、曝气浮选等构筑物。

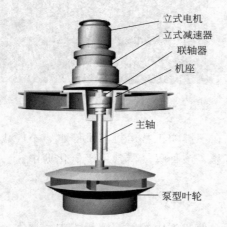

图 6-36　泵型叶轮曝气机的结构示意图

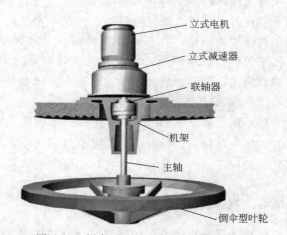

图 6-37　倒伞型叶轮曝气机的结构示意图

　　（2）倒伞型叶轮曝气机　该设备结构如图 6-37 所示。当倒伞型叶轮旋转时，在离心力作用下，水体沿直立叶片被提升，然后呈低抛射线状向外甩出，在周边形成水跃，使液面激烈搅动，从而将空气中的氧卷入水中。有些倒伞型叶轮上钻有吸气孔，可以提高叶轮的充氧量，吸气孔布置在叶片的转向后方。叶轮一般采用低碳钢制作，表面涂防腐涂料，但应用于腐蚀性较强的污水中时，可采用耐腐蚀金属制造。倒伞型叶轮曝气机广泛适应于活性污泥污水处理工艺的构筑物，也适用于河流曝气及氧化塘。

　　（3）转刷曝气机　转刷曝气机为水平推流式表面曝气机械，适用于城市生活污水和工业废水处理的氧化沟工艺中（如图 6-38），可进行充氧、混合及推进，具有推流能力强、充氧负荷调节方便、动力效率高、管理维修方便等特点。

图 6-38　氧化沟转刷曝气照片

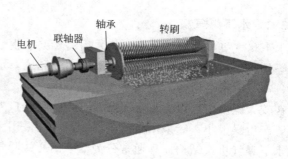

图 6-39　转刷曝气机的结构示意图

如图 6-39 所示，转刷曝气机由电机、减速传动装置和转刷等主要部件组成。转刷曝气机的螺旋圆锥-圆柱齿轮减速器用来驱动曝气转盘。其作用是向污水中充氧，推动污水在氧化沟中循环流动以及防止活性污泥沉淀，使有机物和氧充分混合接触，净化水质。

转刷是由一些冲压成形的叶片用螺栓连接组合而成，叶片多采用不锈钢或浸锌碳素钢板制作。叶片形状多样，有矩形、三角形、T 形、W 形、齿形、穿孔形等。目前设计应用最多的为矩形窄条状，叶宽一般为 50～76mm。

转刷曝气机主要技术参数：电动机功率为 18.5～45kW；转刷直径为 $\phi 500\sim1000$mm；转刷长度为 3～9m；充氧能力为 6～8kg/min；增氧效率为 1.8～2.5kg/(kW·h)。

（4）转盘（或转碟）曝气机　该曝气机利用安装于水平转轴上的转盘（或转碟）转动，对水体产生切向水跃推动力，促进污水和活性污泥的混合液在渠道中连续循环流动，进行充氧与混合。与同类曝气设备相比，转盘（或转碟）曝气机不仅具有工作水深大、充氧能力大、充氧效率高、混合搅拌能力强等特点，而且具有动力消耗低、结构简单、占地少、组装灵活、使用寿命长、安装维修方便等优点。转盘（或转碟）曝气机适用于各种类型的氧化沟进行曝气充氧、混合推流作用。

如图 6-40，转盘曝气机由电动机、减速传动装置、传动轴及曝气转盘等主要部件组成，整机横跨沟渠，以池壁为支承固定安装。转盘是曝气机核心的部件，由耐腐蚀玻璃钢或高强度工作塑料压铸成型。水平转轴采用厚壁热轧无缝钢管或不锈钢管加工而成，经调质处理后外表镀锌或沥青清漆做防腐处理。

曝气转盘的充氧能力通过下列四种方式来调节：①改变转盘电动机的转速；②调节出水堰的高度来改变转盘的浸没深度；③增加或减少砖坯的盘数；④改变转盘的旋转方向。

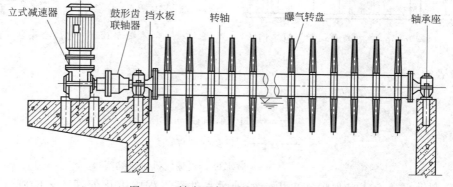

图 6-40　转盘曝气机安装结构示意图

6.2.3.2 水下曝气机

水下曝气机（或称潜水曝气机）由潜污泵、混合室、底座、进气管以及消声器等组成，置于曝气水体中层或底层。与表面曝气方式相比，水下曝气机性能具有如下特点：①吸入空气多，产生气泡多而细，溶氧率高；②结构紧凑，占地面积小，安装方便；③由于底边流速快，在较大范围内可以防止污泥沉淀；④除吸气口外，其余部分潜在水中运行，因此无泡沫飞溅，产生噪声小；⑤采用潜污泵技术，叶轮采用无堵塞式，运行安全可靠。

水下曝气机按结构原理通常分为潜水离心式曝气机和潜水射流式曝气机。潜水射流式曝气机按进气方式又可分为自吸（负压）式与压力供气式两类。

（1）潜水离心式曝气机　如图 6-41 和图 6-42 所示，QXB 型潜水离心式曝气机采用电机和叶轮直接传动，叶轮转动时产生的离心力使叶轮进水区产生负压，空气通过进气导管从水面上吸入，与进入叶轮的水混合形成气水混合液后，由导流孔口增压排出，水流中的小气泡平行沿着池底高速流动，在池内形成对流和循环，达到曝气充氧效果。机体浸入水中运转，减少噪声。

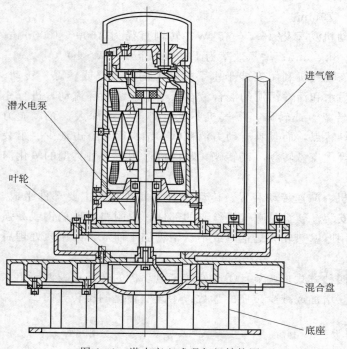

进气管

潜水电泵

叶轮

混合盘

底座

图 6-41　潜水离心式曝气机结构图

图 6-42　潜水离心式曝气机实物图

型号表示方式：

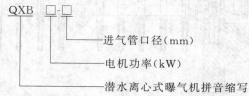

QXB □-□

进气管口径（mm）

电机功率（kW）

潜水离心式曝气机拼音缩写

QXB 型潜水离心式自吸曝气机用于各种污水处理工程中生化处理工艺的曝气池、曝气沉砂池、预曝气池，它作为曝气兼搅拌的专用设备得到广泛利用。

（2）自吸（负压）式潜水射流曝气机 自吸式潜水射流曝气机由潜水泵、射流器、扩散管、进气管及消声器组成，如图 6-43 所示。在进气管上一般装有消声器与调节阀。当潜水泵工作时，潜水泵的出水流经过射流器喷嘴产生高速水射流，通过扩散管进口处的喉管时，在气水混合室内产生负压，将液面以上的空气由通向大气的导管吸入，经与水充分混合后，空气与水的混合液从射流器高速喷射而出，与池中的水体进行混合充氧，并在池内形成环流，完成曝气。

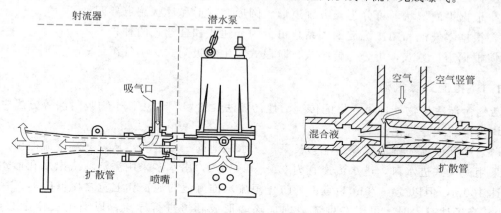

图 6-43 自吸式潜水射流曝气机的结构示意图

自吸式潜水射流曝气机所产生的强有力的单向液流，能够造成有效的对流循环，且电机负载（轴功率）随潜没深度的变化很小，安装简便，进气量可以调节。在进气管上一般装有消声器与调节阀，用于降低噪声与调节进气量。这种曝气机适用于建筑的中水处理以及工业废水处理的预曝气，通常处理水量不大。

（3）压力供气式潜水射流曝气机 如图 6-44 所示，压力供气式潜水射流曝气机一般由单一的射流器构成，设置在曝气池或氧化沟底部，外接加压水管、压缩空气管与射流器构成曝气系统。送入的压缩空气与加压水充分混合后向水平方向喷射，形成射流和混合搅拌区，对水体充氧曝气。由于射流带在水平及垂直两个方向的混合作用，因而氧转移率较高，但需要外设加压水管及压缩空气系统，系统较复杂。工程实际中常用的压力供气式潜水射流曝气机为密集多喷嘴曝气器，是为适应深水曝气需要而设计的曝气设备。

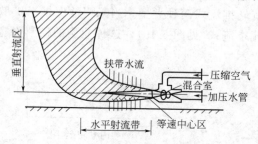

图 6-44 压力供气式潜水射流曝气机的
工作原理图

6.3 活性污泥法处理设备

活性污泥法处理城市污水和低浓度有机工业污水的有效生物处理法，其装置是一种应用广泛的好氧生物处理装置。活性污泥法处理系统的设备主要包括曝气池、曝气系统、污泥回流设备、SBR 工艺的滗水器等。

6.3.1 曝气池

曝气池是一个生化反应器，是活性污泥系统的核心构筑物，其池型与所需的反应器水力特征密切相关。曝气池有如下四种分类方式。

① 根据混合液流形式，可分为推流式、完全混合式和循环混合式三种；

② 根据平面形状，可分为长方廊道形、圆形、方形和环状跑道形四种；

③ 根据曝气池和二次沉淀的关系，可分为分建式和合建式两种；

④ 根据运行方式，可分为传统式、阶段式、生物吸附式、曝气沉淀式、延时式等多种。

6.3.1.1 推流式曝气池

活性污泥法生物处理过程中的传统活性污泥法、阶段曝气法、生物吸附法等方法中的曝气池均为推流式曝气池。

(1) 平面设计　推流式曝气池为长条形，水从池的一端进入，从另一端推流而出。进水一般采用淹没式进水口，进水流速宜为 0.2～0.4m/s，出水多采用溢流堰或出水孔形式。池长可达 100m，但以 50～70m 为宜。为防止短流，推流池的池长和池宽之比（L/B）一般为5～10。当场地有限时，可以在推流池内加隔墙形成廊道进行导流，以满足长宽比的要求。为节省占地面积，推流式曝气池往往建成两折或多折。

(2) 横断面设计　池宽和池深之比（B/H）一般取 1～2，有效水深最小为 3m，最大为9m。池深与造价和动力费用有密切关系。设计中常根据土建结构和池子的功能要求设计，有效池深在 3～5m 的范围内选定。曝气池的超高一般取 0.5m，为了防风和防冻等需要，可适当加高。采用表面曝气机时，机械平台宜高出水面 1m 左右。

(3) 曝气方式　多采用鼓风曝气，根据曝气池断面上的水流状态，又分为平流推流式和旋转推流式两种类型。当采用池底铺满扩散器时，曝气池中水流只有沿池长方向的流动为平流推流式（见图 6-45），这种池型的横断面宽深之比可以大些。

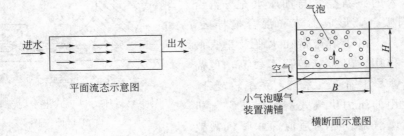

图 6-45　平流推流式曝气池示意图

为了增加气泡与混合液的接触时间，鼓风曝气装置位于池横断面的一侧，由于气泡造成密度差，池水产生旋转流，因此曝气池中除沿池长方向的水流外，还有侧向的旋转流，形成旋转推流式曝气池 （见图 6-46）。

由于鼓风曝气装置竖向位置的不同，旋转推流式曝气又可分为底层曝气、浅层曝气和中层曝气三种。

① 底层曝气：鼓风曝气装置装于曝气池底部。池深决定于鼓风机提供的风压。目前曝气池的有效水深常为 3～4.5m。

② 浅层曝气：扩散器装于水面以下 0.8～0.9m 的浅层处，常采用 1.2m 以下风压的鼓

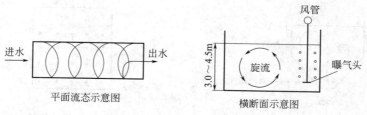

图 6-46　旋转推流式曝气池示意图

风机，虽然风压较小，但风量较大，故仍能造成足够的密度差产生旋转推流，池的有效水深 3～4m（见图 6-47）。

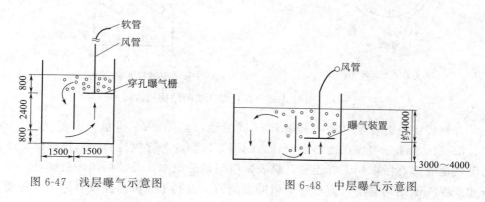

图 6-47　浅层曝气示意图　　　　　　图 6-48　中层曝气示意图

③ 中层曝气：扩散器装于池深中部，这是近年发展的新布置方法。与底层曝气相比，在相同鼓风条件和处理效果时，池深一般可以加大到 7～8m，最大的可达 9m，可以节省曝气池的用地（见图 6-48）。

中层曝气的扩散管也可以设于池的中央，形成两侧旋流。这种池型设计可采用较大的宽深比，适用于大型曝气池（见图 6-49）。

6.3.1.2　完全混合式曝气池

完全混合式曝气池的平面结构为圆形、矩形或多边形。污水进入池的底部中心，立即和池内原有的混合液充分混合，循环流动，水质没有推流式那样明显的上下游区别。完全混合曝气池可以与沉淀池分建或合建，因此可以分为分建式和合建式。

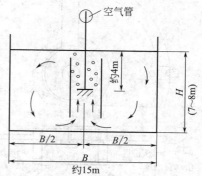

图 6-49　两侧旋流中层曝气示意图

（1）分建式完全混合曝气池　曝气池和沉淀池分别设置，如图 6-50 所示，既可用表面曝气机（表曝机），也可用鼓风曝气。曝气机的选用应与池型构造设计相配合。当采用泵型叶轮曝气机，线速度在 4～5m/s 时，曝气池的直径和叶轮的直径之比宜采用 4.5～7.5，水深与叶轮的直径之比宜采用 2.5～4.5；若采用倒伞型和平板型叶轮曝气机，叶轮直径和曝气池的直径比宜为 1/5～1/3。在圆形池中，要在水面处设置挡流板，一般用四块，板宽为池径的 1/20～1/15，板高为池深的 1/5～1/4；在方形池中，可不设挡流板。分建式曝气池需专门设置污泥回流设备，但运行上便于控制、调节。

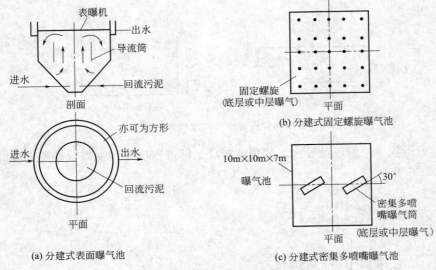

(a) 分建式表面曝气池　　　　　　　(c) 分建式密集多喷嘴曝气池

图 6-50　分建式完全混合曝气池的结构示意图

（2）合建式完全混合曝气池　也称曝气沉淀池，如图 6-51 所示，由曝气区、导流区、回流区、沉淀区几部分组成，池形多设计为圆形，沉淀池与曝气池合建，锥形沉淀池设于外环，与曝气池底部有污泥回流缝连通，靠表面曝气机造成水位差使回流污泥循环。

合建式曝气池结构紧凑、流程短，耐冲击负荷，有利于新鲜污泥及时回流，并能省去污泥回流设备，但存在曝气池与二次沉淀池相互干扰的问题，出水水质不如分建式曝气池好。

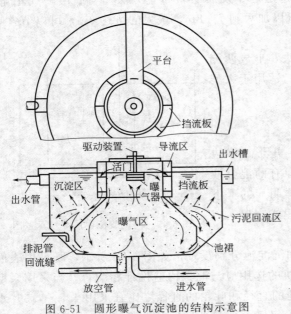

图 6-51　圆形曝气沉淀池的结构示意图

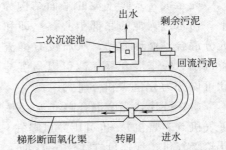

图 6-52　循环混合式曝气池结构示意图

6.3.1.3　循环混合式曝气池

如图 6-52 所示，循环混合式曝气池，也称氧化沟或氧化渠，平面形状如环状跑道，多采用转刷供氧，而且转刷设置在氧化渠的直段上，转刷旋转时混合液在池内循环流动，流速保持在 0.3m/s 以上，使活性污泥呈悬浮状态。污水从环的一端进入，从他端流出，一般混合液的环流量为进水量的数百倍以上，接近于完全混合，具有完全混合曝气池的若干特点。

6.3.2 曝气系统

曝气系统的任务是将空气中氧有效地转移到混合液中去，其设计包括曝气方法的选择、需氧量和供气量的计算、曝气设备的设计等。由于篇幅限制，这里仅简要介绍曝气设备的设计与选择。

本书第 6.2 节详细介绍了各种曝气设备。曝气方式通常分为鼓风曝气和机械曝气，这里重点介绍鼓风曝气系统设计。

（1）空气扩散器的选择及其布置　根据气泡尺寸的大小，空气扩散器（也称曝气器）可以分为微气泡扩散器、小气泡扩散器、中气泡扩散器、大气泡扩散器、水力剪切扩散器和机械剪切扩散器等，其特点见表 6-4。从氧传递的角度来看，微气泡扩散器优于大、中气泡扩散器，扩散器的池底格形布置优于使水流呈螺旋状前进的池一侧布置，推流式优于多点进水式。

表 6-4　各类空气扩散器对比

名称	氧转移效率/%	气泡直径	动力效率/[kg/(kW·h)]	材质、结构或分类	特点
微气泡扩散器	20~30	约 100μm	4.5~7.2	分为两类：一类为多孔性刚性材料，如陶粒、刚玉、粗瓷等；另一类为柔性橡胶膜，可形成管式、圆盘式等形状	气液接触面积大，能耗低，但是压力损失较大，易堵塞
小气泡扩散器	10~30	小于 1.5mm	1.2~2.0	采用多孔材料，如陶瓷、砂砾、塑料等；扩散板、扩散管或扩散盘结构	便于维护、清洗和更换，但是板的孔隙小，空气通过时压力损失大，容易堵塞
中气泡扩散器	6~15	约 3mm	1.0~2.5	穿孔管：穿有小孔的钢管或塑料管，小孔直径 2~3mm，开设于管壁两侧向下 45° 角处。网状膜空气扩散装置：主体采用工程塑料注塑成型，网状膜采用聚酯纤维制成	不易堵塞，布气均匀，便于管理
大气泡扩散器	4~8	15mm	2.0~2.6	竖管曝气：竖管直径 15mm 以上	构造简单，无堵塞问题，管理方便
水力剪切扩散器	7~12	将大气泡切割成小气泡	1.5~2.6	倒盆型空气扩散器、固定螺旋气扩散器、射流式空气扩散器、水下空气扩散器	空气净化要求低，养护方便，堵塞可能小

（2）空气管道管径确定及管道布置　鼓风机房的鼓风机将空气输送至曝气池，需要不同长度、不同管径的空气管。空气管的经济流速可采用 10~15m/s，通向扩散装置支管的经济流速可取 4~5m/s；根据经济流速和所通过的空气量即可确定空气管管径。鼓风曝气系统的总压力损失为空气管道系统的压力损失与空气扩散器的压力损失之和；空气管道系统的压力损失包括沿程阻力损失与局部阻力损失两项。空气通过空气管道和扩散器时，压力损失一般控制在 15kPa 以内，其中空气管道总损失控制在 5kPa 以内，扩散器在使用过程中容易堵塞，故在设计中一般规定空气通过扩散器阻力损失为 4.9~9.8kPa，根据所选扩散器的不同

可以酌情减少。计算时，可根据流量和流速选定管径，然后核算压力损失，调整管径。空气管的布置需基于曝气池的实际情况。

对于三廊道式曝气池，空气管布置方式通常是在两个相邻廊道设置一条配气干管，共设三条，每条干管设若干对竖管（支管）。

（3）鼓风机的选择　鼓风机是好氧生物处理工艺的核心设备，通常是污水处理厂能耗最大的设备，它的性能和运行经济性，对污水处理厂的正常运作、效益起到重要作用。污水处理厂使用的风机种类主要有罗茨鼓风机（三叶罗茨鼓风机）、离心鼓风机和空气悬浮鼓风机。为了净化空气，鼓风机进气管上常装设空气过滤器，在寒冷地区，还常在进气管前设空气预热器。

污水处理厂鼓风机的选择，应根据规模、工艺、投资目的、使用条件来有所侧重地选择。对于处理规模 $1 \times 10^4 \mathrm{m}^3/\mathrm{d}$ 以下的小型污水处理厂，无论何种工艺，选择简单可靠的罗茨风机是最合适的，因为它投资成本和运行成本低，总体经济效益佳。对于中型污水处理厂，可以选择多级离心鼓风机和空气悬浮离心鼓风机，但多级离心鼓风机只适用于相对恒定供气量和气压的污水处理工艺，如 A^2/O（厌氧-缺氧-好氧）工艺。为方便调节流量，有必要配备变频器进行调速，且要求配套变频电机。空气悬浮离心鼓风机适合各种污水处理工艺。对于大型污水处理厂，单级高速离心风机是最佳选择，因为它单机流量大，压力恒定，适合各种工艺，效率也高。

在选择鼓风机时，以空气量和风压为依据，并要求有一定的储备能力，以保证空气供应的可靠性和运转上的灵活性。实际工程设计时，风机的压力为曝气池有效水深和风压损失之和，一般按 $1.5+H$（H 为曝气池水深，以 m 为单位）估计。需注意的是，曝气系统随着使用时间的推移，由于空气扩散器的堵塞或损坏、管道阀门的锈蚀，大量污泥流入管道并沉积，会使管道流通面积减小，从而使得系统阻力大幅度增加，因此为了适应负荷的变化，使运行具有灵活性，工作鼓风机的台数不宜少于 2 台，因此总台数一般不少于 3 台。

6.3.3　污泥回流设备

在曝气池和二沉池分建的活性污泥系统中，需将活性污泥从二次沉淀池回流到曝气池。在污泥回流系统中，常用的污泥提升设备有螺旋泵、气提泵、污泥泵和潜污泵等。在选择回流污泥泵时，首先考虑的因素是不破坏活性污泥的絮凝体，使污泥尽可能保持其固有的絮凝性，保证曝气池生物化学处理过程运行稳定可靠。在需要将污泥进行远距离输送时，还可以使用隔膜泵、柱塞泵、螺杆泵等高扬程的容积泵。采用污泥泵时，常把二次沉淀池流来的回流污泥集中抽送到一个或数个回流污泥井，然后分配给各个曝气池。为保证污泥回流量可以随意调整，污泥回流泵必须具有调节流量功能，而且要有适当数量的备用泵。泵的台数视污水厂的大小而定，中小型厂一般采用 2~3 台。

6.3.4　SBR 工艺的滗水器

滗水器是 SBR（sequencing batch reactor，序批式间歇反应器）及其变形工艺（如 CASS、CAST、ICEAS 等）最常采用的定期排除澄清水的设备，它能从静止的池表面将澄清水排出，而不搅动沉淀污泥，确保出水水质。

滗水器具有如下特点：

① 可根据工艺要求设计滗水深度。

② 采用 PLC 程控智能驱动，滗水器接到排水指令后快速将滗水堰口由停放位置移动到水面以下，将静止后的上清液排水，来回往复进行排水；当滗水器到达最低水位后，安放在最低水位的液位开关发出返回指令，滗水器快速回升到最初的停放位置，完成一个工作循环，因此滗水器具有追随水位连续排水的能力。

③ 由于堰口设有浮筒和挡渣板，运作时既能不扰动沉淀的污泥，又能不带出池中浮渣，按规定的流量定量排水，确保出水水质。

④ 通过特殊的设计，保证滗水器重力和所受浮力基本平衡，使驱动功耗很低。

⑤ 滗水器与主排水管为不锈钢刚性连接，避免了因软连接造成的故障率高、寿命短、维修工作强度大等弊病。

国内已开发研究出多种形式的滗水器，常见的有旋转式、套筒式、虹吸式等三种滗水器。

6.3.4.1　旋转式滗水器

旋转式滗水器的特征是机械传动，堰口随着液面下降而将水排出反应器。旋转式滗水器由电动机、减速装置、四连杆机构（或推杆机构）、集水管、支管、主管、支座、浮子箱（拦渣器）、淹没出流堰、回转接头、控制系统等组成。工作时，通过电动机带动减速装置和四连杆机构，使堰口绕出水汇管做旋转运动，滗出上清液，液面也随之同步下降。浮子箱（拦渣器）可在堰口上方和前后端之间形成一个无浮渣或泡沫的出流区域，并可调节和堰口之间的距离，以适应堰口淹没深度的微小变化。旋转式滗水器外形如图 6-53。旋转式滗水器滗水深度一般可达 3m 左右。

旋转式滗水器具有滗水范围大、运行平稳、可靠、适用范围广等优点，目前在国内较大规模 SBR 水处理工程中应用较为广泛。但旋转式滗水器主要应用于大中型以上的污水处理中，整体结构笨重，安装和维护维修不方便。

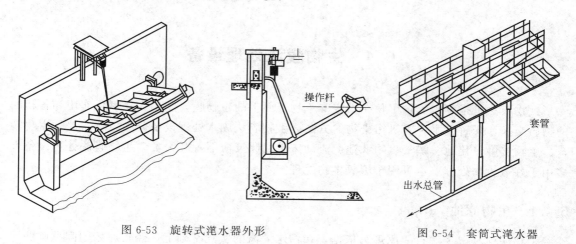

图 6-53　旋转式滗水器外形

图 6-54　套筒式滗水器

6.3.4.2　套筒式滗水器

套筒式滗水器（见图 6-54）由可升降的集水堰槽和可伸缩的套筒等部件组成，按照传动方式有丝杠式和钢丝绳式两种。前者在一个固定的池内平台上，通过电动机的运动，带动丝杠螺母机构，螺母旋转而丝杠往复直线运动，进而带动浮动式集水堰槽上下移动；后者通过电动机带动滚筒上钢丝绳，进而带动浮动式集水堰槽上下移动。集水堰槽下端的排水管插在有橡胶密封的套管中，可以随出水堰上下移动，套管连接在出水总管上，将上清液滗出池外，在堰口上也有一个拦浮渣和泡沫用的浮箱，采用剪刀式铰链和堰口连接，以适应堰口淹没深度的微小变化。套筒式滗水器的滗水负荷为 10～12L/（m·s），滗水深度 0.8～1.2m。

6.3.4.3　虹吸式滗水器

如图 6-55 所示，虹吸式滗水器实际是一组淹没出流堰，由一组垂直的短管以及阀构成，短管吸口向下，上端用总管连接，总管与 U 形管相通，U 形管一端高出水面一端低于反应池的最低水位，高端设自动阀与大气相通，低端接出水管以排出上清液。虹吸式滗水器是通过电磁阀控制进、排气阀的开闭，采用 U 形管水封封气，来形成滗水器中循环间断的真空和充气空间，达到开关滗水器和防止混合液流入的目的。滗水的水面限制在短管吸口以上，以防浮渣或泡沫进入。虹吸式滗水器的滗水负荷为 1.5～2.0L/（m·s），滗水深度 0.5～1.0m。

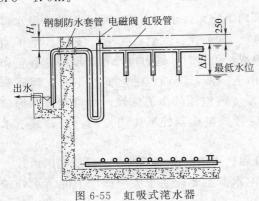

图 6-55　虹吸式滗水器

虹吸式滗水器的结构简单，操作控制方便，无运动部件，控制阀门仅是一个小口径的真空破坏阀（一般采用 DN50），维护方便，运行费用低。但主要存在两个不足之处，一是占据曝气池容积较大，安装后难以调整位置，滗水深度固定；二是虹吸要求条件高：反应池内液位必须高于汇水堰臂才能形成虹吸，破坏虹吸液位时必须保证排水短管中存有足够的气量，使下一周期注水过程进行时，短路中的水不进入汇水堰臂破坏虹吸条件。

6.4　生物膜法处理设备

生物膜法是指废水流过生长在固定支承物表面上的生物膜，利用生物氧化作用和各相间的物质交换，降解废水中有机污染物的方法。生物膜法废水处理设备分为生物滤池、生物转盘、生物接触氧化池、曝气生物滤池、流动床生物膜反应器等几大类。生物膜法处理设备大多用于好氧生物处理，也可用于厌氧生物处理。

6.4.1　生物滤池

生物滤池是以土壤自净原理为依据，在污水灌溉的实践基础上，经较原始的间歇砂滤池和接触滤池而发展起来的人工生物处理技术。生物滤池的主要特征是池内滤料是固定的，废水自上而下流过滤料层，利用滤料表面的生物膜的生物氧化作用和各相间的物质交换，降解废水中有机污染物。生物滤池运行管理简便，依靠自然通风供氧，运行费用低。

生物滤池按其构造特征和净化功能可分为普通生物滤池（又称低负荷生物滤池）、高负荷生物滤池和塔式生物滤池等三种类型。普通生物滤池是第一代生物滤池,其由池体、滤床、布水装置和排水系统组成。高负荷生物滤池和塔式生物滤池是先后在普通生物滤池基础上开发出来的。

6.4.1.1 高负荷生物滤池

高负荷生物滤池是在低负荷生物滤池的基础上,通过限制进水 BOD_5(五日生化需氧量)含量并采取处理出水回流等技术获得较高的滤速,将 BOD_5 容积负荷和水力负荷分别提高 6~8 倍和 10 倍的生物滤池。高负荷生物滤池进水 BOD_5 值必须小于 $200mg/L$,否则应采取处理水回流措施。

高负荷生物滤池由滤床、布水设备和排水系统三部分组成,滤池平面形状多设计为圆形,其构造如图 6-56 所示。

(1)滤床 滤床由滤料和池壁组成。滤料是滤池的核心,选择合适的滤料是生物滤池设计关键。要求滤料不仅表面积和孔隙率都大,而且质坚、高强度、耐腐蚀以及价廉易得。滤料粒径一般为 40~100mm,滤料层厚度多控制在 2m 以内,分上下二层充填,上层为工作层,用粒径 40~70mm 的滤料,层厚约为 1.8m;下层为承托层,采用粒径为

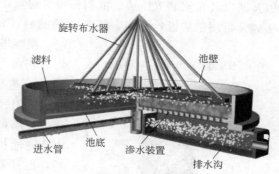

图 6-56 高负荷生物滤池构造

70~100mm 的滤料,层厚约为 0.2m。常用的滤料有卵石、石英石、花岗石及人工塑料滤料等。

池壁常用砖、石或混凝土砌筑而成,以围护滤料,减少污水飞溅。为了防止风力对池表面均匀布水的影响,池壁一般应高出滤料表面 0.5~0.9m。

(2)旋转布水器 旋转布水器是一种连续式喷淋装置,这种布水装置布水均匀,使生物膜表面形成一层流动的水膜,能保证生物膜得到连续的冲刷。

如图 6-57 所示,旋转布水器主要由固定不动的进水竖管和可旋转的布水横管组成。竖管通过轴承和外部配水短管相连,配水短管连接布水横管。布水横管一般用钢管或塑料管制作,每根布水孔口开在横管的同一侧,两根对称的布水横管其开口方向相反,可利用污水从孔口喷出所产生的反作用力使布水器按与喷水相反的方向旋转,亦可以利用电力驱动。

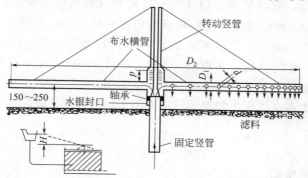

图 6-57 旋转布水器结构示意图

旋转布水的设计内容主要包括确定每根支管上的小孔数、各小孔距中心距离、布水所需要的工作水头、布水器的旋转速度等。布水横管一般为 2～4 根，横管中心高出滤层表面 0.15～0.25m，横管沿一侧的水平方向开设直径 10～15mm 的布水孔。为了满足布水均匀，孔间距靠近池中心处较大，靠近池边处较小，一般从 300mm 缩小到 40mm。

（3）排水系统　滤池的排水系统通常设置在滤床的底部，其作用为：排除处理后的污水；保证滤池通风良好；支承滤料。排水系统包括渗水装置、汇水沟和总排水沟等。

6.4.1.2　塔式生物滤池

塔式生物滤池在平面上多呈圆形，如图 6-58 所示，在结构上由塔身、滤床、布水系统以及通风及排水装置组成。滤料荷重分层负担，每层高度以不大于 2.5m 为宜，以免将滤料压碎。每层都应设检修口，以便更换滤料；每层还应设测温孔和观察孔，用以测量池内温度、观察塔内滤料上生物膜的生长情况和滤料表面的布水均匀程度。滤料层的总高度一般为 8～24m，直径 1～3.5m，直径与高度比介于 1:8 到 1:6 之间。塔式生物滤池采用轻质滤料，在我国使用比较多的是用环氧树脂固化的玻璃布蜂窝滤料。塔式生物滤池的布水装置与一般的生物滤池相同，大中型滤塔多采用电机驱动的旋转布水器，也可采用水力驱动的旋转布水器，小型滤塔则多采用固定喷嘴式布水系统、多孔管和溅水筛板布水器。塔式生物滤池一般都采用自然通风，塔底有高度为 0.4～0.6m 的空间，周围留有通风孔，其有效面积不得小于滤池面积的 7.5%～10%。

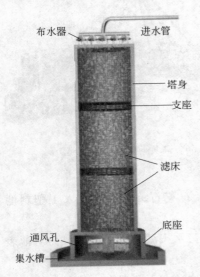

图 6-58　塔式生物滤池构造示意图

塔式生物滤池内部能形成较强的拔风现象，污水自上而下滴流，水流紊动剧烈，通风良好；污水、空气、生物膜三者可获得充分接触，加快了物质的传质速度和生物膜的更新速度。

塔式生物滤池的主要优点：①生物滤池对冲击负荷有较强的适应能力，其容积负荷（以 BOD_5 含量和滤料面积计）一般可达 1000～2000g/(m³·d)，较高负荷生物滤池高 2～3 倍；水力负荷（以污水体积和滤池面积计）可达 80～200m³/(m²·d)，比一般高负荷生物滤池高 2～10 倍，占地面积小，运转费用低；多用于高浓度工业废水的前段处理。②由于塔内微生物存在着分层的特点，所以能承受较高的有机物和有毒物质的冲击负荷。③由于塔身较高，自然通风良好，空气供给充足，电耗较活性污泥法低，产泥量较普通活性污泥法少。

塔式生物滤池的主要缺点：①当进水 BOD（生化需氧量）浓度较高时，生物膜生长迅速并频繁脱落，易于产生滤料的堵塞现象。所以，进水 BOD 浓度应控制在 500mg/L 以下，否则需采取处理水回流稀释措施。②基建投资大，BOD 去除率低。因此，要求进水的悬浮物以及油等含量不能太高。塔式生物滤池仅适合用于小型污水处理厂或小量污水的处理。

6.4.2　生物转盘

6.4.2.1　生物转盘的结构

生物转盘区别于其他生物膜法处理设备的特征是生物膜在水中回转。如图 6-59 所示，生物转盘主要由转盘、转轴和驱动装置、接触反应槽、支承轴承座等组成。转盘由固定在一根轴上的许多间距很小的圆盘或多角形盘片组成。盘片是转盘的主体，作为生物膜的载体，其材料选择对使用寿命、维修和投资影响最大。盘片材料要求质轻、价廉、强度高、耐腐蚀、防老化和不易变形，目前多采用聚乙烯硬质塑料或玻璃钢（用玻璃纤维加固的塑料）制作，形状可以是平板或波纹板，直径一般为 2～3.6m，最大直径达 5m，厚度 2～10mm，盘片净间距为 20～30mm。盘片平行安装在转轴上。为防止盘片

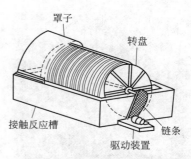

图 6-59　生物转盘构造示意图

挠曲变形，需支承加固。轴长通常小于 7.6m，当系统要求的盘片面积较大时，可分组安装，一组称为一级，串联运行。

接触反应槽（或称氧化槽）位于转盘的正下方，一般采用钢板或钢筋混凝土制成，呈与盘片外形基本吻合的半圆形，断面直径比转盘约大 20～50mm，使转盘既可以在槽内转动，脱落的残膜又不致留在槽内。在氧化槽的两端设有进出水设备，槽内水位应在转轴以下约 15cm。槽底设有放空管。驱动装置通常采用附有减速装置的电动机。根据具体情况，也可采用水力驱动或空气驱动。

6.4.2.2　生物转盘的净化原理

生物转盘在旋转过程中，当盘面某部分浸没在污水中时，盘上的生物膜便对污水中的有机物进行吸附；当盘片离开液面暴露在空气中时，盘上的生物膜从空气中吸收氧气对有机物进行氧化。通过上述过程，氧化槽内污水中的有机物减少，污水得到净化。转盘上的生物膜也同样经历挂膜、生长、增厚和老化脱落的过程，脱落的生物膜可在二次沉淀池中去除。生物转盘系统除可以有效地去除有机污染物外，如果运行得当还可具有硝化、脱氮与除磷的功能。

6.4.2.3　生物转盘的布置形式

生物转盘的布置形式分为单轴单级、单轴多级和多轴多级三种，如图 6-60 所示。究竟选用何种布置形式，需根据废水的水质、水量、净化要求、圆盘数量及平面位置等因素来选择。实践证明，对同一片污水，如盘片面积不变，将转盘分为多级串联运行，可以延长处理时间、提高出水水质和水中溶解氧含量。由于受到有机物浓度的限制，转盘级数不宜过多，一般不超过四级。对于高浓度废水，扩大第一级的盘数或者一、二级串联后与第三级串联，可提高水力负荷和耐冲击负荷，保证第一级有最大的工作面积和足够的溶解氧含量。

单轴四级生物转盘

多轴四级生物转盘

图 6-60　生物转盘的布置

为了降低生物转盘的动力消耗、节省工程投资和提高处理设施的效率，近年来出现了空气驱动的生物转盘（见图 6-61）、与沉淀池合建的生物转盘（见图 6-62）、与曝气池组合的生物转盘、藻类生物转盘等新形式。

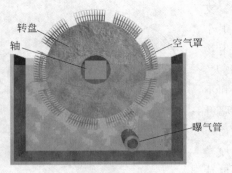

图 6-61 空气驱动生物转盘

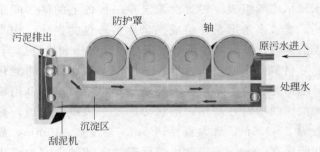

图 6-62 与平流沉淀池合建的生物转盘

6.4.2.4 生物转盘的优缺点

优点：①微生物浓度高，因而处理效率高；②由于生物转盘缓慢均匀地在水中转动，水和盘片之间产生的剪力可连续均匀地将老化的生物膜除去，可控制污泥生长；③抗冲击负荷能力强，工作稳定；④运转灵活，维护简单，动力消耗低；⑤混合液具有高密度和低浓度的特点，因此可按高负荷来设计二次沉淀池。

缺点：①盘材较贵，投资大，若从造价角度考虑，生物转盘仅适用于小水量、低浓度的废水处理；②生物转盘的性能受环境气温及其他因素影响较大，所以在北方寒冷地区，生物转盘需设在室内，并采取一定的保温措施，这限制了在寒冷地区建设大规模生物转盘污水处理厂；③转盘的供氧依靠盘面的生物膜接触大气，废水中挥发性物质易产生污染，采用从氧化槽的底部进水可以减少挥发物的散失，比从氧化槽表面进水好，但是挥发性物质的污染仍然存在。因此，生物转盘最好作为第二级生物处理装置。

6.4.3 生物接触氧化池

生物接触氧化池，又称为淹没式生物滤池，实际是生物滤池和曝气池的结合体。生物接触氧化池内设有填料，将其作为生物膜的载体。待处理的废水经过曝气充氧后以一定流速流过填料，废水与附着在填料上的生物膜接触，在生物膜与悬浮活性污泥中微生物的共同作用下，使废水得到净化。生物接触氧化池后则设二沉池，进行固液分离。

6.4.3.1 生物接触氧化池的构造

生物接触氧化池主要由池体、曝气装置、填料、填料支架、布水装置以及进出水管组成。池面多呈圆形或方形，通常用玻璃钢、钢板、PP 板或钢筋混凝土建造。池体用于容纳处理水量和设置填料、布水布气装置、支承填料的栅板和格栅。由于池中水流的速度低，从填料上脱落的残膜总有一部分沉积在池底，池底一般做成多斗式或设置集泥设备，以便排泥。

曝气装置是氧化池的重要组成部分，有充氧、充分搅拌以形成紊流，防止填料堵塞，促进生物膜更新的作用。生物接触氧化池按曝气方式可分为两种形式，即表面曝气生物接触氧化池和鼓风曝气生物接触氧化池，如图 6-63（a）、图 6-63（b）所示。按曝气装置位置的不同，又可分为分流式和直流式两种。

① 分流式。如图 6-63（b）所示，分流式的曝气装置与填料分别在池不同一侧，废水在

氧化池内不断循环。其优点是污水流过填料速度慢，有利于微生物的生长；其缺点是冲刷力太小，生物膜更新慢且易堵塞。

② 直流式。如图 6-63(c) 所示，曝气装置在填料底部，直接向填料鼓风曝气使填料区的水流上升。其优点是，生物膜更新快，能经常保持较高的活性，并避免产生堵塞现象。在我国多采用直流式。

生物接触氧化池按水流循环方式有内循环式和外循环式，如图 6-63（c）和图 6-63（d）所示。

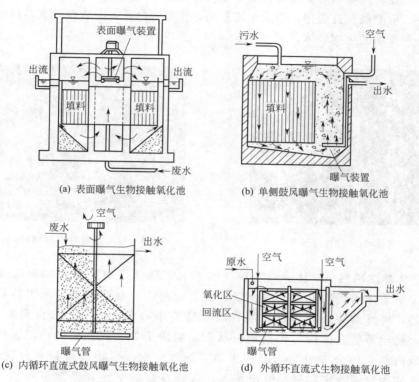

(a) 表面曝气生物接触氧化池　　　(b) 单侧鼓风曝气生物接触氧化池

(c) 内循环直流式鼓风曝气生物接触氧化池　　(d) 外循环直流式生物接触氧化池

图 6-63　生物接触氧化池基本构造示意图

填料是生物膜的载体，是氧化池的关键，直接影响着生物接触氧化法的效能。生物接触氧化池的填料应选用对微生物无毒害、易挂膜、比表面积较大、孔隙率较高、氧转移性能好、经久耐用、价格低廉的材料。为安装检修方便，填料常以料框组装，带框放入池中。当需要清洗检修时，可逐框轮换取出，池子无须停止工作。

填料支架有格栅支架、悬挂支架和框架支架 3 种形式。

布水装置采用多孔管，其上均匀布置直径 5mm 左右的布水孔，间距 20cm 左右，水流喷出孔口流速为 2m/s 左右，以保证污水、空气、生物膜三者之间相互均匀接触，并提高滤床的工作效率，同时防止氧化池发生堵塞。

6.4.3.2　填料

生物填料是提供微生物附着生长和悬浮生长的载体，是生物膜法设备的核心部分，直接影响着系统的运行效果和处理效率。生物接触氧化工艺常用的生物填料有软性纤维填料、半软性纤维填料、立体弹性填料、组合填料等四种。

（1）软性纤维填料　软性纤维填料（图 6-64）模拟天然水草形态加工而成，由中心绳和软性纤维束组成，材质通常采用尼龙、维纶、腈纶等合成纤维，具有质轻、比表面积大、利用率高、空隙可变不堵塞等优点。其缺点是：在强度不足时，纤维易于下垂结团，处理效率明显下降。软性纤维填料主要适用于生物接触氧化法和厌氧发酵法处理废水的生物载体。

（2）半软性纤维填料　半软性纤维填料形如雪花片（图 6-65），由聚丙烯、聚乙烯制成软性纤维填料以醛化纤维为基本材料加工制作而成，既有一定的刚性，又有一定的柔性和变形能力。半软性纤维填料的优点是：阻力小，布水、布气性能好，易长膜，又有切泡作用，而且易更换、耐酸碱、抗老化，不受水流影响，使用寿命长。半软性纤维填料是一种生物接触氧化法处理废水的生物载体。

图 6-64　软性纤维填料

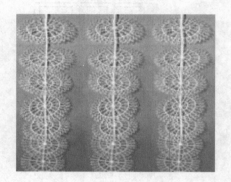

图 6-65　半软性纤维填料

（3）立体弹性填料　立体弹性填料（图 6-66）筛选了聚烯烃类和聚酰胺中的几种耐腐、耐温、耐老化的优质品种，混合以亲水、吸附、抗氧助剂等，采用特殊的拉丝、丝条制毛工艺，将丝条穿插固着在耐腐、高强度的中心绳上，由于选材和工艺配方精良，刚柔适度，使丝条呈立体均匀排列辐射状态，制成了悬挂式立体弹性填料的单体，填料在有效区域内能立体全方位均匀舒展满布，使气、水、生物膜得到充分混渗接触交换，生物膜不仅能均匀地着床在每一根丝条上，保持良好的活性和空隙可变性，而且能在运行过程中获得愈来愈大的比表面积，还能进行良好的新陈代谢，这一特征与现象是国内目前其他填料不可比拟的。

与硬性类蜂窝填料相比，立体弹性填料孔隙可变性大，不堵塞；与软性纤维填料相比，材质寿命长，不黏连结团；与半软性纤维填料相比，表面积大，挂膜迅速，造价低廉。因此，该填料可确认是继各种硬性类填料、软性纤维填料和半软性纤维填料后的第四代高效节能新颖填料。立体弹性填料广泛用于生物接触氧化池、水解酸化池内作生物填料。

（4）组合填料　聚丙烯（PP）纤维组合填料（图 6-67）是在软性纤维填料和半软性纤维填料的基础上发展而成的，它兼有两者的优点。其结构是将塑料圆片压扣改成双圈大塑料环，将醛化纤维或涤纶丝压在环的环圈上，使纤维束均匀分布；内圈是雪花状塑料枝条，既能挂膜，又能有效切割气泡，提高氧的转移速率和利用率。它可以使水气生物膜得到充分交换，使水中的有机物得到高效处理。组合填料优点是散热性能高，阻力小，布水、布气性能好，易生膜、换膜，并对污水浓度的适用性好，又有切割气泡作用。组合填料配套于接触氧化塔、氧化池、氧化槽等设备上，是一种生物接触氧化法和厌氧发酵法处理废水的生物载体。

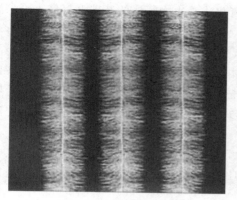

图 6-66　立体弹性填料

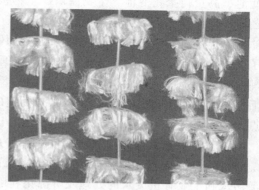

图 6-67　组合填料

6.4.3.3　生物接触氧化池的主要优缺点

优点：①生物接触氧化池具有较高的容积负荷；②不需要设污泥回流系统，也不存在污泥膨胀问题，运行管理简便（理由：相当一部分微生物固着生长在填料表面）；③生物接触氧化池污泥产量可相当于或低于活性污泥法；④不产生滤池蝇，也不散发臭气，并具有脱氮除磷功能，可用于三级处理。

缺点：如果设计或运行不当，则会出现填料堵塞，及布水、布气不易均匀等问题。

6.4.3.4　生物接触氧化池的设计参数

① 生物接触氧化池的座数不小于 2，并按同时工作考虑；生物接触氧化池每个（格）平面形状宜采用矩形，沿水流方向池长不宜大于 10m。其长宽比宜采用 0.5～1，有效面积不宜大于 $100m^2$。

② 生物接触氧化池进水端宜设导流槽，其宽度不宜小于 0.8m。导流槽与生物接触氧化池应采用导流墙分隔。导流墙下缘至填料底面的距离宜为 0.3～0.5m，至池底的距离宜不小于 0.4m。

③ 生物接触氧化池由下至上，应包括构造层、填料层、稳水层和超高。其中，构造层高宜采用 0.6～1.2m，填料层高宜采用 2.5～3.5m，稳水层高宜采用 0.4～0.5m，超高不宜小于 0.5m。

④ 污水在生物接触氧化池内的有效接触时间不得小于 2h。

⑤ 生物接触氧化池应设集水槽均匀出水。

⑥ 生物接触氧化池中的溶解氧含量一般应维持在 2.5～3.5mg/L，气、水比约为 15～20。

⑦ 生物接触氧化池应在填料下方满平面均匀曝气；当采用穿孔管曝气时，每根穿孔管的水平长度不宜大于 5m；水平误差每根不宜大于 ±2mm，全池不宜大于 ±3mm，且应有调节气量和方便维修的设施；为了保证布水、布气均匀，每格生物接触氧化池的面积一般应在 $25m^2$ 以内。

6.4.4　曝气生物滤池

曝气生物滤池（biological aerated filter，BAF）也叫淹没式曝气生物滤池，是在普通生物滤池、高负荷生物滤池、生物滤塔、生物接触氧化法等生物膜法的基础上，借鉴给水滤池工艺而开发而来的，被称为第三代生物滤池。曝气生物滤池对生物滤池进行了全面的革新：①滤料层下部设有鼓风曝气，代替了自然通风；②采用高比表面积、粒径小的滤料，显著提高了微生物浓度；③采用生化处理与过滤处理一体化运行，省去了后续二次沉淀池，在保证处理效果的前提下使处理工艺简化；④采用反冲洗，免去了堵塞的可能，同时提高了生物膜的活性；⑤采用生物膜加生物絮体联合处理的方式，同时发挥了生物膜法和活性污泥法的优点。

由于曝气生物滤池具有生物氧化降解和过滤截留悬浮固体的双重作用，能够有效去除SS、COD、BOD，脱氮除磷，因而可获得很高的出水水质，可达到回用水质标准，适用于生活污水和工业有机废水的处理及资源化利用。

根据污水过滤方向的不同可分为上向流和下向流滤池，这两种滤池的池型结构基本相同，现在绝大多数采用上向流曝气生物滤池（简称UBAF），使布水、布气更加均匀，同时在水、气上升过程中将底部截留的SS带入滤池中上部，增加了滤池的纳污能力，延长了工作周期。

曝气生物滤池主要有三种形式工艺，分别为BIOCARBON工艺、BIOSTYR工艺和BIOFOR工艺，在世界范围内都有应用，其中BIOCARBON为早期形式，目前大多采用BIOSTYR和BIOFOR工艺。

6.4.4.1　BIOSTYR曝气生物滤池

BIOSTYR曝气生物滤池是法国OTV公司对其原有BIOCARBON工艺的一个改进，其采用新型轻质悬浮填料BIOSTYRENE（主要成分是聚苯乙烯，且密度小于$1g/cm^3$）而得名。下面以去除BOD、SS并具有硝化脱氮功能的反应器为例说明其工艺结构与基本原理。

如图6-68所示，BIOSTYR曝气生物滤池底部设有进水布水管、排泥管和反冲洗废水管，中上部是填料层，厚度一般为2.5～3.5m，填料顶部装有滤板，其上均匀安装有滤头。为防止滤料流失，在滤床上方设置装有滤头的混凝土挡板，滤头可从板面拆下，不用排空滤床，方便维修。挡板上部空间用作反冲洗水的储水区，其高度根据反冲洗水头而定，因而省去反冲洗水池及水泵，大大降低了反冲洗能耗。

图6-68　BIOSTYR曝气生物滤池结构示意图

污水由下向上流通经过滤料层，空气通过在滤床下的滤池底部的空气格栅被注入，然后与污水同时向上运行。水体含有的污染物被滤料层截留，并被滤料上附着的生物降解转化，同时，溶解状态的有机物和特定物质也被去除，所产生的污泥保留在过滤层中，而只让净化的水通过，这样可在一个密闭反应器中达到完全的生物处理而不需要在下游设置二沉池进行污泥沉降。

设有的回流泵用于将滤池的出水泵送至配水廊道，继而回流到滤池底部实现反硝化。在不需要反硝化的工艺中没有该回流系统。填料层底部与滤池底部的空间留作反冲洗再生时填料膨胀之用。

滤池供气系统分两套管路，曝气区设置在滤池中部，置于填料层内的工艺空气管用于工艺曝气（主要由曝气风机提供增氧曝气），并将填料层分为上下两个区，上部为好氧区，下部为厌氧区，可同时实现硝化和反硝化作用。根据不同的原水水质、处理目的和要求，填料层的高度不同，好氧区、厌氧区所占比例也相应变化；滤池底部的空气管路是反冲洗空气管。

BIOSTYR 冲洗是逆流反冲洗，反洗更彻底。反冲洗水（处理后的出水）储存在滤池上部，所以无须独立的反清洗水池。反冲洗由 PLC 控制的一系列阀门操作完成。

BIOSTYR 工艺具有如下特点：

① 水向上流过滤池，底部渠道进配水，顶部出水。

② 采用了新型等粒径轻质悬浮滤（填）料，密度小于水，反洗结束后，在水浮力作用下滤（填）料回落均匀，保证整个滤床平整，从而有效避免穿透滤床的情况发生。

③ 滤池有效水深可达 8～10m，曝气系统采用穿孔管，省去曝气器的采购费用，由于气泡经过滤床时被滤（填）料切割，大大提高了氧转移效率，可达 30% 以上。

④ 滤头在滤池的顶部，与处理后水接触，易于维护。

⑤ 反冲洗时，反冲洗水借助重力流排放，去除水中固体颗粒物，空气擦洗利用工艺风机进行，因此 BIOSTYR 不需要专门用于反冲洗的泵、管道、阀门、鼓风机或者控制系统。

⑥ 工艺空气和反冲洗用气共用鼓风机。

⑦ 曝气管可布置在滤层中部或底部，在同一池中可完成硝化、反硝化功能。

6.4.4.2　BIOFOR 曝气生物滤池

BIOFOR 曝气生物滤池是由法国 Degremont 公司开发的，其底部为气水混合室，之上为长柄滤头、曝气管、垫层、滤料，如图 6-69 所示。BIOFOR 和 BIOSTYR 曝气生物滤池在结构、运行方式、功能等方面基本相同。不同之处在于：BIOFOR 曝气生物滤池采用密度大于水的滤料，自然堆积，滤板和专用长柄滤头在滤料的下方，用来支承滤料的重量；而BIOSTYR 曝气生物滤池采用密度小于水的滤料，滤板和滤头在滤料层顶部，以克服滤料层的浮力。

BIOFOR 曝气生物滤池运行时，原水由进水管流入缓冲配水区。在向上流过滤料层时，利用滤料高比表面积带来的高浓度生物膜的氧化降解能力对污水进行快速净化。反冲洗时，气、水同时进入气水混合室，经长柄滤头配水、配气后反冲洗水回流进入初沉池，与原污水合并处理。

与其他类型的生物过滤工艺相比，BIOFOR 曝气生物滤池主要具有下列特性：

① 向上流生物过滤。进水自滤池底部流向顶部，上流过滤在滤池的整个高度上持续提

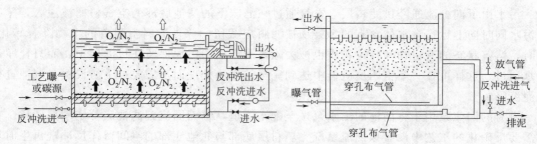

图 6-69　BIOFOR 曝气生物滤池结构示意图

供正压条件，与下向流过滤相比具有许多优势。

② 采用 biolite 生物滤料。确保获得较高的生物膜浓度和较大的截留能力，并加长了运行周期。

③ BIOFOR 采用了特制的曝气头。它不仅能高效地供氧，而且节约能源，使用安全，易于操作和维护。

④ 流体完全均匀地分布。空气和水流为同向流。BIOFOR 生物滤池的滤板配有 25UB33e 滤头，该滤头的防阻塞设计通过均匀的配水使过滤效果优化。

6.4.5　流动床生物膜反应器

流动床生物膜反应器也称为悬浮载体生物膜反应器，是指生物膜载体在高速水流、气流或机械搅拌的作用下而不断发生搅动、膨胀、流化、紊流或循环等运动的生物膜反应器，主要包括生物流化床反应器（简称 FBBR）、膜生物流化床（简称 MBFB）、移动床生物膜反应器（简称 MBBR）、循环床生物膜反应器（简称 CBBR）、载体流态化生物膜反应器（简称 FCBR）等多种类型。

6.4.5.1　生物流化床反应器（FBBR）

生物流化床反应器（生物流化床）是使废水通过流化接触的颗粒床，流化的颗粒床表面生长有生物膜，废水在流化床内同分散十分均匀的生物膜相接触而获得净化。生物流化床兼备活性污泥法均匀接触条件所形成的高效率和生物膜法能承受负荷变动冲击的优点，不仅能用于好氧生物处理，还能用于生物脱氮和厌氧生物处理。

（1）生物流化床构造及工作原理　　如图 6-70 所示，生物流化床由床体、填料、布水单元、充氧装置和脱膜装置等部分组成。床体一般呈圆形，由钢板焊接而成，有时也可由钢筋混凝土浇灌而成。填料填充于床体之中，多采用粒径为 0.6～1.0mm 的砂、活性炭、焦炭、陶粒、无烟煤、聚丙乙烯球等细颗粒材料，流化床中的填料因液体流速的不同一般呈现固定、流化、流态三种状态。布水单元一般位于滤床底部，起均匀布水和衬托载体颗粒的作用。流化床体内充氧装置一般采用射流充氧或扩散曝气装置。充氧的污水自下而上流动，使载体流态化。脱膜装置用于及时脱出老化的生物膜，使生物膜经常保持一定的活性。对于液体动力流化床需要的脱膜装置，常用振动筛、叶轮脱膜装置、刷式脱膜装置等。

（2）生物流化床的类型　　按流化床载体流化动力来源、脱膜方式及床体结构等的不同，好氧生物流化床可分为三类，即两相生物流化床、三相生物流化床和机械搅动流化床。

① 两相生物流化床。又称液流动流化床，其在生物流化床外设置充氧设备和脱膜设备，为微生物充氧并脱除载体表面的生物膜，在床体内存在液、固两相，如图 6-71（a）所示。

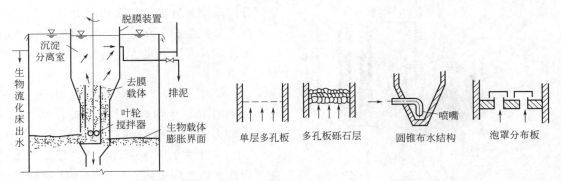

图 6-70　生物流化床反应器及其常用布水单元的结构示意图

进入反应器之前，充空气后的废水 DO（溶解氧）可达 $8\sim9mg/L$，充纯氧后的废水 DO（溶解氧）可达 $30\sim40mg/L$。如果一次充氧不能满足微生物生命活动所需，可将处理水回流。脱膜设备主要有振动筛、叶轮脱膜装置、刷式脱膜装置等几种形式。

② 三相生物流化床。又称气流动流化床，其直接向反应器内充氧，不另设充氧设备和脱膜设备，床体内有气、固、液三相共存，气体剧烈搅动，填料颗粒间相互摩擦而使生物膜脱落。常用的充氧方式有减压释放式和射流曝气式两种，设计时应注意防止小气泡合并成大气泡而影响充氧效果。将填料（含污泥）回流是因为有时会有少量载体流失。三相生物流化床设备简单，管理方便，能耗低，应用较为广泛。

如图 6-71（b）所示，内循环式三相生物流化床由反应区、脱气区和沉淀区组成。反应区由内筒和外筒组成，反应区内填充生物填料，曝气装置设在内筒的底部。压缩空气由曝气装置释放进入内筒，使水与载体混合液密度减小而向上流动，达到分离区顶部后大气泡逸出，而含有小气泡的水与载体混合液则流入外筒。由于外筒含气量相对减少导致密度增大，因此混合液在内筒向上流，外筒向下流构成内循环。

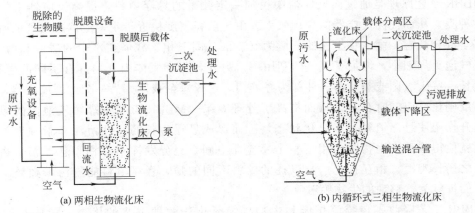

(a) 两相生物流化床　　　　　　　　　　(b) 内循环式三相生物流化床

图 6-71　生物流化床示意图

6.4.5.2　膜生物流化床（MBFB）

膜生物流化床（MBFB）用于污水深度处理，能在原有污水达标排放的基础上，经过生物流化床和陶瓷膜分离系统，进一步降低有机物含量、氨氮含量、浊度等指标，一方面可直接回用，另一方面也可作为 RO 脱盐处理的预处理工艺，替代原有砂滤、超滤等冗长的过滤流程，同时有机物含量的降低大大提高 RO 膜使用寿命，降低回用水处理成本。无机陶瓷膜

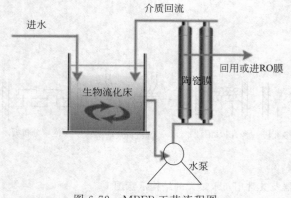

图 6-72 MBFB 工艺流程图

分离系统是世界第一套污水处理专用的无机膜分离系统，和其他的有机膜、无机膜相比，具有膜通量大、可反冲、全自动操作等优势。

如图 6-72 所示，膜生物流化床（MBFB）以生物流化床为基础，以粉末活性炭为载体，结合膜生物反应器（简称MBR）工艺的固液分离技术，使反应器集活性炭的物理吸附、微生物的降解和膜的高效分离作用为一体，使水体中难以降解的小分子有机物与在曝气条件下处于流化状态的活性炭粉末进行充分地传质、混合，被吸附、富集在活性炭表面，使活性炭表面形成局部污染物浓缩区域；粉末活性炭同时也为微生物繁殖提供了特殊的表面，其多孔的表面吸附了大量微生物菌群，特别是以目标污染物为代谢底物的微生物菌群；同时，粉末活性炭对水体中的溶解氧有很强的吸附能力，在高溶解氧条件下，微生物对富集在活性炭表面小分子有机物进行氧化分解，然后利用陶瓷膜分离系统将水和吸附了有机物的粉末活性炭等悬浮颗粒分开，通过错流过滤，进一步净化污水，使其达到中水回用标准。研究表明，MBFB 能有效降低微污染水体中氨氮含量、COD 和其他难降解小分子有毒有机物含量等。

MBFB 特点：活性炭粉可长期使用，无须更换或再生；三相传质混合，反应效率高；载体不流失；载体流化性能好；氧的转移效率高；污染物高度富集，生物量大；对微污染水处理效果好。

6.4.5.3　移动床生物膜反应器（MBBR）

MBBR 工艺原理是通过向反应器中投加一定数量的悬浮填料，提高反应器中的生物量及生物种类，从而提高反应器的处理效率。由于填料密度接近于水，所以在曝气的时候，与水呈完全混合状态，微生物生长的环境为气、液、固三相。载体在水中的碰撞和剪切作用，使空气气泡更加细小，增加了氧气的利用率。另外，每个载体内外均具有不同的生物种类，内部生长一些厌氧菌或兼氧菌，外部为好养菌，这样每个载体都为一个微型反应器，使硝化反应和反硝化反应同时存在，从而提高了处理效果。MBBR 工艺依靠曝气池内的曝气和水流的提升作用使悬浮填料处于流化状态，进而形成悬浮生长的活性污泥和附着生长的生物膜，这就使得移动床生物膜使用了整个反应器空间，充分发挥附着相和悬浮相生物的优越性，使之扬长避短，相互补充。与以往的填料不同的是，悬浮填料能与污水频繁、多次接触，因而被称为"移动的生物膜"。

MBBR 工艺吸收了传统流化床和生物接触氧化法两种工艺的优点，使固相生物膜和液相的活性污泥发挥各自生物降解优势，实现优势互补；同时，MBBR 是解决固定床反应器需要定期反冲洗、生物流化床需要足够动力使载体流化且不流失、曝气生物滤池因阻塞需要清洗滤料及进行更换曝气器的复杂操作等问题而发展起来的一种新型生物膜法工艺。

MBBR 结构类似三相生物流化床。典型的 MBBR 工艺系统由池体（反应器）、悬浮填料、拦截筛网、曝气系统、进出水系统、导流系统、推流搅拌器等组成。

　　悬浮填料是微生物栖息的场所，是生物膜的载体，其性能关系到 MBBR 工艺的效果。因此，MBBR 技术的关键在于研究开发了密度接近于水、轻微搅拌下易于随水自由运动的生物填料，它具有有效比表面积大、适合微生物吸附生长的特点。目前高密度聚乙烯扁圆柱状悬浮填料已成为应用主流，如图 6-73 所示。

图 6-73　MBBR 生物填料

　　拦截筛网在功能上与格栅类似，对确定尺寸的悬浮载体能够有效拦截，防止悬浮载体流失。对于拦截筛网，一般采用不锈钢材质，制作工艺及产品形式较多，样式上包括冲孔板、栅条等，形状上包括平板形、滚筒形等。对于拦截筛网，最大挑战即是堵塞。水中纤维、毛发均可能在筛网处缠绕，逐步降低过水面积，轻则形成水位差，严重则悬浮载体翻越筛网或筛网垮塌。需配合流化设计，防止筛网污堵。拦截筛网污堵本质上是属于悬浮载体流化问题，也是 MBBR 工艺能否避免失败的最关键问题。

　　MBBR 工艺优势表现以下方面：

　　① 容积负荷高，紧凑省地。特别对现有污水处理厂（设施）升级改造效果显著，不增加用地面积，仅需对现有设施简单改造，污水处理能力可增加 2～3 倍，并提高出水水质。移动床生物膜工艺占地 20%～30%。

　　② 耐冲击性强，性能稳定，运行可靠。冲击负荷以及温度变化对流化床工艺的影响要远远小于对活性污泥法的影响。当污水成分发生变化或污水毒性增加时，生物膜受力很强。

　　③ 搅拌和曝气系统操作方便，维护简单。曝气系统采用穿孔曝气管系统，不易堵塞。搅拌器采用香蕉形的搅拌叶片，外形轮廓线条柔和，不损坏填料。整个搅拌和曝气系统很容易维护管理。

　　④ 生物池无堵塞，生物池容积得到充分利用，没有死角。由于填料和水流在生物池的整个容积内都能得到混合，从根本上杜绝了生物池堵塞的可能，因此，池容得到完全利用。

　　⑤ 灵活方便。工艺的灵活性体现在两个方面。一方面，可以采用各种池形（深浅方圆都可），而不影响工艺的处理效果。另一方面，可以很灵活地选择不同的填料填充率，达到兼顾高效和远期扩大处理规模而无须增大池容的要求。对于原有活性污泥法处理厂的改造和升级，流化床生物膜工艺可以很方便地与原有的工艺有机结合起来，形成活性污泥-生物膜集成工艺或流化床活性污泥组合工艺。

　　⑥ 使用寿命长。优质耐用的生物填料、曝气系统和出水装置可以保证整个系统长期使

用而不需要更换，折旧率低。

MBBR 建造简单，操作方便，不需要回流，可以单独使用，也可以组合使用，适用性强，应用范围广，有机物去除率较高，并且可以实现脱氮除磷，既可用于新建的污水处理厂，也可用于现有污水处理厂的工艺改造和升级换代，具有很好的发展和应用前景。

6.5 膜生物反应器

膜生物反应器（membrane bioreactor，简称 MBR）是一种将膜分离技术与活性污泥法相结合的新型高效污水处理技术，它以膜组件代替传统活性污泥法中的二沉池，实现污泥停留时间和水力停留时间的分离，大大提高了固液分离效率。同时，利用膜分离设备截留水中的大量活性污泥（微生物菌群），使生物反应器中保持高活性污泥浓度（混合液悬浮固体浓度可达 8000～10000mg/L，甚至更高），延长活性污泥在反应器中的停留时间（污泥泥龄可延长至 30 天以上），提高了生化反应速率。同时，通过降低污泥负荷极大地减少了污水处理过程中的产泥量（理论上产泥量为零）。因此，MBR 工艺具有生化反应效率高、有机负荷高、污泥负荷低、出水水质好、设备占地面积小、便于自动控制和管理等优点。

按照膜生物反应器是否需氧，可分为好氧和厌氧膜生物反应器。好氧膜生物反应器一般用于城市和工业的处理：用于城市污水处理通常是为了使出水达到回用的目的；而用于处理工业主要为了去除一些特别的污染物，如油脂类污染物。厌氧膜生物反应器中，通过膜的高效截留，解决了厌氧污泥容易从膜生物反应器流失导致出水水质降低的问题，同时膜的分离作用还体现在对厌氧生物反应器的构造与处理效果的优化方面。

MBR 工艺中用膜一般为微滤膜和超滤膜，大都采用 $0.1～0.4\mu m$ 膜孔径。MBR 的材料分为有机膜和无机膜两种。图 6-74 为 MBR 膜照片。

图 6-74　MBR 膜照片

高分子有机膜材料通常包括聚偏二氟乙烯（PVDF）、聚氯乙烯（PVC）、聚丙烯（PP）、聚丙烯腈（PAN）、聚砜、聚醚砜（PESF）等几类。其中，PVDF 材质的中空纤维超滤膜应用较为广泛。有机膜的制造工艺较为成熟，造价便宜，膜孔径和形式也较为多样，但运行过程易污染，强度低，使用寿命短。近年来，日本住友聚四氟乙烯（PTFE）材质的中空纤维膜因具有高产水通量、高抗污染性、高强度、耐腐蚀及耐用的性能，引起了广泛关注，但这种 PTFE 材质膜价格昂贵。

无机膜是由无机材料（如金属、金属氧化物、陶瓷、多孔玻璃、沸石、无机高分子材料）等制成的半透 MBR 膜。目前在 MBR 中使用的无机膜多为陶瓷膜，优点是：它可以在 pH＝0～14、压力 $P<10MPa$、温度 $<350℃$ 的环境中使用，其膜通量高，能耗相对较低，在高浓度工业废水处理中具有很大竞争力。缺点是：造价昂贵，不耐碱，弹性小，膜的加工制备有一定困难。

根据膜组件与生物反应器安装位置的不同，膜生物反应器可分为分置式 MBR、一体式 MBR 和复合式 MBR。

（1）分置式 MBR　又称外置式 MBR。如图 6-75（a）所示，膜组件和生物反应器分开设置，生物反应器的混合液经泵增压后进入膜组件，在压力作用下混合液中的液体透过膜得到系统出水，活性污泥则被膜截留，并随浓缩液回流到生物反应器内。

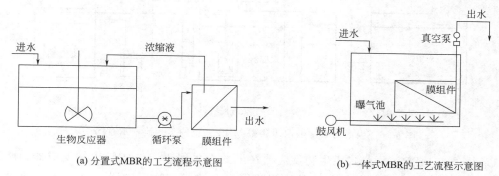

(a) 分置式MBR的工艺流程示意图　　(b) 一体式MBR的工艺流程示意图

图 6-75　MBR 工艺流程示意图

分置式 MBR 通常采用超滤膜组件，截留分子量一般在 2 万～30 万，而且 MBR 截留分子量越大，初始膜通量越大，但长期运行膜通量未必越大。

分置式 MBR 优点：①膜组件和生物反应器之间的相互干扰较小，易于调节控制，运行稳定可靠；②膜组件置于生物反应器之外，易于膜的清洗、更换及增设；③膜组件在有压条件下工作，膜通量较大。缺点：一般条件下为减少污染物在膜表面的沉积、延长膜的清洗周期，需要用循环泵提供较高的膜面错流流速，水流循环量大、动力费用高，而且泵的高速旋转产生的剪切力会造成反应器内生物活性的降低；结构也略显复杂，占地面积也稍大。

（2）一体式 MBR　又称内置式 MBR 或淹没式 MBR。如图 6-75（b）所示，将无外壳的膜组件置于生物反应器内部，大部分污染物被混合液中的活性污泥去除，并通过泵抽吸得到膜过滤液（出水），膜表面清洗所需的错流由空气搅动产生，设置在膜的正下方，混合液随气流向上流动，在膜表面产生剪切力，以减少膜的污染。一体式 MBR 工艺是污水生物处理技术与膜分离技术的有机结合。

一体式 MBR 优点：①省去了混合液循环系统，靠抽吸出水，能耗相对较低，每吨出水的动力消耗为 0.2～0.4kW·h，约为分置式 MBR 的 1/10；②由于不使用加压泵，故可避免微生物菌体受到剪切而失活；③占地较分置式更为紧凑。缺点：膜组件浸没在生物反应器的混合液中，较容易发生膜污染，而不容易清洗和更换；与分置式 MBR 相比，一体式 MBR 膜通量较低。

分置式 MBR 中，一般均采用错流过滤的方式，而一体式 MBR 实质上是一种死端过滤方式。与死端过滤相比，错流过滤更有助于防止膜面沉积污染。对一体式 MBR 来说，设计合理的流道结构，提高膜间液体上升流速，使较大的曝气量起到冲刷膜表面的错流效果尤为重要。

　　MBR 工艺与设备在我国的研究始于 20 世纪 90 年代初，经过多年的开发与研究，一体式 MBR 目前已在污水处理与回用设备市场中占有较大份额。图 6-76 为生活污水中水回用典型 MBR 系统的工艺流程示意图，该设备可以在污泥浓度为 10g/L 以上运行，COD 在高污泥浓度的 MBR 池中被较为彻底地生化降解，几乎没有剩余污泥。

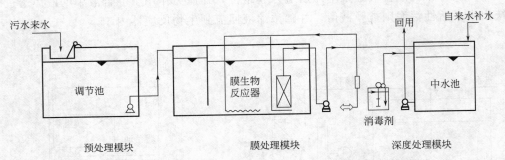

图 6-76　生活污水中水回用典型 MBR 系统的工艺流程示意图

　　（3）复合式 MBR　复合式膜生物反应器在形式上也属于一体式膜生物反应器，所不同的是前者在生物反应器内加装填料，从而形成了复合式膜生物反应器，如图 6-77 所示。生物反应器内安装填料的目的有两个：一是提高系统的抗冲击负荷能力，保证系统具有稳定的处理效果；二是降低反应器中悬浮活性污泥的含量，以减少膜污染，保证较高的膜通量，同时延长膜组件的清洗周期。

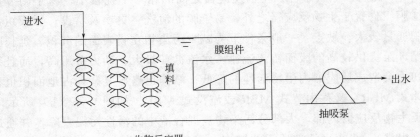

图 6-77　复合式 MBR 的工艺流程示意图

　　为了有效防止 MBR 的膜污染问题，国内外研究了许多方法，譬如：

　　① 在膜组件下方进行高强度曝气，靠空气和水流的搅动来延缓膜污染；

　　② 在反应器内设置中空轴，通过其旋转带动轴上的膜组件也随之转动，从而在膜表面形成错流，防止膜污染；

　　③ 利用机械振动、超声波清洗等技术对膜组件进行在线清洗，提高了膜过滤的剪切强度和防止膜吸附污染。

2021 年 10 月碧水源、中交集团城乡水环境技术研发中心正式对外发布振动膜生物反应器（V-MBR）技术研究成果。据报道，V-MBR 技术从膜材料品质、膜系统运行、自动控制等方面大胆创新，用机械振动方式代替了膜池的鼓风曝气，减轻纤维状物质对膜丝的缠绕，确保膜系统的稳定运行，具有能耗低、脱氮效果好、膜的抗污染性强的特点。目前，振动膜生物反应器已在北京窦店再生水厂实现示范应用，总处理规模达 $15000m^3/d$，运行效果良好，该厂收集的市政污水经预处理后，通过振动 MBR 系统进行超净化处理，出水水质达到北京市地方标准，排入当地的大石河，为河道提供了高品质补充水。

近年来国内外研究者研究开发出一种动态膜生物反应器（dynamic membrane bioreactor，简称 DMBR），即采用了大孔径滤布材料代替 MBR 微滤（或超滤）膜片，利用微生物及其代谢产物在膜材料表面形成动态膜，组成了动态膜生物反应器 DMBR，它在保留 MBR 工艺优点的同时，不仅在一定程度解决了膜价格高这个问题，还因多孔底膜通量大、动态膜容易预涂和再生的优点，有效地控制了膜污染问题。目前，动态膜生物反应器主要用来处理直接排放的城市生活污水和生活污水厂的二级出水。

6.6　厌氧生物处理设备

厌氧生物处理是一种低能耗的废水处理技术，是把废水的处理和能源的回收利用相结合的一种技术。厌氧生物处理技术已成为中高浓度最合适、最经济的处理工艺。

从 20 世纪 70 年代开始，相继成功开发了五代典型的厌氧生物反应器。其中，第一代以厌氧接触池为代表；第二代以厌氧生物滤池（AF）、上流式厌氧污泥床反应器（UASB）、厌氧接触膨胀床反应器（AAFEB）、厌氧流化床反应器（AFBR）、厌氧生物转盘（ARBC）、厌氧折流板反应器（ABR）为代表；第三代以厌氧内循环反应器（IC）、厌氧膨胀颗粒污泥床（EGSB）、厌氧序批式间歇反应器（ASBR）、升流式固体厌氧反应器（USR）、全混合厌氧反应器（CSTR）、上流式污泥床过滤器（UBF）、上流式分段污泥床反应器（USSB）为代表。这些工艺设备正逐步应用于生产实践，并取得了较好的运用效果。上述厌氧生物反应器可参考相关书籍文献资料。

近年来，厌氧膜生物反应器（AnMBR）和厌氧氨氧化（ANAMMOX）技术装置的研究已引起广泛关注。

6.6.1　厌氧膜生物反应器

厌氧膜生物反应器（AnMBR）是将膜分离技术与厌氧生物处理单元相结合的一种新型水处理技术。AnMBR 技术在保留厌氧生物处理技术投资省、能耗低、可回收利用沼气能源、负荷高、产泥少、耐冲击负荷等诸多优点的基础上，引入膜组件，还带来一系列优点，譬如，生化处理效果好、产水水质好且稳定等。总之，它以一种既经济又可靠的方式，减少了能源消耗，实现了能源回收，同时减少了污泥产生，具有广阔的应用前景。

以 UASB 与膜单元相结合为例，AnMBR 不再需要设计的三相分离器来实现固、液、气的分离；而对于两相厌氧 MBR，膜分离的作用使产酸反应气中的产酸菌浓度增加，提高了水解发酵能力，同时膜将大分子有机物截留在产酸反应器中使水解发酵，因此保持较高的酸化率。

厌氧膜生物反应器通常由厌氧反应器和膜过滤系统组成，不考虑膜过滤系统，厌氧反应器中常用的是连续搅拌反应器系统（CSTR）。另厌氧反应器的设计必须保证有足够的生物停留时间（SRT），这样在很大程度上可以减少悬浮生物质与膜接触的时间，避免膜污染的发生。膜过滤系统有 3 种构型存在：外部横流、内部浸没和外部浸没，如图 6-78 所示。

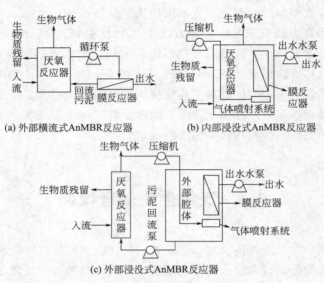

图 6-78 三种 AnMBR 结构配置示意图

在外部横流结构中，膜组件与生物反应器是分开的，膜在渗透压作用下正常运行，加压泵将厌氧反应器中的固体混合液打入膜组件的过滤端，通过压力作用使混合液中的液体透过滤膜，大分子物质则被滤膜截留，随浓缩液直接回流到厌氧反应器中。在内部浸没式膜结构中，膜直接浸入在生物反应器中的悬浮生物液中，通过施加于膜的真空度产生渗透压进行过滤。另外，膜组件也可位于独立于主生物反应器的外部腔室中，但仍淹没在悬浮生物液中并在真空条件下进行操作。

尽管目前对 AnMBR 的研究大部分为实验室或小试规模，但其已成为研究的一个热点。AnMBR 技术未来研究主要集中以下五个方面：①不同膜材料和膜组件在 AnMBR 中的应用研究；②环境条件下 AnMBR 技术的应用研究；③多种条件下 AnMBR 膜污染机理的研究；④AnMBR 反应动力学及数值模拟技术的研究；⑤AnMBR 与其他反应器耦合技术的研究。

6.6.2 厌氧氨氧化技术装置

厌氧氨氧化（ANAMMOX）工艺，最初由荷兰 Delft 理工大学于 20 世纪末开始研究，并于 21 世纪初成功开发应用的一种新型废水生物脱氮工艺。它以 20 世纪 90 年代发现的 ANAMMOX 反应为基础，在厌氧条件下以氨氮为电子供体，亚硝酸盐为电子受体，以 CO_2 或 HCO_3^- 为碳源，通过厌氧氨氧化菌的作用，将氨氮氧化为氮气。在理念和技术上大大突破了传统的生物脱氮工艺。

在厌氧氨氧化的过程中，也产生了中间产物联氨以及羟胺。在厌氧氨氧化的反应中只对 CO_2 以及 HCO_3^- 产生了消耗，并没有进行外加碳源，因此不但能够有效实现成本的节约，也防止了反应中产生的二次污染；反应过程中几乎不产生 N_2O，能够有效避免传统脱氮造成的温室气体排放；反应过程产碱量为零，无须添加中和试剂，并较为环保。ANAMMOX 工艺具有脱氮效率高、运行费用低、占地空间小等优点。目前 ANAMMOX 工艺在处理市政污泥液领域已日趋成熟，位于荷兰鹿特丹 Dokhaven 污水处理厂的世界上首个生产性规模的 ANAMMOX 装置容积氮去除速率（以 N 质量计）更是高达 $9.5kg/(m^3 \cdot d)$。此外，ANAMMOX 工艺在发酵工业废水、垃圾渗滤液、养殖废水等高氨氮废水处理领域的推广也逐步开展，在世界各地的工程化应用也呈星火燎原之势。

经过多年的研究和发展，基于 ANAMMOX 反应开发出来的较成熟的工艺有 SHARON-ANAMMOX 工艺、全程自养脱氮（CANON）工艺、限氧自养硝化反硝化（OLAND）工艺、反硝化氨氧化（DEAMOX）工艺、好氧反氨化（DEMON）工艺。近年来，研究人员仍在不断探索其他形式的 ANAMMOX 衍生工艺，譬如同步短程硝化、厌氧氨氧化、反硝化耦合（SNAD）工艺、单级厌氧氨氧化短程硝化脱氮。

全球厌氧氨氧化应用中全程自养脱氮工艺（CANON）占主流地位，全程自养脱氮工艺（CANON）是将厌氧氨氧化（ANAMMOX）和短程硝化（SHARON）结合到一个反应器内的新型生物脱氮工艺。部分氨氮首先通过氨氧化细菌（AOB）转化为亚硝态氮，剩余的氨氮和亚硝态氮因被 ANAMMOX 菌转化为氮气而实现对氮素的去除，这是一种简捷的脱氮途径，且 ANAMMOX 菌与 AOB 菌属于自养菌，倍增时间较长，故 CANON 工艺具有不消耗有机碳源、污泥产量少、降低曝气量等优点。

目前，存在两种方法为 ANAMMOX 提供电子受体亚硝酸盐，一种是在一个独立的曝气反应器中产生而随后进入 ANAMMOX 反应器，另一种是在一个无氧或者微氧的 ANAMMOX 反应器中产生并立即参与 ANAMMOX 反应。据此，可将 ANAMMOX 工艺相应分为分体式（两级系统）和一体式（单级系统）两种：一体式包括 CANON、OLAND、DEAMOX、DEMON、SNAP、SNAD 等工艺；分体式主要是 SHARON-ANAMMOX 工艺。

一体式工艺的基建成本低，结构紧凑，装置运行和控制简单，并且其短程硝化产生的亚硝酸盐立即参与 ANAMMOX 反应，能有效避免因亚硝酸盐累积造成的抑制，另外单位体积脱氮速率高也是一体化工艺的优势。但是一体化工艺启动时间长，反应器内微生物间的生态关系复杂，经受负荷冲击时易失稳，并引发连锁反应，导致"雪崩"效应，系统受扰紊乱后恢复时间也长。

与一体式工艺相比，分体式工艺中的两反应器可单独进行灵活和稳定的调控，系统受扰后恢复时间短，ANAMMOX 反应器进水具有相对稳定的氨氮和亚硝氮比例。其次由于短程硝化阶段能削减某些毒物和有机物，避免其直接进入 ANAMMOX 反应器，所以更适合处理含毒物和有机物的废水。

厌氧氨氧化装置是利用的专性厌氧氨氧化菌，配套高效的脱氮反应器，将废水中高浓度的氨氮在不消耗碳源的条件下转化为氮气，实现低能耗的生物脱氮。

《工业和信息化部关于加快推进环保装备制造业发展的指导意见》（工信部节〔2017〕250 号）明确我国今后一段时期重点攻关厌氧氨氧化技术装备。

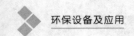

6.7 污泥机械脱水设备

污泥是污水处理厂以及污水站污水处理后的必然产物。污泥处理设备通常包括排泥设备、污泥输送设备、污泥浓缩设备、污泥消化设备、污泥脱水设备以及污泥热干化与焚烧设备。由于篇幅的限制，本书仅简要介绍污泥机械脱水设备。

目前工程普遍采用的机械脱水设备有：板框压滤机、带式压滤机、离心式脱水机、叠螺式脱水机等四种。

6.7.1 板框压滤机

带式压滤机和板框压滤机均属于压滤式脱水，主要依靠过滤介质两边的压力差强制水分通过过滤介质，污泥固体颗粒被截留，实现泥水分离。如图 6-79 所示，板框压滤机由滤板和滤框相间排列而成，滤板两面覆有滤布。滤板和滤框共同支承在两侧的架上，并可在架上滑动，用压紧装置把板和框压紧，使框板之间构成滤室。在滤板与滤框上端的相同部位开有小孔，压紧后各孔连成通道，污泥通过该通道进入滤室。被加压的污泥进入后，滤液在压力作用下通过滤布，并由孔道从滤机排出，达到脱水的目的。

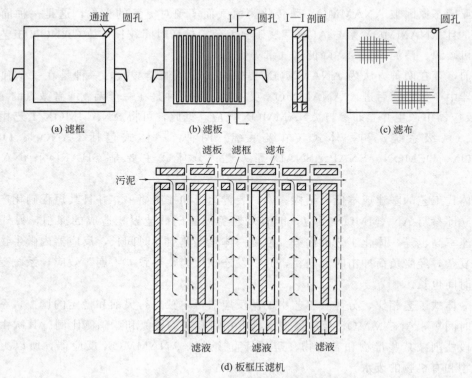

图 6-79 板框压滤机结构示意图

板框压滤机的滤板、滤框可用铸铁、碳钢、不锈钢、铝、塑料、木材等制造，操作压力一般为 0.3～0.5MPa，最高可达 1.5MPa。

板框压滤机属于间歇操作，每个操作循环由组装、过滤、洗涤、卸渣、整理 5 个阶段组成，一般过滤周期 1.5～4.5h，压滤机的产量为 2～4kg/(m² · h)。

板框压滤机按操作方式分为人工型和自动型两种。人工板框压滤机在卸料时和卸料结束后滤板和滤框的装卸都需人工进行，劳动强度大，效率较低；自动板框压滤机的滤板和滤框可由液压装置自动压紧或拉开，全部滤布连成传送带式，运转时可将滤饼从框中带出使之受重力而自行落下。自动板框压滤机有水平式和垂直式两种。

板框压滤机优点：①结构较简单，操作容易且稳定，故障少，机器使用寿命长，过滤推动力大，所得滤饼的含水率低；②过滤面积的选择范围较宽，单位过滤面积占地较少；③对物料的适应性强；④操作维修方便，使用寿命长。

板框压滤机缺点：不能连续运行，处理量小，滤布消耗大，占地面积大。

板框压滤脱水机进泥含水率要求一般为 97% 以下，出泥含水率一般可达 65%～75%，主要适合于中小型污泥处理场合。

6.7.2　带式压滤机

带式压滤机利用双层网带夹着料浆在挤压脱水辊上受挤压和剪切作用进行固液分离。带式压滤机脱水分为预处理、重力脱水、楔形区预压脱水、挤压脱水和压榨脱水五个主要阶段，其脱水工艺系统如图 6-80 所示。

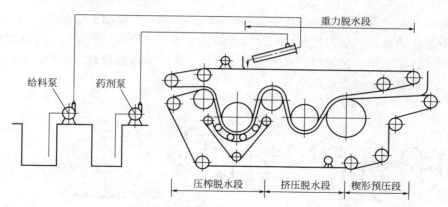

图 6-80　带式压滤机脱水工艺系统

带式压滤机的种类很多，但其主机结构基本相同，主要由若干个不同直径的辊轴、滤带、滤带张紧装置、滤带调偏装置、滤带冲洗装置、滤带调速装置、絮凝反应器、排水装置、主传动装置以及安全保护装置等组成，如图 6-81 所示。

（1）辊轴　辊轴根据其功能不同可分为传动辊、压榨辊和纠偏辊。高压脱水段的辊轴一般用两端焊接轴头的无缝钢管制成，低压脱水段使用直径大于 500mm 的压榨辊，一般用钢板卷制成。为了利于压榨出来的水及时排出，辊轴表面常设有钻孔或开凹槽。为增大摩擦力，一般在传动辊和纠偏辊外表面包一层橡胶，其胶层与金属表面应紧密贴合，不得脱落。压辊表面均需特殊处理，以提高其耐腐蚀性能，如涂以防腐涂层或采用不锈钢材质，涂层应均匀、牢固、耐磨。辊轴的布置方式一般分为 S 形布置和 P 形布置两大类。P 形布置方式一般适用于疏水性无机污泥脱水，目前已经很少使用。目前辊轴的布置方式主要采用 S 形布置。如图 6-82 所示，S 形布置的辊轴错开，直径可以相同也可以不同，滤带呈 S 形，辊轴与滤带接触面大，压榨时间长，污泥所受到的压力较小而缓和。S 形辊轴上污泥所受到的压

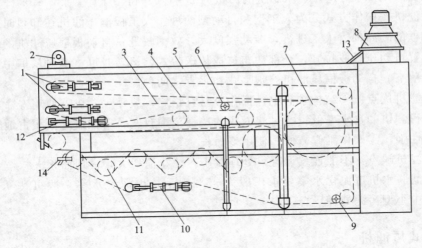

图 6-81　带式压滤机的结构示意图

1—上下滤带启动张紧装置；2—驱动装置；3—下滤带；4—上滤带；5—机架；6—下滤带冲洗装置；

7—预压装置；8—絮凝反应器；9—上滤带冲洗装置；10—上滤带调偏装置；

11—高压辊系统；12—下滤带调偏装置；13—布料口；14—滤饼出口

力与滤带张力和辊轴直径有关，当滤带张力一定时，污泥在大辊轴上受到的压力小，在小辊轴上所受到的压力大。一般污泥在脱水时为了防止从滤带两侧跑料，希望施加在滤带上面的压力从小到大逐步增加，污泥中的水分则逐步脱水，含固率逐渐提高。因此，辊轴直径应该大的在前，小的在后，并逐步减小。

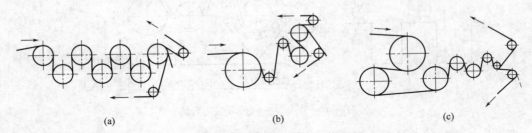

图 6-82　S 形压榨辊轴的布置形式示意图

（2）滤带　滤带是压滤机的过滤介质，是影响带式压滤机生产运行的重要部件。其有三方面作用：一是滤水，二是挤压脱水，三是输送滤渣。滤带性能将直接影响污泥过滤速率，亦即影响污泥产量、固体回收率、滤液悬浮物及滤饼剥离性能。由于滤带要不断地经过过滤、滤饼剥离、清洗的循环过程，所以滤带也必须具有良好的再生性能。滤带还必须具有足够的强度、耐磨性和变形量小等特点。滤带性能与其纱型、织造结构有一定关系。目前国内滤带多采用高强度型聚酯和尼龙。

（3）滤带冲洗装置　为了保持滤带的透水性，以利于脱水工作连续进行，滤带经卸料装置卸去滤饼后，上、下滤带必须清洗干净。当污泥的黏性较大时，常堵塞在滤带的缝隙中不易清除，故冲洗水压必须大于 0.5MPa，清洗水管上装有等距离的喷嘴，喷出的水呈扇形，有利于减小水的压力损失。有的清洗水管内设置铜刷，避免堵塞。

（4）滤带张紧与调偏装置　滤带张紧装置的作用是拉紧并调节滤带的张紧力，以便适应不同性质的污泥处理。常用气动或液动装置产生的拉力来拉紧滤带，气动装置主要由空压机、减压阀、压力表等元件组成。滤带调偏装置主要由气缸、机动换向阀和纠偏辊组成。在带式压滤机上、下滤带的两侧设有机动换向阀，当滤带脱离正常位置时，将触动换向阀杆，接通阀内气路，气缸带动纠偏辊运动，使履带恢复原位。

（5）主传动装置　主传动装置作用是将动力传递给滤带，带动整个机械运转，其由电动机、联轴器、调速器、链条等转动及传动部件组成。调速器一般采用无级调速，滤带速度为0.5~5m/min。通常，当输送生活污水产生的污泥以及有机成分较高的不易脱水的污泥时，滤带采用低速；当输送消化污泥及含有无机成分较高的易于脱水的污泥时，滤带采用较高速度。

（6）安全保护装置　安全保护装置功能是，当带式压滤机发生严重故障，不能正常连续运行时应自动停机，并报警。安全保护装置在如下情况下会运行：①主电动机、污泥泵、加药泵停止转动；②冲洗水压低于 0.4MPa，滤带不能被冲洗干净，会影响循环使用；③张紧滤带的气源压力小于 0.5MPa，致使滤带的张紧力不足；④滤带偏离中心超过 40mm 时，无法矫正。

带式压滤机是目前我国城市污水处理厂污泥脱水的主流设备。该设备处理能力大，脱水效率较高，无须设置高压泵或空压机，能耗低，占地面积较小，劳动强度低。一般采用连续运行工作制，当进泥需进行前处理时，也可能采用间歇工作制。带式压滤机开敞式运行，占地面积和冲洗水量均较大，易出现滤布堵塞、滤带跑偏，压滤机车间环境差。

6.7.3　离心式脱水机

离心式脱水机主要由转鼓、螺旋输送机、机壳、主轴承、驱动系统、底座组成。污泥由空心转轴送入转筒后，在高速旋转产生的离心力作用下，立即被甩至鼓腔内。污泥颗粒由于密度较大，离心力也大，被甩贴在转鼓内壁上，形成固体层；水分密度小，离心力小，在固体层内侧形成液体层。固体层在螺旋输送器的缓慢推动下，被输送到转鼓的锥端，经转鼓周围的出口连续排出，液体层则由堰口连续溢流排至转鼓外，形成分离液排出。

离心式脱水机进泥含水率要求一般为 95%~95.5%，出泥含水率一般可达 75%~80%。与带式压滤机相比，离心式脱水机用于污泥脱水时絮凝剂的投加量较少。

离心式脱水机优点：①进料、分离、排出滤液和泥饼的工作过程是连续的，能每天 24h 运行，具有较高的工作效率；②结构紧凑，占地面积小；③自动化程度高；④工作时为全封闭式，污泥、水、臭味不会从机内溢（逸）出而污染操作环境；⑤配套有自动清洗装置，在每次停机时都能够自动对转鼓进行清洗；⑥单机处理污泥量较大，较适用于大型污水处理厂。

离心式脱水机缺点：耗电高，噪声大，振动剧烈，维修管理困难，不适用于污泥固液密度相近的污泥脱水。

6.7.4　叠螺式脱水机

叠螺式脱水机遵循了力水同向、薄层脱水、适当施压及延长脱水路径等原则，解决了前几代污泥脱水设备易堵塞、无法处理低浓度污泥及含油污泥、能耗高、操作复杂等技术难题，实现了高效节能的脱水目标。

如图 6-83 所示，叠螺式脱水机集全自动控制柜、絮凝调质槽、污泥浓缩脱水本体及集液槽于一体。主体是固定环和游动环相互层叠，螺旋轴贯穿其中形成的过滤装置。前段为浓缩部，后段为脱水部。固定环和游动环之间形成的滤缝以及螺旋轴的螺距从浓缩部到脱水部逐渐变小，螺旋轴的旋转在推动污泥从浓缩部输送到脱水部的同时，也不断带动游动环清扫滤缝，防止堵塞。污泥在浓缩部经过重力浓缩后，被运输到脱水部，在前进的过程中随着滤缝及螺距的逐渐变小，以及背压板的阻挡作用，产生极大的内压，容积不断缩小，达到充分脱水的目的。

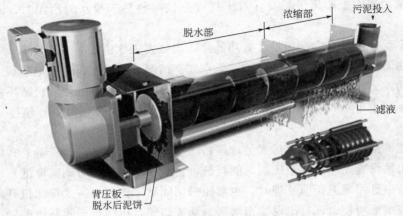

图 6-83　叠螺式脱水机结构示意图

叠螺式脱水机具有自我清洗、不堵塞、转速慢、节能、噪声振动小、重量轻、操作简单等优点，但不擅长颗粒大、硬度大的污泥的脱水，处理量较小。叠螺式脱水机可在全自动运行的条件下，实现高效絮凝，并连续完成污泥浓缩和压榨脱水工作，广泛用于市政污水处理工程以及食品、制药、化工、造纸、皮革等行业的水处理系统。

6.8　典型污水处理工程所用设备示例

【例 6-1】　化工废水处理主要设备：某化工厂主要生产香兰素，其生产过程中产生的有机废水浓度高、毒性大。针对化工厂高浓度的废水，该厂建有一套物化预处理设施，现将该工程的主要设备介绍如下。

该工程进水的水质、水量见表 6-5，处理工艺流程见图 6-84，预期处理效果见表 6-6。该工程主要污水处理设备及数量见表 6-7。

表 6-5　进水水质、水量表

废水名称	水量/(m^3/d)	pH	色度/倍	COD_{Cr}/(mg/L)	挥发酚浓度/(mg/L)
亚硝化废水	9.6	<1.0	20000	8.61×10^4	2.31
氨基废水	24	7.4	16000	2.24×10^4	0.20
苯酚废水	8.4	<1.0	1000	4.59×10^3	56.00
其他废水	100	7.0	200	300	2.0

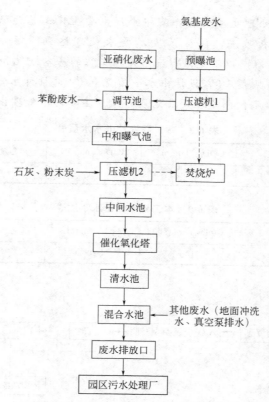

图 6-84　某化工厂废水处理工艺流程

表 6-6　预期处理效果

处理单元	COD_{Cr} /(mg/L)	COD_{Cr} 去除率 η/%	pH	挥发酚浓度 /(mg/L)	备注
氨基废水原水	22240		7.4	0.20	
压滤机 1 出水	11200	50	7.4	0.20	
调节池	27000		2.0	11.84	调节池混合压滤机 1 出水、苯酚废水、亚硝化废水等 3 股废水
压滤机 2 出水	5400	80	7.0~8.0	10.00	
催化氧化出水	2160	60	6.0~7.0	<0.01	
混合出水	≤1000	≥53.7	6.0~7.0	<2.0	

表 6-7　主要污水处理设备及数量

序号	名称	数量	序号	名称	数量
1	耐酸泵	6 台	8	空气流量计	2 台
2	风机	2 台	9	微孔曝气器	200 只
3	催化氧化塔	2 套	10	机械过滤器	2 台
4	板框压滤机	3 台	11	微电解填料	30kg
5	焚烧炉	1 台	12	管道及其管件	若干
6	加药系统	1 套	13	明渠流量计	1 台
7	消声器及隔声装置	2 套	14	电控系统	1 套

【例 6-2】　印染废水处理主要设备：某印染厂主要生产工艺为涤纶线染色、纯棉染色、人造纱染色以及牛仔成衣砂洗，该生产废水要求处理达到《污水综合排放标准》（GB 8978—1996）中的一级标准。以下是该厂废水处理工程的基本概况和工程所需的主要设备材料。本工程设计进水水质见表 6-8，设计出水水质见表 6-9，设计水量 1500m³/d。处理工艺流程见图 6-85。各处理单元预期处理效果见表 6-10。主要污水处理设备见表 6-11。

表 6-8　本工程设计进水水质表

指标	pH	COD$_{Cr}$/(mg/L)	BOD$_5$/(mg/L)	色度/倍	SS 浓度/(mg/L)
数值	5.7	1000	350	600	200

表 6-9　本工程设计出水水质表

指标	pH	COD$_{Cr}$/(mg/L)	BOD$_5$/(mg/L)	色度/倍	SS 浓度/(mg/L)
数值	6～9	100	20	40	70

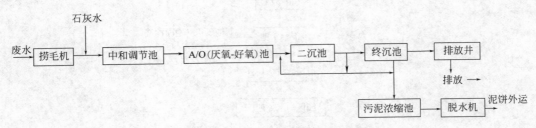

图 6-85　某印染厂废水处理工艺流程

表 6-10　各处理单元预期处理效果

单位名称	pH	COD$_{Cr}$/(mg/L)		BOD$_5$/(mg/L)		色度/倍	
		出水	η/%	出水	η/%	出水	η/%
废水	5～7	1000		350		600	
调节池	7～8	1000	0	350	0	600	0
A/O 二沉池	7～8	150	83	18	95	300	50
终沉池	6～7	98	35	16	11	36	88

表 6-11　主要污水处理设备

序号	名称	数量	序号	名称	数量
1	捞毛机	1 台	9	排泥泵	1 台
2	液下搅拌器	1 台	10	板框压滤机	1 套
3	提升泵	2 台	11	搅拌机	2 台
4	搅拌器	3 台	12	加药泵	2 套
5	微孔曝气器	540 只	13	流量计	1 台
6	鼓风机	4 台	14	管件	若干
7	中心传动刮泥机	2 台	15	电控系统	1 套
8	同流泵	2 台			

【**例 6-3**】 造纸废水处理的主要设备：某纸业集团主要以造纸和商品木浆为原料生产多种箱纸板和高强度的瓦楞纸、扑克牌芯纸。污水处理工程处理废水以生产废水为主，设计处理能力为 12000m³/d，该工程进水水质见表 6-12。根据当地环保部门意见、该工程出水水质应达到《制浆造纸工业水水污染物排放标准》（GW-PB2-1999）的排放标准，即：pH值＝6～9，COD_{Cr}≤100mg/L，BOD_5≤60mg/L，SS 浓度≤100mg/L。

表 6-12 进水水质

指标	COD_{Cr}/(mg/L)	BOD_5/(mg/L)	pH	SS 浓度/(mg/L)
数量	≤1200	≤200	6.0～9.0	≤1100

处理工艺流程见图 6-86。预期处理效果见表 6-13。工程主要设备见表 6-14。

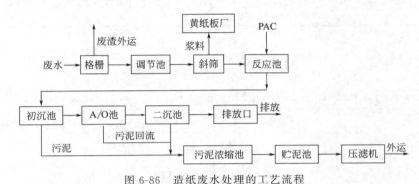

图 6-86 造纸废水处理的工艺流程

表 6-13 预期处理效果

处理构筑物	COD_{Cr} /(mg/L)	COD_{Cr} 去除率/%	BOD_5/(mg/L)	BOD_5 去除率/%	SS 浓度 /(mg/L)	SS 去除率/%
原废水	1200		200		1100	
斜筛	1080	10	200	0	550	50
初沉池	378	65	120	40	170	69
A/O 池	91	76	12	90	33	81
排放标准	100		60		100	

表 6-14 造纸废水处理主要设备清单

序号	名 称	数量	序号	名 称	数量
1	风机	6 台	6	刮泥机	2 台
2	污水泵	2 台	7	斜网	156m²
3	压滤系统	1 套	8	搅拌机	4 台
4	微孔曝气器	2880 只	9	管件、管道	若干
5	污泥泵	4 只	10	电控系统	4 套

【**例 6-4**】 制革废水处理主要设备：某制革厂主要从事山羊皮及绵羊皮的生产。针对该厂的生产废水，设计了废水处理工程。现将该工程的主要内容介绍如下：

工程设计水量1200m³/d。设计进水水质：pH值＝8～11，COD_{Cr}≤3000mg/L，BOD_5≤1500mg/L，SS浓度≤2000mg/L，S^{2-}浓度≤50mg/L，T_{Cr}（总铬）浓度≤5mg/L。设计出水水质：pH值＝6～9，COD_{Cr}≤100mg/L，BOD_5≤30mg/L，SS浓度≤70mg/L，S^{2-}浓度≤1.0mg/L，T_{Cr}浓度≤1.5mg/L。

废水处理工艺流程如图6-87。预期处理效果见表6-15。本工程主要设备见表6-16。

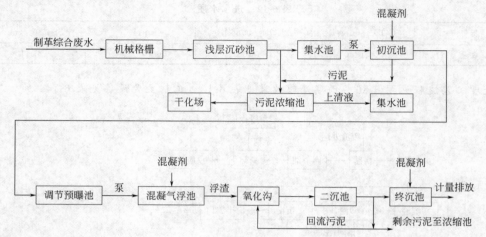

图6-87 某制革厂废水处理工艺流程

表6-15 预期处理效果

处理单元	pH	COD_{Cr}/(mg/L)		BOD_5/(mg/L)		SS浓度/(mg/L)		S^{2-}出水浓度/(mg/L)	T_{Cr}出水浓度/(mg/L)
		出水	η/%	出水	η/%	出水	η/%		
进水	8～11	3000		1500		2000		50	5
格栅集水井	8～11	2700	10	1350	10	1200	40	50	5
初沉池	8～11	1890	30	1013	25	780	35	50	5
调节预曝池	8～11	1663	12	810	20	780	0	20	5
混凝气浮池	8～11	1080	35	445.5	45	117	85	3.0	2
氧化沟二沉池	6～9	216	80	45	90	75	36	<1	<1.5
混凝-终沉池	6～9	<100	>54	<30	>33	<70	>6.7	<1	<1.5

表6-16 某制革厂废水处理所需主要设备清单

序号	名称	数量	序号	名称	数量
1	旋转式格栅	1台	8	刮泥机(2)	2台
2	污水泵(1)	2台	9	污泥回流泵	3台
3	污水泵(2)	2台	10	加药系统	2套
4	污泥泵(1)	1台	11	电磁流量计	1台
5	污泥泵(2)	2台	12	板框压滤机	1套
6	曝气转盘	4组	13	风机	2台
7	刮泥机(1)	2台	14	溶气罐	1台

思考题与习题

1. 简述格栅除污机的作用以及常用的有哪几种类型格栅除污机。

2. 沉淀池有哪几种类型？试述各自的构造特点及其适用条件。

3. 简述压力溶气气浮装置的工作原理及组成。

4. 简述快滤池工作原理及基本结构。如何选择快滤池滤料？

5. 压力过滤器采用的滤料有哪些？简述压力滤器结构及工作原理。

6. 简述精密过滤器结构及工作原理。

7. 简述微滤机结构、工作原理、特点。

8. 简述纤维滤布转盘过滤器组成及工作原理。

9. 与常规滤池相比，纤维滤布转盘滤器具有哪些特点？

10. 膜分离常用设备有哪些？各有何特点？

11. 简述反渗透设备系统组成，并试比较板框式、圆管式、螺旋卷式和中空纤维式四种类型膜组件。

12. 试分析碟管式反渗透（DTRO）膜组件结构特点。

13. 试分析陶瓷膜设备结构特点及应用前景。

14. 简述电渗析设备工作原理、组成及在水处理工程中的应用领域。

15. 简述扩散渗析设备工作原理、组成及在水处理工程中的应用领域。

16. 曝气方式有哪些？曝气设备充氧性能的评价指标有哪些？

17. 简述鼓风曝气系统组成。

18. 试比较各种常见的空气扩散设备结构特点。

19. 机械表面曝气机通常有哪几种设备？这些设备有何特点？

20. 简述水下曝气机的工作原理及性能特点。

21. 初沉池和二沉池在污水处理系统中的作用有什么区别？在设计中应如何考虑？

22. 活性污泥法处理系统主要由哪几种设备所组成？

23. 试比较推流式、完全混合式和循环混合式等三种曝气池结构特点。

24. 简述鼓风曝气系统设计主要内容。

25. 试比较旋转式滗水器、套筒式滗水器、虹吸式滗水器的结构及工作原理。

26. 简述生物滤池的三种形式，并重点分析塔式生物滤池构造。

27. 简述生物转盘的结构。

28. 简述生物接触氧化池构造及其特点。

29. 生物接触氧化池常用生物填料有哪些？

30. 简述曝气生物滤池有哪三种形式工艺，并对其工艺特点进行比较。

31. 试比较两相生物流化床、三相生物流化床。

32. 简述膜生物流化床的结构及工作原理。

33. 简述 MBBR 工艺特点。

34. MBR 根据膜组件与生物反应器安装位置的不同分为哪三种类型？并简述它们结构特点。

35. 厌氧生物处理设备有哪些？

36. 污泥脱水机械设备通常有哪些类型？并简述各种类型脱水的优缺点及使用范围。

第 **7** 章 噪声控制设备

噪声控制一般从三个方面着手：一是设法降低噪声源的噪声；二是切断噪声的传播途径或在其传播时进行削弱；三是在受声点进行防护。在传播途径上控制噪声是目前噪声控制中的普遍手段，按其工作原理可分为吸声、隔声和消声，相应的设备为吸声降噪设备、隔声设备和消声器。在实际噪声控制中，通常会同时采用吸声、隔声和消声等技术措施，从而达到预期的治理效果。

7.1 吸声降噪设备

在吸声降噪过程中，常采用多孔材料吸声结构、共振吸声结构来实现降噪目的。

7.1.1 多孔材料吸声结构

多孔材料吸声结构通常包括吸声板结构、空间吸声体、吸声尖劈等三种。

（1）吸声板结构 如图 7-1 所示，吸声板结构是由多孔吸声材料与穿孔板所组成的板状吸声结构。穿孔板的穿孔率一般大于 20%，孔心间距越大，低频吸声性能越好。轻织物多采用玻璃布和聚乙烯塑料薄膜，聚乙烯薄膜的厚度应小于 0.03mm，否则会降低高频吸声性能。

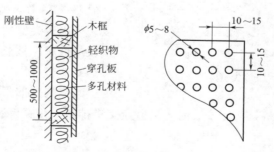

图 7-1 常用吸声板结构

实际应用中为了便于固定和美观，针对不同的气流速度需要对多孔材料做护面处理。如表 7-1 所示，近年来已发展了定型规格化生产的穿孔石膏板、穿孔纤维水泥板、穿孔硅酸盐板以及穿孔硬质护面板（钢、铝等金属材料）等，吸声板上可涂各种颜色图案，增强材料的美观效果。

表 7-1　不同护面形式的吸声结构

适应流速/(m/s)	结构示意图	适应流速/(m/s)	结构示意图
<10	布或金属网 多孔材料	>23～45	金属穿孔板 玻璃布 多孔材料
10～23	金属穿孔板 多孔材料	>45～120	金属穿孔板 钢丝棉 多孔材料

（2）空间吸声体　空间吸声体由框架、吸声材料和护面结构组成，一般悬挂在室内离墙壁一定距离的空间中。常用的几何形状有板形、圆柱形、菱形、球形、圆锥形等。其中，板形吸声体应用最为广泛，球形吸声体因其体积与表面积之比最大而吸声效果最好。常用的材料包括塑料网、钢丝网和各种板材。空间吸声体具有较高的低频响应，安装时靠近声能流密度大的位置（例如靠近声源处、反射有聚焦的地方），可以获得较好的效果。空间吸声体不仅加工制作简单、原材料易购、价格低廉、安装容易、维修方便，而且不妨碍车间的墙面，不影响采光。

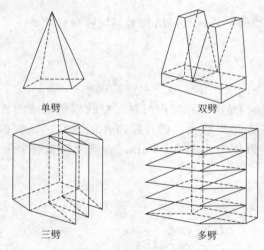

单劈　　双劈

三劈　　多劈

图 7-2　吸声尖劈

（3）吸声尖劈　吸声尖劈是一种楔子形空间吸声体，即在金属网架内填充多孔吸声材料（图 7-2）。吸声尖劈是消声室或强吸声场所的一种常用的强吸声结构，其吸声原理：利用特性阻抗逐渐变化，即从尖劈端面特性阻抗（接近于空气的特性阻抗），逐渐过渡到吸声材料的特性阻抗。吸声尖劈因其阻抗渐变型结构的特点，在中高频吸声性能较好；如果要在低频得到高的吸声系数，则需要增加吸声尖劈长度。当吸声尖劈的长度大约等于所需吸收声波最低频率波长的一半时，其吸声系数可达 0.99。

吸声尖劈的形状有等腰劈状、直角劈状、阶梯状、无规则状等。实际安装时，尖劈应交错排列，在底板后面设穿孔共振器，或留有一定厚度的空气层。

7.1.2　共振吸声结构

多孔材料对中高频声吸声效果较好，对低频声吸收效果较差，若采用共振吸声结构则可以改善低频吸声性能。共振吸声结构是利用共振原理制成的，常用的有薄板（膜）共振吸声结构、（微）穿孔板共振吸声结构等（图 7-3）。

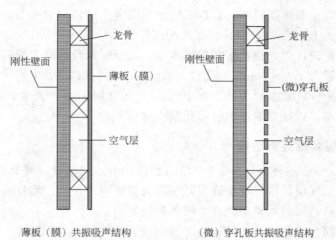

薄板（膜）共振吸声结构　　　（微）穿孔板共振吸声结构

图 7-3　共振吸声结构

7.1.2.1　薄板共振吸声结构

把薄的板材（如胶合板、薄木板、硬质纤维板、石膏板、石棉水泥板、金属板等）周边固定在框架上，将框架固定在刚性壁面上，薄板与刚性壁面间留有一定厚度的空气层，就构成了薄板共振吸声结构。其吸声的机理是，当声波入射到薄板上引起板面振动时，薄板振动要克服本身的阻尼和板与框架之间的摩擦，使一部分声能转化为热能而耗损。当薄板振动结构的固有频率与入射声波频率一致时，将发生共振，吸声最强。

实际应用中，常取薄板厚度为 3~6mm，空气层厚度为 30~100mm，共振频率为 80~300Hz，吸声系数一般为 0.2~0.5，共振频率处的吸声系数大于 0.5。薄板共振吸声结构通常用于吸收低频声，若在薄板结构的边缘（板与框架交接处）放一些增加结构阻尼特性的软质材料，如橡皮条、泡沫塑料条、毛毡等，或在空气层中沿框架（龙骨）四周适当填放一些多孔吸声材料，如矿棉、玻璃棉等，则可以明显提高薄板共振结构吸声性能，使吸声频带变宽。

7.1.2.2　薄膜共振吸声结构

刚度很小的弹性材料（如聚乙烯薄膜、漆布、不透气的帆布以及人造革等）和其后空气层一起，可构成薄膜共振吸声结构。薄膜结构与薄板结构的吸声机理基本相同，薄板结构固有频率的计算公式同样适用于薄膜结构。一般在膜后填充多孔吸声材料可改善低频吸声性能。膜的面密度比较小，故其共振频率向高频移动。通常薄膜结构的共振频率为 200~1000Hz，最大吸声系数为 0.3~0.4。

7.1.2.3　穿孔板共振吸声结构

通常在钢板、铝板、硬质纤维板、胶合板、塑料板、石棉水泥板、水泥加压板等板材上面，以一定的孔径和穿孔率打上孔，并在板背后留有一定厚度的空气层，就构成穿孔板共振吸声结构。穿孔板上每个孔后都有对应空腔，相当于多个并联的亥姆霍兹共振器。当声波入射到穿孔板时，孔颈中的空气柱受声波激发产生振动，由于摩擦和阻尼作用而消耗掉一部分声能量。当入射声波的频率与结构的固有频率一致时将产生共振，空气柱往复振动的速度、幅值最大，此时消耗的声能量最多，吸声最强。而且，穿孔率越高，共振频率就越高，因此可通过改变穿孔率来控制共振频率。工程中用于共振吸声结构的穿孔板，常用穿孔率在5％以下，而当穿孔率大于15％时，穿孔板仅起护面作用。

在噪声控制工程设计中，穿孔板共振吸声主要用于低频及部分中频吸声。穿孔板共振吸声结构的板厚度一般为1.5～10mm，孔径为5～40mm，孔距为10～100mm，板后空腔深为6～200mm，共振吸声系数约为0.30～0.50。为加宽吸声频带宽度，可在穿孔板背后贴一层纱布或玻璃丝布，或在空腔内填装多孔吸声材料。

7.1.2.4　微穿孔板共振吸声结构

在板厚小于1.0mm的薄金属板上穿以孔径≤1.0mm的微孔，穿孔率为1％～5％，板后留有一定厚度的空气层，这样就构成了微穿孔板共振吸声结构。微穿孔板共振吸声结构比普通穿孔板共振吸声结构的吸声系数高、吸声频带宽。

微穿孔板可用铝板、钢板、镀锌板、不锈钢板、塑料板等材料制作。微穿孔板共振吸声结构由于板薄、孔径小、声阻抗大、质量小，因而吸声系数和吸声频带宽度比穿孔板共振吸声结构要好。在实际应用中，为使吸声频带向低频方向扩展，可采用双层或多层微穿孔板共振吸声结构。

同时，由于微穿孔板后的空气层内无须填装多孔吸声材料，所以不怕水、不霉、耐潮、不蛀、防火、耐高温、耐腐蚀、清洁无污染，能承受高速气流的冲击。微穿孔板共振吸声结构缺点是孔小、易堵塞，微孔加工较困难。

微穿孔板共振吸声结构在国内噪声控制工程及改善厅堂音质方面得到了广泛的应用。例如，一些对清洁环境要求较高的场所相继采用了微穿孔吸声处理，高架路声屏障也可用透明微穿孔板共振吸声结构。

7.1.3　吸声结构选择

吸声处理只能降低反射声的影响，对直达声是无能为力的，因此不能希望通过吸声处理而降低直达声。吸声降噪的效果是有限的，其降噪量一般为4～12dB，因此吸声结构选用与设计需注意以下几个方面：

① 优先考虑对声源进行隔声、消声等处理，以吸声处理作为辅助手段。

② 当房内原有的平均吸声系数很小时，采取吸声处理才能达到预期效果。单独的风机房、泵房、控制室等房间面积较小，所需降噪量较高，宜对天花板、墙面同时作吸声处理；车间面积较大，宜采用空间吸声体、平顶吸声处理；声源集中在局部区域时，宜采用局部吸声处理，同时设置隔声屏障；噪声源较多且较分散的生产车间宜作吸声处理。

③ 在靠近声源直达声占支配地位的场所，采取吸声处理不能达到理想的降噪效果。

④ 若噪声高频成分很强，可选用多孔吸声材料；若中低频成分很强，可选用薄板共振吸声结构或穿孔板共振吸声结构；若噪声中各个频率成分都很强，可选用复合穿孔板或微穿孔板共振吸声结构。通常要把几种方法结合，才能达到最好的吸声效果。

⑤ 对于湿度较高或有清洁要求的环境，一般采用填充有多孔材料的薄膜共振吸声结构或采用单、双层微穿孔板共振吸声结构。微穿孔板的板厚及孔径均不大于1mm，穿孔率可取0.5％～3％，空腔深度可取50～100mm。

⑥ 进行吸声处理时，应满足防火、防潮、防腐、防尘等工艺要求，同时兼顾通风、采光、照明、装修要求，以及考虑省工、省料等经济因素。

7.2　隔声设备

7.2.1　复合隔声板

用钢板、吸声材料、阻尼材料和装饰表面板等多层结构组成一个整体，即构成复合隔声板。复合隔声板的长度和宽度按需要可提供多种尺寸，厚度按噪声源性质的不同分为如50mm、80mm、100mm、120mm等几种。以高频声为主的小型设备选用50mm厚；以高频声为主的大型设备选用80mm厚；以低中频声为主的小型设备选用100mm厚；以低中频声为主的大型设备选用120mm厚，中间再加阻尼层和吸声材料。

目前轻质复合结构隔声材料的开发比较活跃。常用轻质复合板是用金属或非金属的坚实薄板作面层，内侧覆盖阻尼或夹入吸声材料或空气层等。这种结构因质轻且隔声性能良好，广泛运用于交通或工业噪声控制中作为隔声屏、隔声罩，或作为车、船、飞机等的壳体。

7.2.2　隔声罩

隔声罩是用隔声构件将噪声源封闭在一个较小的空间内，以降低噪声源向周围环境辐射的噪声的罩形结构。将噪声源封闭在隔声罩内，需要考虑机电设备运转时的通风、散热、采光问题；同时，安装隔声罩可能对监视、操作、检修等工作带来不便，需设法采用相关技术手段对产生的影响进行消除。

隔声罩罩壁一般由罩板、阻尼层和吸声层构成。为便于拆装、搬运、操作、检修，同时考虑到经济方面的因素，罩板通常采用薄金属板、木板、纤维板等轻质材料。当采用薄金属板作罩板时，必须涂覆相当于罩板2～4倍厚度的阻尼层，以改善共振区和有吻合效应处的隔声性能。

隔声罩一般分为全封闭、局部封闭和消声箱式隔声罩。全封闭隔声罩不设开口，多用来隔绝体积小、散热要求不高的机械设备。局部封闭隔声罩设有开口或局部无罩板，罩内仍存在混响声场，一般应用于大型设备的局部发声部件或发热严重的机电设备。消声箱式隔声罩在隔声罩的进、排气口安装有消声器，多用来消除发热严重的风机噪声。图7-4（a）是带有进排风消声通道的隔声罩。

选择或制作隔声罩应注意的事项：

① 罩面必须选择有足够隔声能力的材料制作，罩面形状宜选择曲面形体，其刚度较大，利于隔声，避免方形平行罩壁；内部壁面与声源设备之间的距离不得小于100mm；罩壁宜轻薄，宜选用分层复合结构。

② 采用钢板或铝板制作的罩壳，须在壁面上加筋，涂贴一定厚度的阻尼材料以抑制共振和吻合效应的影响，阻尼材料层厚度通常为罩壁的2～3倍。阻尼材料常用内损耗大的黏弹性材料，如沥青、石棉漆等。

③ 隔声罩内的所有焊缝应避免漏声，隔声罩与地面的接触部分应密封。

④ 罩体与声源设备及其机座之间不能有刚性接触，以免形成声桥，导致隔声量降低。机器与隔声罩之间，以及它们与地面或机座之间应有适当的减振措施。

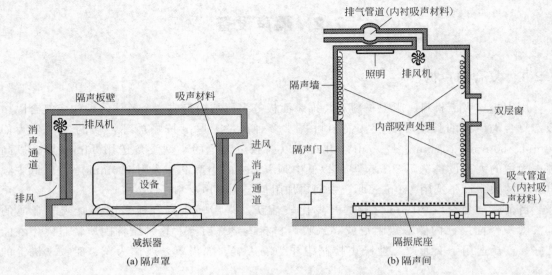

图 7-4　带有进排风消声通道的隔声罩基本构型及隔声间基本构型

⑤ 隔声罩内表面须进行吸声处理，需衬贴多孔或纤维状吸声材料层，平均吸声系数不能太小。

⑥ 隔声罩应易于拼装，考虑声源设备的通风、散热等要求。

7.2.3　隔声间

隔声间也称隔声室，是用隔声围护结构建造成的一个较安静，且有良好的通风、采光的空间 [图 7-4（b）]。隔声间是由隔声墙、隔声门、隔声窗、通风消声装置、阻尼材料和减振器等多种声学构件组合而成的。

设计隔声门时，不仅要有足够的隔声量，还要保证门开启机构灵活方便，同时，门扇与门框之间应密封好。隔声门常采用轻质复合结构，在层与层之间填充吸声材料，隔声量可达 30~40dB。双层充气隔声门的隔声量可达 46~60dB。隔声门的隔声性能与门缝的密封程度有关。即使门扇设计的隔声量再大，若密封不好，其隔声效果也会下降。隔声门的密封方法应该根据隔声要求和门的具体使用条件确定，例如人员出入较少的隔声间的门可以采用隔声效果较好的双企口压紧橡皮条的密封方法，而人员出入较频繁的隔声间就不使用这种方法。为使隔声门关闭严密，在门上应设加压关闭装置，一般采用较简单的锁闸。门铰链应有距门边至少 50mm 的转轴，以便门扇沿着四周均匀地压紧在软橡皮垫上。门框与墙体的接缝处也应注意密封。

隔声窗按照其所使用的场所不同和隔声量不同，可分多种形式。

隔声采光窗上安装的玻璃可以是二层的，也可以是多层的。隔声窗的隔声量除了取决于玻璃的厚度（或单位面积玻璃的质量），还取决于窗结构，及窗与窗框之间、窗框和墙壁之间的密封程度。玻璃厚度一般为 5mm 或 6mm，每层玻璃的厚度最好不相等，其总厚度一般为 60mm、80mm、100mm、120mm。

通风隔声窗应满足通风和隔声两种功能要求。正面采用大块玻璃隔声采光，周边为橡胶条密封结构，下面和两侧面是进风或出风通道，在通道上进行了吸声处理，相当于安装了阻性消声器。根据需要，可以在隔声窗内侧安装轴流风机，进行机械通风。

消声遮阳百叶窗具有遮阳、采光、降噪、通风等多种功能，可以安装于建筑物的窗洞口或隔声室、隔声罩的进出口。在百叶片上装以吸声材料，利用百叶片之间的阻性消声达到降噪的目的，其消声降噪量为 10dB（A）左右。

7.2.4　声屏障

在噪声源和需要进行噪声控制的区域之间，安置一个有足够面密度的密实材料的板或墙，使声波传播有明显的附加衰减，这样的"障碍物"称为声屏障（noise barriers）。声屏障主要用于交通噪声的治理。在高速公路、高架道路、立交桥、铁路、轻轨铁路等交通要道与道路周边住宅之间常看到声屏障。

7.2.4.1　声屏障降噪原理

声屏障的降噪作用是基于声波的衍射原理。如图 7-5 所示，噪声在传播途径中遇到障碍物（声屏障），若障碍物尺寸远大于声波波长时，大部分声能被反射和吸收，一部分绕射，于是声波在声屏障背后一定距离内形成声影区，同时，声波绕射，必然产生衰减。一般 3～6m 高的声屏障，其声影区内降噪效果在 5～12dB 之间。同时由图 7-5 可以看出声屏障对不

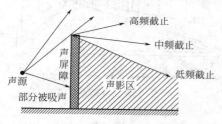

图 7-5　声屏障降噪原理示意图

同频率声波的衍射效应。由于高频声波长短，声影区大，所以最容易被阻挡，其次是中频声，低频声波长长，绕射能力强，在声屏障后面形成的声影区面积小，所以声屏障对低频噪声的隔声效果相对较差。尤其对于频率在 250Hz 以下的低频声的隔声衰减不明显，常借助吸声材料对低频噪声进行衰减。因此，声屏障应具有隔声和吸声的双重性能。

7.2.4.2　道路声屏障结构形式

传统道路屏障不仅结构单调、密度大，耐久性较差，而且降噪效果欠佳，特别对中低频声吸声性能很差。近十年来国内外一直有许多学者致力于声屏障声学性能的研究，有关新型声屏障的研究论文屡有发表。声屏障顶部既是声线的绕射点，又是亮区与声影区的分界点。为了在不增加道路屏障高度的条件下，降低顶部绕射声波的传播，从而提高声屏障的降噪能力，一方面可在声屏障上端面安置软体或吸声材料，另一方面可通过改善声屏障的形状提高降噪水平。

（1）声屏障的结构形式

① 吸声型屏障。吸声型屏障即在声屏障面向道路的一侧外表面布置吸声材料（其吸声系数应大于 0.5），做成吸声表面，降低反射声，从而改善屏障的降噪效果。例如，图 7-6 所示沿街道路一侧有一几十米长的厂房，墙外表面布置了吸声材料，从而减少了该墙面对交通噪声的反射，保护了厂房对面社区的声环境质量。

② 软表面结构形式屏障。按照声学原理，声学

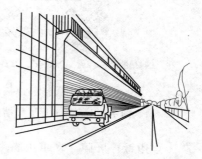

图 7-6　安装在工厂外墙上的吸声屏障

软表面的特性阻抗远远小于空气的特性阻抗，这样，软表面的声压远远小于一般吸声表面，理想的软表面声压几乎为 0。早在 1976 年 Rawlins 首次提出，附在刚性障板的边缘上的声学软表面能阻碍声屏障顶部绕射声的传播。后来，R. J. Alfredson、Fujiwara K. 等人继续研发软表面结构屏障，这些声屏障的一个共同特征是，在原声屏障上边缘附着一层或一个带管状声学软表面结构。用常规材料难以制成软表面，该类声屏障开发的关键问题是寻找一种合适软表面材料。

③ T 形屏障。2003 年 J. Defrance 和 P. Jean 利用射线追踪及边界元法研究了一种 T 形屏障模型（图 7-7）。该屏障顶冠为 0.85m×0.25m 厚的水泥木屑板。实际应用中，考虑有限长声屏障对无限不连续的线声源的情形，该声屏障顶冠的附加声衰减量为 2～3dB（视衍射角及声传播路径情况而定）。

④ Γ 形屏障。声屏障顶端按一定角度折向道路内侧（图 7-8），从而改善了屏障的降噪效果。

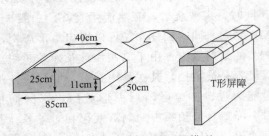

图 7-7　T 形屏障的顶冠模型

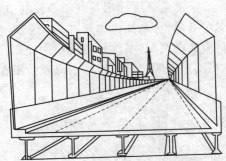

图 7-8　Γ 形道路声屏障总体布局图

⑤ 带管状顶部的屏障。带管状顶部的屏障即在原有方形屏障的顶部加置一个管状单元，该单元常见有圆柱形和蘑菇形两种形式。声屏障顶部安置的吸声体可降低声屏障顶部的声压，从而减小声屏障背后衍射区 2～3dB 的声压值。顶部带蘑菇形吸声体的屏障将逐渐取代顶部带圆柱形吸声体的屏障，成为现代声屏障建设的主流。因为前者景观效应更好。

⑥ Y 形屏障。Y 形屏障的结构形式设计比 T 形屏障更合理，因为前者排水性能更好。在垂直型声屏障顶部附加板，形成"Y"字结构，不仅能提高屏障的降噪效果，而且能降低屏障的高度，造价也合理。H. Shima 等人在传统 Y 形屏障的基础上开发一种声学性能更好的新颖 Y 形屏障，如图 7-9 所示。

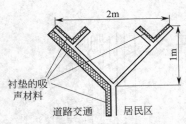

图 7-9　新颖 Y 形屏障结构

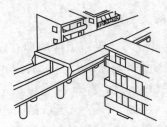

图 7-10　居住区高架路上的掩蔽式声屏障

⑦ 多重边缘声屏障。多重边缘声屏障即在原有的单层障板上面增加二道（或更多）边板，边板最好置于原主障板的声源一侧，这明显增大了屏障的声衰减量，一般可获得 3dB

左右的附加衰减量（高频区的附加衰减量比低频区大）。多重边缘声屏障板上一般不加吸声材料，因为吸声材料对该类屏障降噪作用不大。

⑧ 掩蔽式声屏障。城市交通干道两侧的高层建筑物形成了城市"峡谷"。研究表明，平行"峡谷"中的声反射使该区的声压级相对于单侧屏障有所升高。此时，采用一般的声屏障来控制交通噪声向窗户处的辐射是困难的。掩蔽式声屏障则是一个解决问题的典型例子，如图 7-10，该声屏障又称隧道式声屏障，造价高，在国外许多国家（如日本、加拿大）都已采用，为了采光，顶部常用透明材料或设置采光罩。

（2）不同结构形式声屏障降噪性能对比　由表 7-2 可见，吸声结构（a）、软体结构（s）都能较好地改善声屏障的声学性能，但结构形状的改变对声屏障的声学性能改善并不明显。刚性结构（r）屏障中只有多重衍射边缘型屏障有较好的降噪效果。软体结构 T 形屏障降噪效果最明显，其 3m 高可达到 10m 普通型屏障的降噪效果。

表 7-2　各种声屏障的降噪效果比较

刚性结构	（普通）15.2	1.0/16.2	1.7/16.9	−0.7/14.5	2.5/17.7	3.3/18.5	0.2/15.4
吸声结构		5.0/20.2	5.6/20.8	4.4/19.6	5.4/20.6	5.6/20.8	
软体结构		7.8/23	8.2/23.4	7.6/22.8	8.0/23.2		2.4/17.6

注：1. ▬：刚性；▦：吸声；▨：软体。

2. 图表中的分数（例如 5.5/20.8）的含义：分母值（20.8）代表 3m 高某类声屏障插入损失值 IL＝20.8dB，分子值（5.5）代表相对于 3m 高普通屏障插入损失值（15.2dB）的附加衰减量 ΔIL 为 5.5dB。

7.2.4.3　道路声屏障设计

道路声屏障工程设计一般分三部分：声学设计、结构设计和景观设计。声学设计即从治理目标值为基础进行声屏障的位置、几何尺寸、形式等设计选择与比较；结构设计是用以保证所选择的声屏障能安全、牢固地建在所要设置的部位上，包括承重结构设计与构造设计；景观设计是结合人的视觉与知觉对周围环境所产生的反应进行设计，这一反应保证人的行车安全和视觉上的舒适协调。声屏障的设计程序见图 7-11。

（1）声学设计　声学设计是声屏障设计中的关键环节，包括目标降噪量确定、平面位置确定、高度和长度的计算、形式选择、结构和材料的选择等内容。

① 声屏障设计目标值的确定。根据声环境评价的要求，确定噪声防护对象，它可以是一个区域，也可以是一个或一群建筑物。声屏障设计目标值的确定与受声点处的道路交通噪声值（实测或预测的）、受声点的背景噪声值以及环境噪声标准值的大小有关。如果受声点的背景噪声值等于或低于功能区的环境噪声标准值，则设计目标值可以由道路交通噪声值（实测或预测的）减去环境噪声标准值来确定。当采用声屏障技术不能达到环境噪声标准或

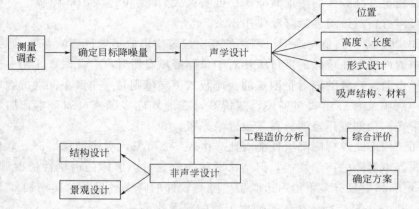

图 7-11　声屏障的设计程序

背景噪声值时，设计目标值也可在考虑其他降噪措施的同时（如建筑物隔声），根据实际情况确定。

② 位置的确定。根据道路与防护对象之间的相对位置、周围的地形地貌，应选择最佳的声屏障设置位置。选择的原则或是声屏障靠近声源，或者靠近受声点，或者有可利用的土坡、堤坝等障碍物等，力求以较少的工程量达到设计目标所需的声衰减。由于声屏障通常设置在道路两旁，而这些区域的地下通常埋有大量管线，故应该作详细勘察，避免造成破坏。

③ 几何尺寸的确定。根据设计目标值，可以确定几组声屏障的长与高，形成多个组合方案，计算每个方案的插入损失，保留达到设计目标值的方案，并进行比选，选择最优方案。

④ 声屏障的形式选择。声屏障的形式包括直立型、折板型、弯曲型、半封闭型、封闭型。对于封闭型声屏障，降噪效果好，但存在造价高、汽车废气不易扩散等问题，一般只在城市道路近旁高楼林立的情况下才采用。因此，声屏障的形式选择需要综合考虑现场条件和保护点声环境要求等多种因素，再做出合理的选择。

⑤ 吸声结构设计。当双侧安装声屏障时，应在朝声源一侧安装吸声结构；当道路声屏障仅为一侧安装，则可以不考虑吸声结构。吸声结构的降噪系数（NRC）应大于 0.5。吸声结构的吸声性能不应受到户外恶劣气候环境的影响。

（2）结构设计　在结构设计中，声屏障应满足结构在运输、安装和使用过程中的强度、稳定性和刚度要求，符合降噪、防火、防腐蚀、防潮（水）、防老化、防眩目、防尘等要求，声屏障的景观效果与周围环境相协调。声屏障的结构设计由二部分组成，其一是声屏障承重结构的设计与计算；另一部分是结构上和声学上需要满足的构造设计。承重结构设计偏重于在结构的强度、刚度、安全度上考虑；而构造设计则是结合声学的要求以及结构上要求进行的设计，声屏障的构造主要涉及屏障的结构与材料，它应满足技术合理、经济、施工简单、造型美观、安全耐用等方面的要求。

（3）景观设计　声屏障的景观设计要遵循建筑形式美的一般原则，使其保持与道路及周围环境的整体性和一致性，同时不要影响驾驶安全性。例如，设计中利用声屏障顶端线条的多样变化，使单调的障壁成为给人以动感感受的视觉景观；在声屏障表面采用淡雅明朗的障板色彩变化组成几何图案，给人以明快轻巧的感觉。

7.3　消声器

空气动力性噪声是一种常见的噪声污染源，从喷气式飞机、火箭、宇宙飞船，到各种动力机械、通风空调设备、气动工具、内燃发动机、压力容器及管道阀门等的进排气，都会产生声级很高的空气动力性噪声。控制这种噪声最有效的方法之一就是在各种空气动力设备的气流通道上或进排气口上加装消声器。一个合适的消声器能使气流噪声降低 20～40dB。

7.3.1　消声器种类与性能要求

按消声原理和结构的不同，消声器大致可分为阻性消声器、抗性消声器、阻抗复合式消声器、微穿孔板消声器、喷注耗散型消声器、有源消声器等类型，见表 7-3。

表 7-3　消声器种类与适用范围

消声器类型	所包括的形式	消声频率特性	适用范围
阻性消声器	直管式、片式、折板式、声流式、蜂窝式、弯头式等	中、高频	消除风机、燃气轮机进气噪声
抗性消声器	扩张室式、共振腔式、干涉式等	低、中频	消除空压机、内燃机汽车排气噪声
阻抗复合式消声器	阻-扩型、阻-共型、阻-扩-共型	低、中、高频	消除鼓风机、大型风洞、发动机试车台噪声
微穿孔板消声器	单层微穿孔板消声器、双层微穿孔板消声器	宽频带	高温、高湿、有油雾及要求特别清洁卫生的场合
喷注耗散型消声器	小孔喷注型、降压扩容型、多孔扩散型	宽频带	消除压力气体排放噪声，如锅炉排气、高炉放风、化工工艺气体放散等噪声
喷雾消声器		宽频带	用于消除高温蒸汽排放噪声
有源消声器		低频	用于消除低频噪声的一种辅助措施

一个性能好的消声器应考虑：

① 声学性能。消声器在所需要的消声频率范围内，应有足够大的消声量。

② 空气动力性能。消声器对气流的阻力损失或功能损耗要小。

③ 结构性能。体积小，重量轻，坚固耐用，结构简单，便于加工、安装和维修。

④ 外形及装饰要求。除消声器几何尺寸和外形应符合实际安装空间的允许外，消声器的外形应美观大方，表面装饰应与设备总体相协调。

⑤ 价格费用要求。在消声量达到要求的条件下，消声器要价格便宜，使用寿命长，有一个较好的性能价格比。

7.3.2　阻性消声器

通常把不同种类的吸声材料按不同方式固

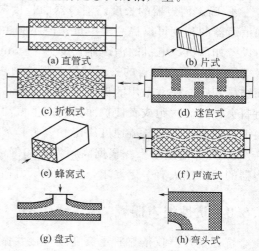

图 7-12　常见阻性消声器的形式

定在气流通道中，即构成各式各样的阻性消声器。阻性消声器结构由于充分利用对中、高频吸声特性较好的吸声材料，所以中、高频消声效果良好。按气流通道的几何形状可分为直管式、片式、折板式、迷宫式、蜂窝式、声流式、盘式、弯头式等，如图 7-12 所示。各类典型阻性消声器的特点见表 7-4。

表 7-4　各类典型阻性消声器的特性与适用范围

种类	特性与适用范围
直管式	结构简单，阻力损失小，适用于小流量管道及设备的进、排气口
片式	单个通道的消声量即为整个消声器的消声量，结构损失大，不适于流速较高的场合
折板式	是片板式消声器的变种，提高了高频消声性能，但阻力损失大，不适于流速较高的场合
声流式	是折板式消声器的改进型，改善了低频消声性能，阻力损失较小，但结构复杂，不易加工，造价高
蜂窝式	高频消声效果差，但阻力损失较大，构造相对复杂，适用于气流流量较大、流速不高的场合
弯头式	低频消声效果差，高频消声效果好，一般结合现场情况，在需要弯曲的管道内衬贴吸声材料构成
迷宫式	在容量较大的箱（室）内加衬吸声材料和吸声障板，具有抗性作用，消声频率范围宽，但体积庞大，阻力损失大，仅在流速很低的风道上使用

阻性消声器的设计步骤如下：

① 确定消声量。应根据有关的环境保护和劳动保护标准，适当考虑设备的具体条件，合理确定实际所需的消声量。对于各频带或 1/3 倍频带所需的消声量，可参照相应的 NR（noise rating，噪声检定）曲线来确定。

② 选择消声器的结构形式。根据气体流量和消声器所控制的流速，计算所需的通流截面，并由此来选定消声器的结构形式。一般说来，气流通道截面当量直径小于 300mm，可采用单通道直管式；通道截面直径为 300～500mm，可在通道中加设吸声片或吸声芯；通道截面直径大于 500mm，则应考虑选用片式、蜂窝式或其他形式。

③ 选用吸声材料。除了考虑材料的吸声性能外，还应考虑消声器的实际使用条件，在高温、潮湿、有腐蚀等特殊环境中，则应考虑吸声材料的耐热、耐腐蚀性能。

④ 确定消声器的长度。消声器的长度应根据噪声源的强度和现场降噪要求来决定。增加消声器的长度可以提高消声量，但还应注意现场有限空间所允许的安装尺寸。一般空气动力设备如风机、电机的消声器长度为 1～3m，特殊情况下为 4～6m。

⑤ 选择吸声材料的护面结构。阻性消声器的吸声材料在气流中工作时必须用牢固的护面结构固定。通常采用的护面结构有玻璃布、穿孔板或铁丝网等。如护面结构不合理，吸声材料会被气流吹跑或者使护面结构产生振动，导致消声器的性能下降。护面结构的形式主要由消声器通道内的气流速度决定。表 7-1 为不同流速下的合理护面结构。

⑥ 验算消声效果。根据高频失效和气流再生噪声的影响，验算消声效果。若设备对消声器的压力损失有一定要求，应计算压力损失是否在允许的范围之内。

7.3.3　抗性消声器

抗性消声器仅依靠管道突变或旁接共振腔等在声传播过程中引起阻抗的改变而产生声能的反射、干涉，从而降低由消声器向外辐射的声能，达到消声的目的。抗性消声器适用于窄带和中、低频噪声的控制，能在高温、高速、脉动气流下工作，适用于汽车、拖拉机、空压机等排气管道的消声。抗性消声器有扩张室式、共振腔式、干涉式、穿孔板式等类型，其中扩张室式和共振腔式是两种常用的类型。

7.3.3.1　扩张室式消声器

（1）扩张室式消声器的消声性能　扩张室式消声器也称膨胀式消声器，是利用管道横断面的扩张和收缩引起的反射和干涉来进行消声的。在工程中为了减少对气流的阻力，常用的是扩张管。扩张室消声器的消声量是由扩张比 m 决定的。但是，扩张比 m 不可盲目选得太大，应使消声量与消声频率范围二者兼顾。在实际工程中，一般取 $9 < m < 16$，最大不超过20，最小不小于5。

不管扩张比 m 多大，当满足 $kl = n\pi$ 时（k 为波数，l 为扩张管的长度，$n = 1，2，3\cdots$），单节扩张室消声器存在许多消声量为零的频率。改善扩张室消声器消声频率特性的方法：

①　将单节扩张室式改进为内插管式，即在扩张室两端各插入长度分别为扩张室长度的 $1/2$ 和 $1/4$ 的管，以分别消除 n 为奇数和偶数时的通过频率低谷，以使消声器的频率响应曲线平直，如图 7-13 所示。但实际设计的消声器多是两端插入管连在一起，在其间的 $l/4$ 长度上打孔，穿孔率大于 30%，以减少气流阻力，如图 7-14。

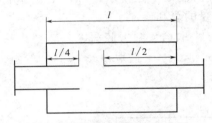

图 7-13　带插入管的扩张室图

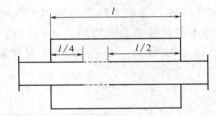

图 7-14　内接穿孔管的扩张室消声器

②　设计多节扩张室，将它们串联起来，各节扩张室长度不相等，如图 7-15 所示。同时使各自的通过频率相互错开。如此，既可提高总的消声量，又可改善消声频率特性。

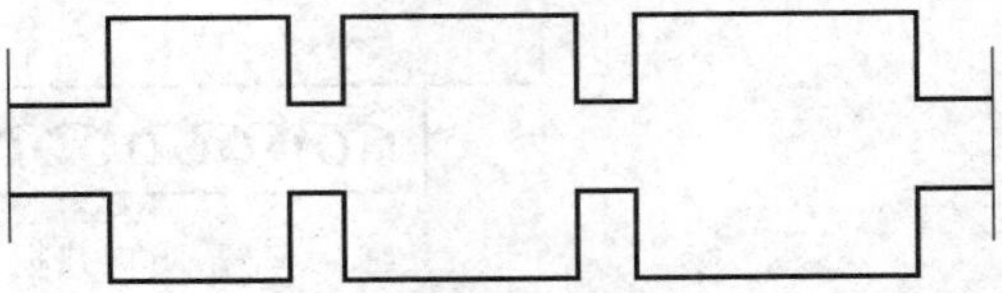

（2）扩张室式消声器设计设计步骤

①　根据需要的消声频率特性，合理地分布最大消声频率，确定各节扩张室消声器的长度及其插入管的长度。

图 7-15　长度不同的多节扩张室串联

②　根据有关标准，确定所需要的消声量，尽可能选取较大的扩张比 m，设计扩张室各部分的截面尺寸。

③　验算所设计扩张室消声器的上下频率是否在所需要消声的频率范围之外。如不符合，则重新修改方案。

7.3.3.2　共振腔式消声器

在一段气流通道的管壁上开若干个小孔，并与外侧密闭空腔相通，小孔和密闭的空腔就组成了一个共振腔消声器（图 7-16）。其消声原理和穿孔共振结构是相似的，小孔与空腔组成一个弹性振动系统，小孔孔颈中具有一定质量的空气，在声波的作用下往复运动，与孔壁产生摩擦，使声能转变成热能而消耗掉。当声波频率与消声器固有频率相等时，发生共振。在共振频率及其附近，空气振动速度最大，因此消耗的声能最多，消声量最大。

共振腔消声器的气流通道截面是由管道中气体流量和气流速度决定的。在条件允许的情况下，应尽可能缩小通道的截面积。一般通道截面直径不应超过 250mm。如气流通道较大，则需采用多通道共振腔并联，每一通道宽度取 100～200mm，且竖直高度小于共振波长的 1/3。

共振腔消声器适用于低、中频成分突出的气流噪声的消声，但有效消声频率范围较窄，对此可采用以下改进方法：

① 在空腔内填充一些吸声材料，以增加共振腔消声器的声阻，使有效消声的频率范围展宽。这样处理尽管会使共振频率处的消声量有所下降，但由于偏离共振频率后的消声量变得下降缓慢，从整体看还是有利的。

② 采用多节共振腔串联。把具有不同共振频率的几节共振腔消声器串联，并使其共振频率互相错开，可以有效地展宽消声频率范围。

为了使共振腔消声器取得应有的效果，设计时应注意以下几点：

① 共振腔的最大几何尺寸都应小于共振频率 f_r 处波长 λ_r 的 1/3。

② 穿孔位置应均匀集中在共振腔消声器内管的中部，穿孔范围应小于其共振频率相应波长的 1/12；孔心距应大于孔径的 5 倍。若不能同时满足上述要求，可将空腔分割成几段来分布穿孔位置，总的消声量可近似视为各腔消声量的总和。

③ 为展宽共振腔消声器的有效消声频率范围，采取增大共振腔深度、减小孔径、在孔径处增加阻尼等措施。穿孔板的厚度宜取 1～5mm，孔径宜取 $\phi3～\phi10$，穿孔率宜取 0.5%～5%，腔深宜取 10～20cm。

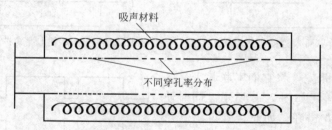

图 7-16　共振腔消声器结构示意图

7.3.4　阻抗复合式消声器

阻性消声器在中、高频范围内有较好的效果，而抗性消声器可以有效地降低低、中频噪声。在实际噪声控制工程中，往往遇到宽频带噪声，即低、中、高频的噪声都很高。为了在较宽的频率范围内获得较好的消声效果，通常将阻性结构和抗性结构按照一定的方式组合起来，就构成了阻抗复合消声器。常用的阻抗复合式消声器有阻性-扩张室复合式消声器（阻-扩型），阻性-共振腔复合式消声器（阻-共型），阻性-共振腔-扩张室复合式消声器（阻-共-扩型），如图 7-17。

阻抗复合式消声器主要用于消除各种风机和空压机的噪声。但由于阻性段有吸声材料，因此阻抗复合式消声器一般不适于在高温和含尘的环境中使用。

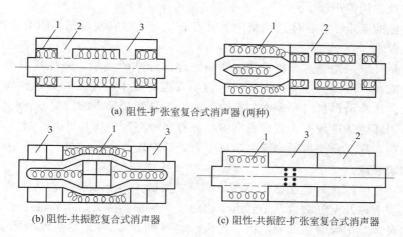

(a) 阻性-扩张室复合式消声器 (两种)

(b) 阻性-共振腔复合式消声器　　　　(c) 阻性-共振腔-扩张室复合式消声器

图 7-17　几种阻抗复合式消声器

1—阻性室；2—扩张室；3—共振腔

7.3.5　微穿孔板消声器

微穿孔板消声器是用微穿孔板制作的，是阻抗复合式消声器的一种特殊形式。根据微穿孔板吸声结构的理论设计制造的多种类型微穿孔板消声器，在通风空调系统和噪声控制工程中得到了广泛的应用。

微穿孔板消声器用微穿孔薄板制成，不用任何多孔吸声材料。微穿孔板材料一般用厚度为 0.20～1.0mm 的钢板、铝板、不锈钢板、镀锌钢板、PC（聚碳酸酯）板、胶合板、纸板等制作。为加宽吸收频带，孔径应尽可能地小，但因受冲孔制造工艺的限制以及微孔过小易堵塞，故常用孔径为 0.50～1.0mm，穿孔率一般为 1%～3%。为获得宽频带、高吸声效果，一般用双层微穿孔板结构。微穿孔板与风管壁之间以及微穿孔板与微穿孔板之间的空腔，按所需吸收的频带不同而异。

微穿孔板消声器消声量高，消声频带宽，压力损失小，气流再生噪声低，不用多孔性吸声材料，无粉尘或其他纤维泄出，十分清洁，因此，特别适用于环境标准要求较高的通风空调系统，例如净化车间、无菌室、高级宾馆等。微穿孔板消声器防潮、防水，能承受较高气流速度的冲击，耐高温，适应性较强，可以制成满足不同要求的消声器。

7.3.6　消声器选用

消声器选用过程中，应注意以下几个方面：

（1）噪声源特性分析：消声器用于降低空气动力性噪声，对其他噪声源是不适用的。应按不同性质、不同类型的噪声源，有针对性地选用不同类型的消声器。

噪声源的声级高低及频谱特性各不同，消声器的消声性能也各不相同，在选用消声器前应对噪声源进行测量和分析。一般测量 A 声级、C 声级、倍频程或 1/3 倍频程频谱特性。使噪声源的频谱特性和消声器的消声特性两者相对应。噪声源的峰值频率应与消声器最理想、消声量最高的频段相对应，如此才能在安装消声器后得到满意的消声效果。同时，针对噪声源周围的环境条件，对于有无可能安装消声器、消声器装在什么位置等作好提前规划，以便正确合理地选用消声器。

（2）噪声标准确定：在具体选用消声器时，必须弄清楚安装所选用的消声器后能满足何种噪声标准的要求。

（3）消声量计算：按噪声源测量结果和噪声允许标准的要求，来计算消声器的消声量。消声量过高过低都不恰当。过高，可能达不到，或提高成本，或影响其他性能参数；过低，则达不到要求。计算消声量时要考虑的影响因素：一是背景噪声的影响，有些待安装消声器的噪声源，使用环境条件较差，背景噪声很高或有多种声源干扰，这时，对消声器质量的要求不一定太苛刻，噪声源消声器的噪声略低于背景噪声即可；二是自然衰减量的影响，声波随距离的增加而衰减。

（4）选型：正确地选型是保证获得良好消声效果的关键。根据噪声源所需要的消声量、空气动力性能要求以及空气动力设备管道中的防潮、耐油、防火、耐高温等要求，选择消声器的类型。①对低、中频为主的噪声源（如离心通风机等），可采用阻性或阻抗复合式消声器；②对带宽噪声源（如高速旋转的鼓风机、燃气轮机等），可采用阻抗复合式消声器或微穿孔板消声器；③对脉动性低频噪声源（如空燃机、内燃机等），可采用抗性消声器或微穿孔板消声器；④对高压、高速排气放空噪声，可选用新型节流减压及小孔喷注消声器；⑤对潮湿、高温、油雾、有火焰的空气动力设备，可采用抗性消声器或微穿孔板消声器；⑥对于特别大风量或通道面积很大的噪声源，可以设置消声房、消声器坑、消声塔或以特制消声元件组成的大消声器。

（5）消声器只能降低空气动力设备进排气口或沿管道传播的噪声，而对该设备的机壳、管壁动机等辐射的噪声无能为力。因此，在选用和安装消声器时应全面考虑噪声源的分布传播途径、污染程度以及降噪要求等，采取隔声、隔振、吸声、阻尼等综合治理措施，才能获得较理想的效果。

（6）消声器的空气动力性能损失应控制在能使该机械设备正常工作的范围内。

（7）为了降低消声器的阻力损失和气流再生噪声，保证消声器的正常使用，必须降低消声器和管道中的气流速度。对于空调系统，主管道中和消声器内的流速应控制在 10m/s 以下。内燃机进、排气消声器中的气流速度一般应控制在 $50\sim60m/s$ 以下。鼓风机、压缩机、燃气轮机进、排气消声器中的气流速度应控制在 30m/s 以下。周围无工作人员的高压高速排气放空消声器气流速度应限制在 60m/s 以下。

（8）应考虑到隔声及坚固耐用，并使其体积大小与空气动力机械设备相匹配。

7.3.7 消声器安装

在风机管路系统中，消声器安装使用部位不同对实际取得的效果关系很大。安装部位适当，则效果能达到设计要求的消声量；若安装部位不妥当，实际使用效果不但达不到设计要求，甚至完全没有效果。因此一定要根据消声器安装结构示意图所标明的位置，安装与风机适配的消声器。在安装适用的消声器时，应注意以下几点：

① 明确风机噪声源的部位。风机噪声源的部位按其强度大小，依次为排气口辐射的噪声、进气口辐射的噪声、机壳和管道表面辐射的噪声、电机噪声。消声器仅对进、排气噪声有明显的效果。

② 确认需保护或改善的声环境区域。若将风机作为一整体声源，周边声环境均需保护或改善时，则可能需在风机的进、排气口上均加装消声器，且风机本体及电机需加装隔声罩

（屏）。若存在围护结构将环境隔分为内外区域，仅内区域声环境需保护或改善时，则处于内区域的进或排气口需加装消声器，同时若风机本体及电机也处于内侧区域，则需加设隔声罩（屏）；同理，仅外区域声环境需保护或改善时，则处于外区域的进或排气口需加装消声器，风机本体及电机也处于外侧区域时，则需加设隔声罩（屏）。

③ 在安装消声器时，消声器到风机进口或出口的距离至少要大于管道直径的 3～4 倍。为减少机壳振动对消声性能的影响，对于通风机，应尽量使用软连接。

④ 所有法兰盘连接处都应加以垫圈，以防漏声和漏气。

⑤ 为了提高消声效果，防止管道壁的辐射噪声，风管上可采用 50～100mm 厚的矿渣棉、玻璃棉等吸声材料进行阻尼隔声包扎。

⑥ 通风气流管道中含有较多的水或尘时，不宜采用阻性消声器。

⑦ 进、排气消声器对于通风机可互换使用，对鼓风机和压缩机千万不可互换使用。

⑧ 消声器要定时进行检修，以保证消声器的效果。消声器安装示意图见图 7-18～图 7-21。

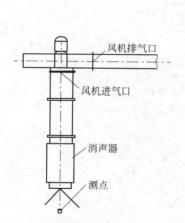

图 7-18　消声器安装在进气口管道上

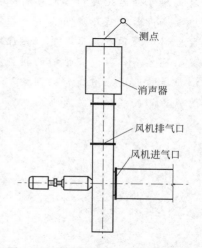

图 7-19　消声器安装在排气口管道上

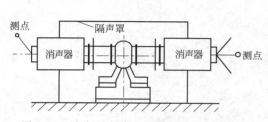

图 7-20　消声器安装在进（排）气口管道上

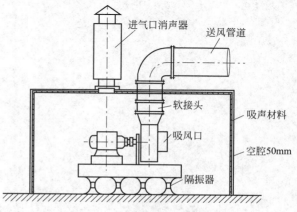

图 7-21　噪声综合治理安装示意

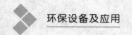

 思考题与习题

1. 常用的吸声结构有哪些？各有什么特点？

2. 多孔吸声材料与共振吸声结构在吸声原理和性能上有什么差别？

3. 如何提高穿孔板共振吸声结构吸声系数？

4. 微穿孔板吸声结构的吸声原理是什么？有何特点？

5. 吸声结构选择与设计的原则是什么？

6. 隔声罩、隔声间和声屏障的基本结构是什么？各有什么特点？

7. 选择或制作隔声罩应注意的事项是什么？

8. 声屏障设计的基本程序是什么？

9. 声屏障的结构形式有哪些？各有何特点？

10. 消声器可分为几类？各有何特点？

11. 阻性消声器常有几类？其消声原理是什么？

12. 抗性消声器常有几类？其消声原理是什么？

13. 提高抗性消声器消声性能的措施有哪些？

14. 消声器的选用应考虑哪些因素？

15. 消声器的安装应注意哪些方面？

第 **8** 章 固体废物处理与处置设备

8.1 预处理设备

预处理技术是指采用物理、化学或生物方法，将固体废物转变成为便于运输、储存、回收利用和处置的形态的技术。固体废物预处理设备通常包括压实设备、破碎设备、分选设备、脱水设备等几大类。

8.1.1 压实设备及其选用

将固体废物进行压实的设备称为压实器。压实器可分固定式和移动式两大类。固定式和移动式压实器的工作原理大致相同，均由容器单元和压实单元组成。前者容纳废物料，后者在液压或气压的驱动下依靠压头将废物压实。

固定式压实器是采用人工或机械方法（液压方式为主）将废物送到压实机械里进行压实的设备，一般设在废物转运站、高层住宅垃圾滑道的底部，以及需要压实废物的场合。常见的固定式压实器包括水平式压实器、三向联合压实器、回转式压实器等三种。

移动式压实器是带有行驶轮或可在轨道上行驶的压实器。移动式压实器一般安装在收集车上，接受废物后即刻压缩，随后运往处理处置场。

为了最大限度减容，获得较高的压缩比，应尽可能选择性能参数能满足实际压实要求的压实器。影响压实器选择的因素很多，除废物性质外，主要应从压实器性能参数进行考虑：

① 装载面尺寸：压实器的装载面的尺寸一般为 $0.765\sim9.18\mathrm{m}^3$。装载面的尺寸应足够大，以便容纳用户所产生的最大件的废物。

② 循环时间：指压头的压面从装料箱把废物压入容器，然后再回到原来完全缩回的位置，准备接收下一次装载废物所需要的时间。循环时间变化范围很大，通常为 $20\sim60\mathrm{s}$。如果希望压实器接收废物的速度快，则要选择循环时间短的压实器。

③ 压面压力：根据某一具体压实器的额定作用力这一参数来确定。额定作用力是指作用在压头的全部高度和宽度上的压力。固定式压实器的压面压力一般为 $0.1\sim0.35\mathrm{MPa}$。

④ 压面的行程：指压面压入容器的深度，为防止压实废物填埋时反弹回装载区，要选择行程长的压实器。现行的各种压实容器的实际进入深度为 $10.2\sim66.2\mathrm{cm}$。

⑤ 体积排率：指压头每次可压缩的废物体积与 1h 内机器循环次数的乘积，单位：m^3/h。

⑥ 压实器与容器匹配：最好是由同一厂家制造，这样才能使压实器的压面行程、循环

时间、体积排率以及其他参数相互协调，否则很容易发生诸如容器膨胀变形等问题。

此外，在选择压实器时，还应考虑与预计使用场所相适应，要保证轻型车辆容易进出装料区和容器装卸提升位置合理。

8.1.2 破碎设备及其选用

8.1.2.1 破碎设备

破碎设备可分为机械能破碎设备和非机械能破碎设备两大类。机械能破碎设备是利用破碎工具（例如破碎机的齿板、锤子、球磨机的钢球等）对固体废物施力将其破碎的，如颚式破碎机、锤式破碎机、反击式破碎机、冲击式破碎机、辊式破碎机、剪切式破碎机及球磨机等。非机械能破碎设备是利用电能、热能等对固体废物进行破碎的，如低温破碎设备、减压破碎设备及超声波破碎设备等。一般破碎机都是由两种或两种以上的破碎方法联合作用对固体废物进行破碎的，例如压碎和折断、冲击破碎和磨碎等。

（1）颚式破碎机　颚式破碎机属于挤压型破碎机械。按动颚运动特性划分，颚式破碎机主要有简单摆动颚式破碎机和复杂摆动颚式破碎机两种类型。随着科学技术的发展与进步，相继研制出双动颚破碎机、双动颚振动破碎机和组合型颚式破碎机等。颚式破碎机具有结构简单、坚固、维护方便、工作可靠等特点。在固体废物破碎处理中，主要用于破碎强度及韧性高、腐蚀性强的废物，例如煤矸石作为沸腾炉燃料、制砖和水泥原料时的破碎等。颚式破碎机既可用于粗碎，也可用于中、细碎。

（2）锤式破碎机　锤式破碎机结构类型很多：按回转轴的数目，可分为单转子和双转子两类；按转子回转方向，可分为可逆式和不可逆式两类；按锤头的排列方式，可分为单排式和多排式两种；按锤头在转子上的连接方式，可分为固定锤式和活动锤式两类；按用途不同，可分为一般用途和特殊用途两类。

目前专用于破碎固体废物的锤式破碎机主要有 BJD 型锤式破碎机、Hammer Mills 型锤式破碎机、Novorotor 型双转子锤式破碎机三种类型。BJD 型锤式破碎机主要用于破碎废旧家具、厨房用具、床垫、电视机、冰箱、洗衣机等大型固体废物，可以破碎到 50mm 左右，不能破碎的废物从旁路排除。经 BJD 型锤式破碎机破碎后，金属切屑的松散体积减少 3～8 倍，便于运输至冶炼厂冶炼，锤子呈钩形，对金属切屑施加剪切、拉撕等作用而破碎。Hammer Mills 型锤式破碎机主要用于破碎汽车等粗大固体废物。

（3）反击式破碎机　反击式破碎机按其结构特征，可分为单转子和双转子两种类型。双转子反击式破碎机按转子回转方向又分为两转子同向旋转、两转子反向回转、两转子相向旋转三种型式。反击式破碎机具有破碎比大、产品细腻、晶粒形状好、能耗低、结构简单等优点，适用于破碎中硬物料，如石灰石、煤矸石、混凝土等。

（4）冲击式破碎机　冲击式破碎机是利用冲击作用进行破碎的设备，主要有 Universa 型和 Hazemag 型，其构造如图 8-1 所示。Hazemag 型冲击式破碎机装有两块冲撞板，形成两个破碎腔。转子安装有两个坚硬的板锤，机体内表面装有特殊钢制衬板，用以保护机体不受损坏。固体废物从上部进入，在冲击和剪切作用下破碎。冲击式破碎机适用于破碎中等硬度、软质、脆性及纤维状等多种固体废物。

（5）辊式破碎机　辊式破碎机主要靠剪切和挤压作用。根据辊子的数目，可分为单辊、双辊、三辊和四辊破碎机；根据辊子表面的形状，可分为光辊破碎机和齿辊破碎机两种。光

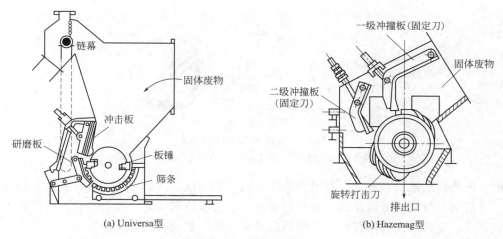

(a) Universa型　　　　　　　　　(b) Hazemag型

图 8-1　冲击式破碎机

辊破碎机的辊子表面光滑，靠压挤破碎兼有研磨作用，可用于硬度较大的固体废物的中碎和细碎。齿辊破碎机辊子表面带有齿牙，主要破碎形式是劈碎，用于破碎脆性和含泥黏性废物。辊式破碎机可有效地防止产品过度破碎，能耗相对较低，构造简单、工作可靠。但其破碎效果不如锤式破碎机，运行时间长，设备较为庞大。

（6）剪切式破碎机　剪切式破碎机借助固定刀刃和可动刀刃（又分为往复刃和回转刃）之间的齿合作用，将固体废物剪切成适合的形状和尺寸。剪切式破碎机特别适用于破碎低二氧化硅含量的松散物料。根据刀刃的运动方式不同可划分为往复式和回转式。剪切式破碎机可以将大件固体废物拆解成 100mm 直径以下的碎片，可用于废塑料、废轮胎、有机废物、木托板、生活垃圾等固体废物的预处理。其优点是刀轴转速低、高效、节能、噪声低、破碎比大，出料粒度大。

（7）球磨机　磨机类型按作业特点可分为湿式磨机和干式磨机；按排料方式可分为溢流排料磨机、格子排料磨机和周边排料磨机；按装入研磨介质形状的不同可分为球磨机、棒磨机、砾磨机和自磨机。球磨机主要由圆柱形筒体、端盖、中空轴颈、轴承和传动大齿圈等部件组成，其构造如图 8-2 所示。筒体内装有直径为 25～150mm 的钢球，其装入量为整个筒体有效容积的 25％～50％。筒体内壁敷设有衬板，防止筒体磨损，兼有提升钢球的作用。筒体两端的中空轴颈有两个作用：一是起轴颈的支承作用，使球磨机全部重量经中空轴颈传给轴承和机座；二是起给料和排料的漏斗作用。电动机通过联轴器和小齿轮带动大齿轮和筒体缓缓转动。当筒体转动时，在摩擦力、离心力和衬板共同作用下，钢球和物料被衬板提升；当提升到一定高度后，钢球和物料在本身重力作用下，自由下落和抛落，从而对筒体内底脚区内的物料产生冲击和研磨作用，使物料粉碎。物料达到磨碎细度要求后，由风机抽出。球磨机常用于矿业废物和工业废物处理。

（8）湿式破碎机　湿式破碎机为一圆形立式转筒，底部设有多孔筛，筛上安装有一个带有多把刀和叶轮的转子。旋转的转子切碎垃圾，并搅拌成浆液。浆液通过筛网，再经分离剔除无机物后，从中能初步回收纸浆纤维。破碎机内未被粉碎的金属、瓦砾等可从机器的侧口排出，并由斗式提升机送去磁选。该设备主要用于纸类废物破碎。

（9）半湿式破碎机　半湿式破碎机的结构由两段具有不同筛孔的外旋转圆筒筛和筛内与之反向旋转的破碎板组成。垃圾给入圆筒筛首部，并随筛壁上升，而后在重力作用下抛落，

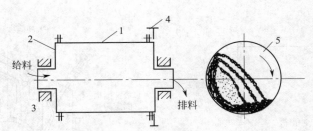

图 8-2　球磨机的工作原理图
1—筒体；2—端盖；3—轴承；4—大齿轮；5—传动大齿圈

同时被反向旋转的破碎板撞击，垃圾中脆性废物，如玻璃、陶瓷、瓦片等首先被破碎成细小块状，通过第一段筛网分离排出。剩余垃圾进入第二段筛网，此时喷射水分，中等粒度的纸类变成浆状，从第二段筛网排出，从而回收纸浆。最后剩余的废物从终端排出。

8.1.2.2　破碎设备的选用

选择破碎方法时，需视固体废物的机械强度，特别是废物的硬度、脆性而定。纤维等物质具有抗冲击强度、抗剪切性，因此只能以剪切破碎为主；塑料、橡胶类物质在低温下变脆，可进行低温破碎；对坚硬废物采用挤压破碎和冲击破碎十分有效；对韧性皮物采用剪切破碎和冲击破碎或剪切破碎和磨碎较好；对脆性废物则采用劈碎、剪切破碎、冲击破碎为宜；纸类废物在水中会形成浆液，所以能采用湿式破碎。

垃圾破碎设备在向专用性方向发展的同时，又呈现破碎功能综合性的趋势，即一台破碎机往往兼有多种破碎方式，甚至还具有分选等其他后道工序的处理功能。垃圾破碎设备通常体积大、造价高，从经济角度考虑，应尽量向多功能方向发展，做到一机多用，适应不同的处理对象。近年来，国外根据垃圾处理的需要，开发了以特定的大型垃圾为处理对象的破碎机，如装机总动力 1000kW 以上的废汽车破碎机，推广了以家庭厨房垃圾为处理对象的小型破碎机。在开发各种固定式破碎机的同时，还研制了车载移动式破碎机。

8.1.3　分选设备及其选用

8.1.3.1　分选设备

垃圾分选设备包括筛分设备、重力分选设备、磁力分选设备、电力分选设备、光电分选设备、摩擦与弹性分选设备，以及浮选设备。

（1）筛分设备　筛分是利用筛子将物料中小于筛孔的细粒物料透过筛面，而大于筛孔的粗粒物料留在筛面上，从而完成粗、细料分离的过程。最常用的筛分设备主要有固定筛、滚筒筛、反流筛、惯性振动筛、共振筛等几种类型。

① 固定筛。固定筛的筛面由许多平行排列的筛条组成，可以水平安装或倾斜安装。固定筛有格筛和棒条筛两种。格筛一般安装在粗碎机之前，以保证入料块皮适宜。棒条筛主要用于粗碎和中碎之前，安装倾角应大于废物对筛面的摩擦角，一般为 30°～35°，以保证废物沿筛面下滑。棒条筛孔尺寸为要求筛下粒度的 1.1～1.2 倍，一般筛孔尺寸不小于 50mm。筛条宽度应小于 50mm，大于固体废物中最大块度的 2.5 倍。固定筛适用于筛分粒径大于 50mm 的粗粒废物。由于构造简单，不需耗用动力，设备费低，维修方便，因此在固体废物处理中得到广泛的应用。

② 滚筒筛。滚筒筛又称转筒筛，筛面为带孔的圆柱形筒体或截头圆锥筒体。在传动装置的带动下，筛筒绕轴缓缓旋转。为使废物在筒内沿轴线方向前进，筛筒的轴线应倾斜3°～5°安装。固体废物由筛筒一端给入，被旋转的筒体带起。当达到一定高度后因重力作用而自行落下，如此不断地做起落运动，使小于筛孔尺寸的细粒运筛，而筛上产品则逐渐移动到筛的另一端排出。滚筒式机械分选装置有单筒式和双筒式，通常带切割装置与刮板装置，比较适合含水量较高的生活垃圾分选，常用于堆肥的前处理和后处理。

③ 反流筛。反流筛是一种利用摩擦对固体废物进行分选处理的设备，它由筛箱、筛面、激振器、主振弹簧、连杆弹簧、导向杆和底架等零部件组成。当电机转动时，驱动偏心轴回转，继而弹性连杆带动机体做近似直线往复运动，以达到固体废物分选处理的目的。这种形式的振动筛，有多个具有不同倾角的筛面，根据所处理物料的不同可方便地调整各筛面的角度，结构简单，零部件少，维修点少且维修方便，但传给基础的动载荷较大，为克服这一缺点，可在底架和基础之间加隔振弹簧。

④ 惯性振动筛。惯性振动筛是通过不平衡物体的旋转所产生的离心惯性力使筛箱产生振动的一种筛子。筛网固定在筛箱上，筛箱安装在弹簧上，振动筛主轴通过滚动轴承支承在箱体上。主轴两端装有偏心轮，调节重块在偏心轮上的位置使主轴转动时产生不同的惯性力，从而可将装在筛子上面的物料进行筛分。当电动机带动带轮做高速旋转时，配重轮上的重块就产生离心惯性力，其水平分力使弹簧做横向变形。由于弹簧横向刚度大，所以水平分力被横向刚度所吸收，而垂直分力则垂直于筛面通过筛箱作用于弹簧，强迫弹簧做拉伸及压缩运动。因此，筛箱的运动轨迹近似于圆。惯性振动筛适用于细粒废物（0.1～15mm）的筛分，也可用于潮湿及黏性废物的筛分。

⑤ 共振筛。共振筛是利用连杆装有弹簧的曲柄连杆机构驱动，使筛子在共振状态下进行筛分，其构造及工作原理如图 8-3 所示。筛箱、弹簧及下机体组成一个弹性系统，该弹性系统固有的自有振动频率与传动装置的强迫振动频率接近或相同时，使筛子在共振状态下进行筛分，故称为共振筛。共振筛的工作过程是筛箱的动能和弹簧的位能相互转化的过程，在每次振动中，只需要补充克服阻尼的能量就能维持筛子的连续振动。所以，这种筛子虽大，但消耗的功率却很小。

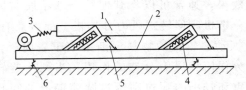

图 8-3　共振筛的原理示意图

1—上筛箱；2—下机体；3—传动装置；4—共振弹簧；5—板簧；6—支承弹簧

共振筛具有处理能力大、筛分效率高、耗电少、结构紧凑等优点，是一种有发展前途的筛子，但同时也有制造工艺复杂、机体笨重、橡胶弹簧易老化等缺点。共振筛的应用十分广泛，适用于废物中细粒的筛分，还可用于废物分选作业的脱水、脱重介质和脱泥筛分等。

选择筛分设备时应考虑如下因素：颗粒的大小、形状、尺寸分布、整体密度、含水率、黏结性；筛分器的构造材料，筛孔尺寸、形状，筛孔所占筛面比例，转筒筛的转速、长与直径，振动筛的振动频率、长与宽；筛分效率与总体效果要求；运行特征，如能耗、日常维护、可靠性、噪声、非正常振动与堵塞的可能等。在垃圾的预处理和分选作业中，欧美各国由于垃圾中废纸较多，通常采用滚筒筛，我国由于城市垃圾成分比较复杂，多采用平面振动筛。

（2）重力分选设备 重力分选是利用不同物质颗粒间的密度差异，在运动介质中受到重力、介质动力和机械力的作用，使颗粒群产生松散分层和迁移分离，从而得到不同密度产品的分选过程。重力分选设备主要有：风力分选机、跳汰机、重介质分选机等三种设备。

① 风力分选机（风选机）。风力分选机属于干式分选，主要用于城市垃圾的分选，将城市垃圾中以可燃性物料为主的轻组分和以无机物为主的重组分分离，以便回收利用或处理。

按气流吹入分选设备内的方向不同，风选机可分为两种类型：水平气流风选机（又称为卧式风力分选机）和上升气流风选机（又称为立式风力分选机）。

立式风力分选机分选精度较高。水平气流风选机构造简单，维修方便，但分选精度不高。一般很少单独使用，常与破碎、筛分、立式风力分选机组成联合处理工艺。

研究表明，要使物料在分选机内达到较好的分选效果，就要使气流在分选筒内产生湍流和剪切力，从而把物料团块进行分散。为达这一目的，对分选筒进行了改造，比较成功的有锯齿形、振动式或回转式分选筒的气流通道，如图 8-4 所示。

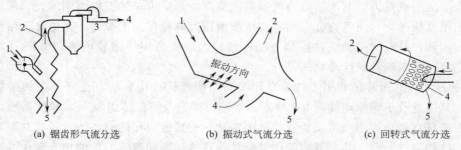

(a) 锯齿形气流分选　　(b) 振动式气流分选　　(c) 回转式气流分选

图 8-4　锯齿形、振动式和回转式风力分选机

1—给料；2—提取物；3—风机；4—空气；5—排出物

为了取得更好的分选效果，通常可以将其他的分选手段与风力分选在一个设备中结合起来，例如振动式风力分选机和回转式风力分选机。前者兼有振动和气流分选的作用，它是让给料沿着一个斜面振动，较轻的物料逐渐集中于表面层，随后被出气流带走；后者实际上兼有圆筒筛的筛分作用和风力分选的作用，当圆筒旋转时，较轻颗粒悬浮在气流中而被带往集料斗，较重和较小的颗粒则透过圆筒壁上的筛孔落下，较重的大颗粒则在圆筒的下端排出。

② 跳汰机。跳汰分选是在垂直脉冲介质流中按密度分选固体废物的一种方法。跳汰分选通常使用水为介质，故称为水力跳汰分选。按推动水流运动方式的不同，跳汰机分为隔膜跳汰机和无活塞跳汰机两种。隔膜跳汰机利用偏心连杆机构带动橡胶隔膜做往复运动，继而推动水流在跳汰室内做脉冲运动，物料在水介质中受到脉冲力作用，颗粒间频繁接触，形成一个按密度分层的床面。无活塞跳汰机采用压缩电气推动水流。

跳汰分选主要用于混合金属的分离与回收。尽管在此过程中水的消耗量并不大，但所排放的跳汰用水仍需处理。

③ 重介质分选机。工业上应用的重介质分选机一般分为鼓形重介质分选机和深槽式、

浅槽式、振动式、离心式重介质分选机，比较常用的是鼓形重介质分选机。它的外形是一圆筒形转鼓，有四个辊轮支承，通过圆筒上的大齿轮带动旋转（转速为 2r/min），在圆筒的内壁沿纵向设有扬板，用以提升重产物到溜槽内，圆筒水平安装。固体废物和重介质一起由圆筒一端给入。在向另一端流动的过程中，密度大于重介质的颗粒沉于槽底，由扬板提升落入溜槽内，再排出槽外成为重产物；密度小于重介质的颗粒随重介质流从圆筒溢流口排出，成为轻产物。鼓形重介质分选机适用于分离较粗（粒径 40~60mm）的固体废物。它的特点主要有结构简单、紧凑、便于操作、动力消耗低、分选机内密度分布均匀等，但轻重产物量调节不方便。

（3）磁力分选设备（磁选机）　磁力分选有两种类型，一类传统的磁选，它主要应用于供料中磁性杂质的提纯、净化以及磁性物料的精选；另一类是近年发展起来的磁流体分选法，可应用于城市垃圾焚烧厂焚烧灰，以及固体废物中铝、铁、铜、锌等金属的提取与回收。目前，在废物处理系统中最常用的磁选设备是悬挂式磁选机和滚筒式磁选机。悬挂式磁选机有利于吸除输送带表面的铁金属，滚筒式磁选机则有利于吸除贴近带底部的铁金属，因此，工程中将它们串联在一起使用，可提高分选效率。

（4）电力分选设备（电选机）　电力分选简称电选，是依据固体废物中各组分在高压电场中的导电性能的差异实现分离的一种方法。电选机是实现不同电性物料分离的机械设备。电选机按电场特性可分为静电场电选机、电晕电场电选机和复合电场（静电场与电晕电场组合）电选机。按结构特征可分为筒式、箱式、板式和带式电选机。一般物质大致可分为电的良导体、半导体和非导体，它们在高压电场中有着不同的运动轨迹，加上机械力的共同作用，即可把它们相互分离。电场分选对于塑料、橡胶、纤维、废纸、合成皮革、树脂等与某些物料分离，各种导体、半导体和绝缘体的分离等都非常简便有效。通过电选既可以分离导体和绝缘体，也可对不同介电常数的绝缘体进行分离。电选设备主要有滚筒式静电场电选机和 YD-4 型高压电选机等。

（5）浮选设备　浮选是固体废物资源化的一种重要技术，常用于从粉煤灰中回收炭、从煤矸石中回收硫铁矿、从焚烧炉渣中回收金属等。目前我国常用的浮选设备是机械搅拌式浮选机，分为大型浮选机和小型浮选机两种。大型浮选机每两个槽为一组，第一个槽为吸入槽，第二个槽为直流槽。小型浮选机多为 4~6 个槽为一组，每排可以配置 2~20 个槽。每组有一个中间室和浆面调节装置。

8.1.3.2　分选设备的选用

分选设备的选用主要依据待分选设备的性质、物料性质及分选设备的性能等三个方面，其中以物料性质与分选设备性能最为重要。

8.2　堆肥设备

堆肥系统设备的流程如下：进料供料设备→预处理设备→一次发酵设备→二次发酵设备→后处理设备→产品细加工设备。本节将主要介绍预处理设备、一次发酵设备、二次发酵设备和后处理设备。

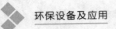

8.2.1 预处理设备

堆肥预处理设备主要由破碎机、混合设备、输送设备及各类分选设备组成。在垃圾堆肥工艺中，破碎设备的功能是为发酵设备提供合格的物料粒度，以缩短发酵时间，提高发酵速率。破碎设备主要有冲击式破碎机、槽式粉碎机、旋转磨碎机和剪切机，主要用于处理城市固体废物、废纸、波纹薄纸板和庭院废弃物等。根据处理性能、维护要求、投资和运行费用等选择破碎设备。混合设备的功能是保证可堆肥物料有机物质含量、水分、空隙、碳氮比等因素的最佳状态，发酵前物料必须进行混合搅拌，这种混合设备多采用双螺杆搅拌机、斗式装载机、肥料撒播机、盘式给料机等。混合设备直接影响物料的结构组成，因此是堆肥过程能否顺利进行的关键。输送设备主要有带式输送机、刮板输送机、螺旋输送机、平板输送机和气动输送系统。反应器堆肥系统宜采用螺旋输送机，不宜用履带输送机。分选设备的功能是回收物料，减少惰性废物和化学废物，提高可堆肥有机物的比例，同时分选出可利用的资源化材料。采用滚筒筛先把不宜堆肥的杂物选出，筛下物再加入适量的粪便或污泥，调节水分后送堆肥发酵槽。

8.2.2 一次发酵设备

一次发酵设备是指堆肥物料进行生化反应的反应器装置，是整个堆肥系统的核心和主要组成部分。一次发酵设备需要具有改善和促进微生物新陈代谢的功能。通过运用翻堆、供氧、搅拌、混合和协助通风等设备来控制温度和含水率，并解决自动移动出料的问题，最终达到提高发酵速率、缩短发酵周期的目的。发酵的整个工艺过程包括通风、温度控制、翻堆、水分控制、无害化控制、堆肥的腐熟等几个方面。作为发酵设备不仅应尽可能地满足工艺要求，而且还要满足机械化生产需要。好氧堆肥的主要设备为卧式发酵筒、立式发酵塔、筒仓式堆肥发酵仓和箱式堆肥发酵池等类型，配以自动进料、机械破碎、连续翻转、强制通风、除臭、除尘等装置。

8.2.2.1 达诺式发酵滚筒

如图 8-5 所示的发酵滚筒在世界上使用相当广泛。这种发酵设备结构简单，物料在滚筒内反复升高、跌落，同时可使物料的温度、水分均匀化，达到与曝气同样的效果，实现物料预发酵的功能。

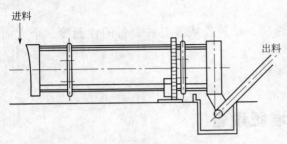

图 8-5 达诺式发酵滚筒结构图

物料每转一周，均能从空气中穿过一次，达到充分曝气的目的，新鲜空气不断进入，废气不断被抽走，充分保证了微生物好氧分解的条件。物料随着滚筒的旋转在螺旋板的拨动下，不断向另一端推进，经过36h 或 48h，物料将移到出料端。这种设备主要应用于预发酵阶段，常与立式发酵塔组合使用，能实现自动化大生产。

8.2.2.2 多层立式发酵塔

如图 8-6 所示，该发酵塔共分为八层，发酵塔的内外层均由水泥或钢板制成。物料由发酵塔旋转壁上的犁形搅拌浆搅拌翻动，并从上层往下层移动。物料下移同时用鼓风机将空气送到各层进行强制通风。塔是封闭型的，从塔的上部到下部，分为低温区、中温区和高温区。应保持微生物在适宜的活动温度和空气环境下进行活动，以便生产出高质量的堆肥。

这种堆肥设备具有处理量大、占地面积小的优点，但一次性投资较高。

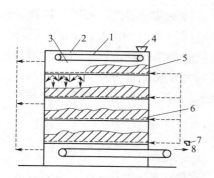

图 8-6　多层立式发酵塔结构示意图

1—驱动装置；2—塔体；3—犁；4—进料口；
5—窥视孔；6—进风管；7—风机；8—出料口

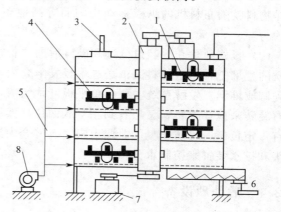

图 8-7　多层桨式发酵塔结构示意图

1—空气管道；2—旋转轴；3—进料口；4—旋转桨；
5—空气干管；6—堆肥；7—电动机；8—鼓风机

8.2.2.3　多层桨式发酵塔

如图 8-7 所示。在这种塔内，其中心安有一圆柱形的旋转轴，上面装有旋转桨。每层上都有旋转桨，并且每层都有排料口。所有的桨都通过其中心的轴和齿轮带动同时以相当慢的速度进行旋转。在运行期间，每层上的可堆肥化物料同时被搅拌，并被桨往后翻动，同时在与桨旋转相反的方向堆积起来，通过反复的作用，物料一层层地从上往下运动。

8.2.2.4　料仓型发酵装置

（1）犁式翻堆机　如图 8-8，这种发酵装置具有与耕犁一样的功能，可以使物料保持通气状态，使物料翻堆成均匀状态，并将物料从进口处移向出口处。空气输送管道配有一种特殊的爪形散气口，通气装置安装在料仓的底部，通过强制通风提供所需的空气。

（2）搅拌式发酵装置　这种发酵装置属水平固定类型，通过安装在槽两边的翻堆机

图 8-8　犁式翻堆机结构

来对物料进行搅拌，为的是使物料水分均匀并均匀接触空气，使堆肥物料迅速分解，防止臭气的产生。

8.2.3　二次发酵设备

二次发酵设备也称熟化设备。只有经过二次发酵后的熟化堆肥才是有价值的产品，才能被植物吸收，变成有用的养料，而且熟化堆肥能够有效地防止二次污染，即不再分解释放出

臭气及产生污水。熟化的工艺方法及设备也是多种多样的。熟化过程中微生物的代谢毕竟不像一次发酵那样激烈，在无条件的情况下，可以采用静态条垛式堆放，一般 3m 高，可以适当给予通风。有条件考虑大规模生产的地区，可以采用多层式或多层立式发酵塔、桨式立式发酵塔、水平桨式翻堆机等分解设备等，较多情况是采用仓式熟化设备。

（1）带式熟化仓　物料经桥式布料机送进料仓，桥式布料机在料仓的顶部轨道上移动，这样物料就随布料机的纵横移动均匀而等高地布置在料仓内，高度约为 2.5～3m，熟化时间约为 20～30 天。

（2）板式熟化仓　经过分选和破碎后的物料被送进旋转发酵装置内，破碎、搅拌后形成均质的生堆肥，然后物料又被送进平板发酵仓内，发酵时间约为 7～10 天，发酵后再经过精处理制成堆肥。发酵系统主要由单平板叶片组成，并由齿轮齿条驱动。这个单叶片通过从左向右旋转来搅拌物料，又从右到左空载回位，然后往复，叶片搅拌量可调。发酵仓是封闭的且有一定负压，可防止臭气泄漏出来。发酵仓内配有通气装置，以保持好氧条件，并配有水龙头和排水装置来控制水分。

8.2.4　后处理设备

为提高堆肥产品的质量、精化堆肥产品，物料经二次发酵后，必须除去其中的玻璃、陶瓷、塑料、木片、纤维及石子等杂质，净化处理后，得散装堆肥产品。后处理设备包括分选、研磨、压实造粒、打包装袋等设备，在实际工艺过程中，根据当地的需要来选择组合后处理设备。

（1）分选设备　由于经预处理及二次发酵后的堆肥粒度范围往往远远小于预处理的物料粒度范围，因此后处理分选设备比预处理分选设备更精巧，多采用弹性分选机、静电分选机等分选设备。

（2）造粒精化设备　造粒精化设备用于堆肥物料的粒化，使其有利于贮存、运输，以便满足季节对堆肥需求的变化。

（3）打包机　为方便运输、管理和保存，常使用打包机包装堆肥产品。而且往往需根据堆肥的数量和用途来选择包装的材料、大小和形状以及包装机的规格。

（4）小型焚烧炉　用于焚烧为一次分选出的塑料、纺织品、木块等可燃物（也可直接送往焚烧厂）。

除上述设备外，堆肥厂还应配置除尘、降噪减振、污水治理、除臭等防治二次污染方面的设备。

【例 8-1】　某城市 100t/d 生活垃圾处理厂堆肥化机械设备系统如图 8-9 所示，无锡垃圾处理实验厂机械设计共分 3 个组成部分：①受料预分选机组；②发酵进出料机组；③精分选机组。

由居民区收集的生活垃圾先运至中转站，然后再转运到堆肥处理厂。运来的垃圾倒入受料坑内，由吊车把垃圾转送到板式给料机上，经磁选除铁后送至复式振动筛进行粗分选，将大于 100mm 的粗大物件及小于 5mm 的煤灰等分选出去。然后经输送带装入长方形的、容积为 146m³ 的一次发酵池。在装料的同时，用污泥泵从贮粪池内将粪水分若干次喷洒到垃圾中，按一次发酵含水率 40%～50% 的要求加入粪水，并使之与垃圾充分混合。待装池完毕后加盖密封，并开始强制通风，温度控制在 65℃ 左右。约经 10d 的时间，一次发酵完成。一次发酵堆肥物由池底经螺杆出料机排至带式输送机上，再经二次磁选分离铁件后送入高效

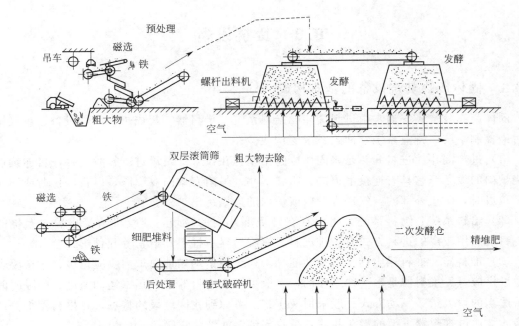

图 8-9　某城市 100t/d 快速堆肥实验工厂处理设备流程示意图

复合筛分破碎机。通过筛分机的作用，大块无机物（石块、砖瓦、玻璃等）及高分子化合物（塑料等）被去除，粒径大于 12mm 而小于 40mm 的可堆肥物被送至破碎机，破碎后的物料与筛分出的细堪肥料一起被送到二次发酵仓，继续进行二次堆肥处理。一次发酵池的废气通过风机送入二次发酵仓底部，为二次发酵仓继续通风，同时还可起到脱除臭气的作用。此外，为防止一次发酵池中渗出污水污染地面水源，在一次发酵池底部设有排水系统，将渗沥水导入集水井后，经污水泵打回粪池回用。二次发酵一般需要 10d 左右的时间。

垃圾堆肥化处理工艺的完善，在很大程度上依赖于正确的机械设计和设备的正常运行；各城市的垃圾结构差异较大，不可能有普遍适用的机械设备。每个垃圾场的机械设计必须依据垃圾结构不同，设计较符合工艺要求的机械设备。本工程中，主要机械的设计参数如下：

（1）板式给料机　链板尺寸：长 6cm，宽 1.2cm；链板速度：0.0025～0.15m/s；生产能力：50m³/h；功率：7.5kW；功能：使集中来料变成均匀给料。

（2）高效复合筛分破碎机　双层滚筒筛尺寸：$\phi1420mm\times\phi1710mm\times6000mm$；筛孔尺寸：内筒筛孔 $\phi40mm$，外筒筛孔 $\phi13mm$；筛筒转速：5～18r/min，无级调速；额定处理量：20～25t/h；功率：7.5kW；功能：筛选粒径＞40mm 的不可堆肥物。粒径小于 40mm 大于 12mm 可堆肥物被锤式破碎机破碎至＜12mm。细筛产生粒径小于 12mm 的可堆肥物。

（3）组合式振动格筛（粗分选机）　功能：去除＞60mm 的粗大物；尺寸：2500mm×1200mm；功率：3kW；最大处理能力：16t/h。

（4）进料桥式吊车　包括 2 条横向进料带。总功率：7.4kW；功能：为一次发酵池进料用。

（5）螺杆出料机　螺杆长度：4.5mm，直径 0.3m；最大处理能力：100t/h；总功率：9kW；功能：为一次发酵池出料用。

223

8.3 焚烧设备

8.3.1 固体废物焚烧设备的基本构成

固体废物焚烧系统通常由进料漏斗、给料系统、推料器、焚烧炉、助燃设备、废气排放与污染控制系统、排渣系统、回收系统等构成。

（1）进料漏斗 进料漏斗是将固体废物吊车抓斗投入的垃圾进行暂时储存，再连续送入焚烧炉内的设备。它具有连接滑道的喇叭状漏斗，另附有单向双瓣阀，以备停机时或漏斗未盛满垃圾时，防止外部的空气进入炉内或炉内的火焰蹿出炉外。

（2）给料系统 给料系统是将储存在垃圾漏斗内的垃圾，连续供给焚烧炉内燃烧的装置。目前应用较广的进料方式有炉排进料、螺旋给料、推料器给料等几种形式。

（3）推料器 推料器应具备下述功能：①连续稳定均匀地向炉内供应垃圾；②按要求调节垃圾供应量。推料器是水平往返移动，一般可改变推料器的冲程、运动速度、间隔时间来供给适当的垃圾量，驱动方式一般采用液压式。考虑到我国垃圾的特点，在推料器部分产生的渗滤液通过推料器下部的料斗和滤管被收集到渗滤液收集箱。

常用的推料器有如下几种：

① 炉排并用式。是将干燥炉排的上部延伸至漏斗下方，随着炉排的运动，将漏斗通道内的垃圾送入。因给料设备与炉排合为一体，故无法单独调整加料量。

② 螺旋进料器。采用螺旋进料器，可维持较高的气密性，也可以起到破袋与破碎的功能，垃圾的进料量调整，通常以螺旋转数来控制。

③ 旋转进料器。旋转进料器适用于具有前破碎处理的垃圾焚烧系统。一般设置在给料输送带的末端，输送带的形式多采用螺旋式或裙式输送带。旋转进料器的气密性高，且输送能力大。给料量可调整。此外，应在旋转给料器后装设拨送器，以使垃圾分散装入炉内。

（4）焚烧炉 焚烧炉是整个垃圾焚烧系统的核心。目前世界各地应用的各种型号垃圾焚烧炉达到200多种，但应用广泛、具有代表性的垃圾焚烧炉主要有四大类，即：机械炉排焚烧炉、流化床焚烧炉、回转窑焚烧炉、垃圾热解气化焚烧炉。炉膛有多种形式，但其结构设计大致相同，一般由耐火材料砌筑或水管壁构成。炉膛的容积应满足燃烧烟气滞留时间等设计要求，并要考虑烟气的混合效果、二次空气的喷入、助燃器的布置等。在炉墙上设置有二次风供给装置、人孔与观察孔等。炉膛设计除了满足一般锅炉设计要求以外，还要考虑垃圾的特有性质，比如：易结焦、结块、磨损、炉温的保持等。

（5）助燃设备 助燃设备的作用是：①启动炉时升温和停炉时降温；②焚烧低热值垃圾时助燃；③新筑炉和补修炉时干燥。助燃设备的位置和数目应根据炉型和操作特性决定。液体燃料用助燃装置由储存槽、供应槽及燃烧器所组成。

（6）废气排放与污染控制系统 废气排放与污染控制系统包括烟气通道、废气净化设施与烟囱。焚烧过程产生的主要污染物是粉尘与恶臭，尚有少量的氮硫的氧化物，主要污染控制对象是粉尘与气味。控制粉尘污染的常用设施是沉降室、旋风除尘器、湿式泡沫除尘设备、过滤器、静电除尘器等。废气通过除尘设施，含尘量应达到国家允许排放废气的标准。

恶臭的控制目前尚无十分有效的方法，只能根据某种气味的成分，进行适当的物理化学处理措施，减轻排出废气的异味。烟囱的作用有二：一是创造焚烧炉中的负压状态，使助燃空气能顺利通过燃烧带，二是将燃烧后的废气从顶口排入高空大气，使剩余的污染物、臭味与热量通过高空大气的稀释扩散作用，浓度得以降低。

（7）排渣系统　燃尽的残渣通过排渣系统及时排出，保证焚烧炉正常操作。排渣系统是由移动炉排、通道及与履带相连的水槽组成的。灰渣在移动炉上由重力作用经过通道，落入贮渣室水槽，经水淬冷却的灰渣由传送带送至渣斗，用车辆运走，或用水力冲击设施将炉渣冲至炉外运走。焚烧过程的测试与控制系统包括空气量的控制、炉温控制、压力控制、除尘器容量控制、压力与温度的指示、流量指示、烟气浓度及报警系统等。

（8）回收系统　建立垃圾焚烧系统的主要目的之一是回收垃圾焚烧系统的热能资源。焚烧炉热能回收系统有三种方式：

① 与锅炉合建焚烧系统，锅炉设在燃烧室后部，使热能转化为蒸汽回收利用；

② 利用水墙式焚烧炉结构，炉壁以纵向循环水管替代耐火材料，管内循环水被加热成热水，再通过后面相连的锅炉生成蒸汽回收利用；

③ 将加工后的垃圾与燃料按比例混合作为大型发电站锅炉的混合燃料。

8.3.2　几种典型的固体废物焚烧炉

焚烧炉的结构形式与废物的种类、性质和燃烧形态等因素有关。不同的焚烧方式有相应的焚烧炉与之相配合。通常根据所处理废物对环境和人体健康的危害大小，以及所要求的处理程度，将焚烧炉分为城市垃圾焚烧炉、一般工业废物焚烧炉和危险废物焚烧炉三种类型。本节将主要介绍用于垃圾焚烧的固体废物焚烧炉。

（1）机械炉排焚烧炉　机械炉排焚烧炉采用层燃技术，以机械式的炉排块构成炉床，将垃圾进行直接燃烧，炉排间的相对运动和垃圾本身的重力使垃圾不断翻动、搅拌并推向前进，整个燃烧过程依次分为干燥段、燃烧段和燃尽段，均在同一个炉膛内进行。在干燥段，为了保证垃圾能够快速烘干、脱水，从炉排底部提供高温空气对垃圾进行烘干，同时炉内高温燃烧空气、炉侧壁及炉顶的放射热对干燥段垃圾进行烘烤；在燃烧段，垃圾与从炉排底部进入的空气充分接触，实现充分燃烧，其中的可燃成分和有害成分被彻底分解，同时炉底进入空气可对炉排进行冷却，从而防止高温损伤炉排；当垃圾进入燃尽段后，垃圾处于降温过程并彻底燃尽，完全变成灰渣，垃圾燃烧整个流程完成。

机械炉排焚烧炉具有处理量大、燃烧状态稳定、自动化程度高等优点，但是对炉排的加工材质和精度要求高，使得设备造价较高，同时由于燃烧速度慢，炉床负荷小，焚烧炉体积较大，热损失也随之增加。

（2）流化床焚烧炉　流化床焚烧炉燃烧原理是借助砂介质的均匀传热与蓄热效果以达到固体废物完全燃烧的目的。炉体由多孔分布板构成，在炉膛内加入大量砂粒，将其加热至600℃以上，并在炉底鼓入200℃以上的热风。空气量很小时，砂粒不运动，则称"静态床"。只有当空气量加到一定量时，砂粒开始运动，则称"流化床"。如果再进一步增加通入的空气量，砂粒就会与空气流同方向流动，处于气动传输状态。由于砂粒之间所能提供的孔道狭小，无法接纳较大的颗粒，因此一般将垃圾先破碎成小颗粒。垃圾在炉的上方与不断翻腾的灼热砂粒充分接触混合，瞬时间气化并燃烧，而且产生的余热可回收利用。未燃尽的废物密度较轻，持续焚烧，燃尽的废物密度较大，落到炉底，经过水冷后，用分选设备将粗渣、细渣送到厂外，少数的中等炉渣和石英砂经过提高设备送回到炉中持续使用。

流化床焚烧炉燃烧充分，炉内燃烧控制较好，适宜燃烧发热值低、含水分高的垃圾。但烟气中灰尘量大，对燃烧粒度均匀性要求也较高，操作复杂，石英砂对设备磨损严重，设备维护量大。

（3）回转窑式焚烧炉　回转窑式焚烧炉窑身为一卧式可旋转的圆柱体，其轴线相对水平面稍呈倾斜角，窑的下端有二次燃烧室。废物从窑的上部进入，随着窑的转动向下端移动。空气与物料行进的方向可以同向也可反向。进入窑炉的物料与废气相遇，一边受热干燥，一边随炉的回转运动而破碎，然后在窑的后段进行分解燃烧，窑内来不及燃烧的可燃气体，进入二次燃烧室充分燃烧，焚烧的残渣在高温结区熔融，排出炉外。

回转窑的优点是操作弹性大，适用范围广，是处理多种混合固体废物的较好设备，用回转窑处理某些含重金属的固体废物得到的熔融烧结块粒度均匀，处理或利用均极为方便。但回转窑不易控制，垃圾热值低时燃烧困难。

（4）热解气化焚烧炉　热解气化焚烧炉通过炉内分级燃烧的方式调整空气量控制炉膛燃烧工况，合理分配化学能的释放，已达到焚尽效果。热解气化焚烧炉有两个焚烧室，在热解炉内先将废物干燥后送入一燃室，在还原性气氛中热解为可燃性气体及以碳为主的固体残渣，可燃性气体进入二燃室完全燃烧，残渣熔融后排出。

热解气化焚烧炉具有技术先进、工艺可靠、操作简单、烟尘含量低、操作维护率低的优点。其缺点是热解过程延长了燃烧时间，热效率较低；一燃室冷热变化频率高对耐火材料有很大的影响。不利于热回收和自动控制水平要求较高。适用于处理热值较高、形状疏松、成分和性能比较简单的废料，对泥浆和散料的热解效果不好。

8.4　填埋场设备

建设垃圾卫生填埋场，需要选择与填埋工艺相一致合适的设备，以保证其顺利运行并尽可能降低运行费用。表8-1列出了一般垃圾填埋场主要大型机械设备的配置要求。

表 8-1　一般垃圾填埋场主要大型机械设备的配置要求

规模/(t/d)	推土机/台	压实机/台	挖掘机/台	铲运机/台	备注
≤200	1	1	1	1	
>200~500	2	1	1	1	
>500~1200	2~4	1~2	1	1~2	实际使用设备数量
>1200	5	2	2	3	

8.4.1　推土机

推土机用于将填埋场的大块垃圾在相对较短的距离内从一处搬运或推铺至另一处。推土机具有推铺、搬移和压实垃圾的功能。选择推土机时要注意：推土机接地压力应适当，以避免推土机在垃圾上下陷；推土机功率应合适，能在填埋场正常作业。推土机的作业效率与运距有关，表8-2列出了推土机的经济运距。

表 8-2　推土机的运距

行走装置	机型	经济运距/m	备注
履带式	大	50~100（最远 150）	上坡用小值，下坡用大值
	中	50~100（最远 120）	
	小	<50	
轮胎式		50~80（最远 150）	

最常用的履带式推土机的主要功能是分层推铺、压实垃圾、场地准备、日常覆盖及最终覆土、一般土方工作等。为使履带式设备达到最好的压实效果，要装上一个合适的推板，同时通过增加推板的面积来提高其推垃圾的能力，铁隔栅可用来增加推板的高度，但要避免挡住司机的视线。压力大小决定了压实的程度，每层垃圾铺得越薄，压缩效果越好。履带式推土机的接地压力较小，因此压实效果并不很理想。

8.4.2　压实机

填埋场压实机属于移动式压实器，是一种用来提高填埋场垃圾库存容量、实现卫生填埋的专用工程机械，是现代城市垃圾卫生填埋场的重要设备，主要作用是铺展和压实废物（垃圾），也可用于表层土的覆盖。

填埋场常用的压实机主要包括钢轮压实机、充气轮胎压实机、自带动力振动式压实机、履带式压实机等。

选用压实机应注意以下几点：

① 在同等效率下，应选取压实力较大、功率较小的压实机；且整机对地面压力要小于垃圾表面的承载力。

② 每天处理垃圾的吨数、体积及填埋场占地费用是决定合适的压实机的质量的主要参考数据。

③ 高度压实可延长填埋场的使用寿命，从而降低填埋场单位面积垃圾的处理成本。

在选择压实机时还应综合考虑压实方法、道路运输情况、天气、表面覆盖材料的类型和特性等。

8.4.3　挖掘机

挖掘机由工作装置、动力装置、行走装置、回转机构、司机室、操纵系统、控制系统等部分组成。挖掘机在填埋场主要用于挖掘各种基坑、排水沟、电缆沟、壕沟，拆除旧建筑，也可用于完成堆砌、采掘和装载等。

填埋场常用的挖掘机械有履带式挖掘机和前铲式挖掘机。

（1）履带式挖掘机　主要用于挖土并装汽车，适用于日常或初始的垃圾覆盖，它可以用来完成一些特定的土方工程。挖掘机装有柴油发动机和液压系统，液压系统控制着挖掘臂和铲斗的运动。挖掘整个过程由挖掘、装料、卸料、返回四个阶段组成。

（2）前铲式挖掘机　主要用来挖填垃圾的沟，进行日常的填埋单元的初步覆盖（没有压实和平整的功能）。这些设备装有机械操作的挖掘臂，其长度可为 10m 到 15m，根据设备型号不同，其旋转半径可为 6.1m 到 13.7m，挖掘深度可达 7.5m。

8.4.4 铲运机

铲运机是一种利用铲斗铲削土壤，并将碎土装入铲斗进行运送的机械，能够完成铲土、装土、运土、卸土和分层填土、局部碾实的综合作业，适用于中等距离的运土。在填埋场作业中，用于开挖土方、填筑路堤、开挖沟渠、修筑堤坝、挖掘基坑、平整场地等工作。铲运机由铲斗、行走装置、操纵机构和牵引机构等组成。铲运机的装运重量与其功率有关，125马力和220马力（1马力=0.735kW）的铲运机分别可运1.2t和1.8t垃圾。

8.4.5 装载机

装载机用于将垃圾从一处运至另一处，如需要可将垃圾从低处搬至较高的位置，并用于不需要推铺及推土处。装载机可分为轮式装载机和履带式装载机两类，前者适用于挖掘较软的土层，后者适用于挖掘较硬的土层。

8.4.6 运输机

垃圾场内垃圾的运输方式有多种方式，许多填埋场均允许场外垃圾运输车直接进场，把垃圾倾倒于指定的填埋单元。常用的车辆类型包括密闭式压缩车、普通垃圾自卸车、垃圾多用车等。除长距离车辆外，还有短距离的运输设备，包括固定式带式输送机、移动式带式输送机等。

① 密闭式压缩车。车厢采用框架式全封闭结构，为了保证车厢具有足够的强度和刚度，在车厢外部增加了两道加强筋，后门与车厢通过铰链连接，后门上装有旋转板和滑板，在液压缸的驱动下，旋转板旋转，将投入车内的垃圾收入车厢，同时滑板对垃圾进行压缩。排出垃圾时后门可高高抬起，启动车厢内多节伸缩套筒式液压缸，驱动推板将垃圾一次排出。在后门的底部设计有污水收集箱。

② 带式输送机。带式输送机又称为胶带输送机，其功能主要是在水平或倾斜方向输送散物料或成型物品。带式输送机靠挠性带作牵引件和承载件，连续输送物料。带式输送机又可分为固定式带式输送机和移动式带式输送机。移动式带式输送机的机架安装在行走轮上，并且装有调整输送高度装置，可根据现场需要，变换输送高度，随时进行移动，并且可将几台移动式带式输送机相互搭接，形成一条长的运输线。

8.4.7 起重设备

起重设备用于垃圾装卸。起重设备包括各种简易起重设备、起重葫芦及通用桥式起重机、门式起重机、冶金起重机等，是起重运输行业里生产品种最多的一个类别。

起重机的类型大致包括汽车式起重机、轮胎式起重机、履带式起重机、塔式起重机。

① 汽车式起重机。通常安装在通用或专用载重汽车底盘上的起重机，又叫汽车吊。具有行驶速度快、转移作业场地迅速、机动灵活、安装维修方便、生产成本低的特点。适用于流动性大、作业场地不固定的环境。

② 轮胎式起重机。它是一种将起重机安装在专门设计的自行轮胎底盘上的起重设备。具有作业范围广（可在起重机的前后左右四面进行）、起重能力大、在平坦地面可不用支腿就能吊重的特点。而且还可以吊物慢速行驶，轮距宽且稳定性好，轴距小，车身短，转弯半

径小，但行驶较慢、机动性差。适用于狭窄作业场地及转移不频繁的场合。

③ 履带式起重机。把起重机装在履带底盘上的自行起重设备，实际上是将单斗挖掘机换成起重装置的设备。履带行走装置具有与地面接触面积大、接地压强小、牵引力大、爬坡度大、越野能力强、稳定性好、不需要安装支腿的优点。但行驶速度慢，行驶过程中对路面有损伤，转移工作场地需用拖车，自重较大，制造成本高，适用于松散、泥泞、崎岖不平的场地行驶和作业，起吊质量大的货物。

④ 塔式起重机。塔式起重机也称为塔吊，是一种具有竖直塔身，起重臂可回转的起重设备。起重臂在塔身的上方形成"Γ"形工作间，这种结构形式具有工作空间大、有效高度大的优点。

8.4.8　筛分设备

垃圾筛分设备是用于从垃圾中回收有用资源的设备，可分为固定筛、滚动筛、惯性振动筛、共振筛和熟化垃圾组合筛碎机。筛分是利用筛子让物料中小于筛孔的细颗粒透过筛面，而大于筛孔的粗颗粒留在筛面上，完成粗、细粒物料分离的作业。熟化垃圾组合筛碎机是筛分和破碎熟化生活垃圾堆肥的专用设备，它成功地解决了垃圾筛分设备研制中普遍存在的细筛网网孔易堵和多台设备串联布置造成占地面积大的问题，能把熟化生活垃圾根据需要分成细、中、粗不同粒径的物料，并能把中料加以破碎，形成细料。

8.4.9　喷淋除臭设备

垃圾卫生填埋场运行期间需要考虑对厂区内无组织排放产生的恶臭气体进行处理。利用喷淋系统对填埋场进行除臭处理，是目前广泛采用的方法。喷淋除臭设备混入除臭剂，利用高压水（药液）与专用高压抗腐喷头产生出大量水（药）雾，颗粒小而均匀，可迅速吸附环境中的臭味因子，吸附包裹蒸发，达到除臭的目的。喷淋除臭系统可选择移动喷淋和固定位置喷淋，移动喷淋是使用车载的形式进行移动作业，固定式喷淋是将设备整体固定在已经成型的处理厂周围，通过集中控制系统来实现自动控制运行，可统一进行开启时间、停止时间、喷射仰角和水平转角等程序设定，降低人为操作的劳动强度和提高喷射均匀度。

8.4.10　杀虫剂喷洒设备

大面积喷洒长效杀虫剂时使用喷洒车喷洒，且应喷洒速效杀虫剂，在室内和其他喷洒车喷洒不到的区域喷洒长效杀虫剂时需使用人工喷药器械。由于国内无垃圾填埋场专用喷洒车生产，一般选用园林绿化喷洒车。该车牵引力小，爬坡能力差，对填埋区喷药时有时存在困难，需人工辅助。

8.4.11　其他机械装备的配置应用

（1）吸污车　吸污车用于集液井、沉沙池的清淤，选用罐体容量大于 3m³，满载爬坡能力大于 25%，吸泥深度 6m 以上，喷水口孔径 16cm 以上的抽泥排泥车。由于污水腐蚀性强，要求车辆耐腐蚀和易于清洗。

（2）油罐车　油罐车用于垃圾填埋场机械的现场加油、运油和油品暂时储备。根据机械装备的多少和用油速度，选用满载爬坡能力大于 25%、油罐容量能够满足半月正常作业使用的车辆，一般要求容量 5m³ 以上，扬程在 24m 以上，流量大于 200L/min。

思考题与习题

1. 固体废物预处理设备通常有哪几类设备，其作用是什么？
2. 固定式压实器和移动式压实器有何异同？如何选择压实设备？
3. 固体废物破碎设备有哪些？如何选用？
4. 固体废物分选设备有哪些类型？各有何特点？
5. 简述垃圾堆肥系统组成。
6. 堆肥发酵装置有哪些类型？各有何特点？
7. 简述垃圾焚烧系统组成。
8. 垃圾填埋场常用的机械设备有哪些？

第 **9** 章　环保设备技术经济分析

　　环境工程建设项目的工程费用由建筑工程费、设备购置费及安装工程费三部分组成。环保设备的投资占环境工程建设项目总投资额的 60%~70%，有的甚至高达 90% 以上。因此，环保设备选型与设计，不但要求技术上有先进性，制造上可行，操作上方便，而且还要经济上合理。设计人员必须牢固地树立经济效益观念，对环保设备进行功能成本分析，确定合理的技术指标和成本指标。本章结合工程经济学的基本原理，简要阐述环保设备的技术经济指标、环保设备设计的技术经济分析等。

9.1　环保设备的技术经济指标

9.1.1　收益类指标

　　(1) 处理能力　指单位时间内能处理污染物的量。环保设备的处理能力与处理工艺、设备、体积、材料消耗以及总造价等密切相关。

　　(2) 处理效率　指污染物经过处理后污染物的去除率。

　　(3) 设备运行寿命　指既能保证环境治理质量，又能符合经济运行要求的环保设备运行寿命。实质上，它也代表着环保设备投资的有效期。

　　(4) "三废"资源化能力　指通过环保设备对污染源进行治理后，可以变废为宝，从中获得直接经济价值的能力。

　　(5) 降低损失水平　指利用环保设备对污染源进行治理后，改善了环境质量，减少或免交治理前须交纳的环境污染赔偿费、排污费等，或减少了生产资源的损失（如水污染造成鱼产量下降等）。

　　(6) 非货币计量收益　指通过环保设备对污染源进行治理后，产生不能直接用货币计量的收益，如大气、水环境质量的改善。

9.1.2　耗费类指标

　　(1) 投资总额　指购置和制造环保设备支出的全部费用，包括直接费用（设备购置、加工制作和安装等）和非直接费用（管理费、占地费等）。

　　(2) 运行费用　指让环保设备正常运行所需的费用，包括直接运行费用（如人工、材料、能耗等费用）和间接运行费用（如管理费、折旧费等），一般用年运行费用表示。

（3）设置耗用时间 指环保设备从开始投资到开始运行所耗用的时间，它反映了从购买到形成使用价值的速度。

（4）有效运行时间 指环保设备每年实际运行的时间，常用有效利用率表示，即

$$有效利用率=\frac{年累计运行时间}{年计划运行时间} \qquad (9-1)$$

9.1.3 综合指标

（1）寿命周期费用 所谓环保设备的寿命周期，是指环保设备在整个寿命周期过程所发生的全部费用。寿命周期是指从环保设备研究开发与设计开始，经过制造和长期使用，直至报废或被其他产品代替为止，所经历的整个时期。环保设备产品寿命周期包括设备开发、制造和使用三个阶段，其成本也由这三个阶段相应的费用，即开发和设计费用、制造费用和使用费用组成。在环境工程项目建设期，环保设备费用包括环保设备的购置费（或自制费用）、安装费及管理费等费用；在环境工程项目投产使用期，环保设备费用主要包括环保设备的运行（操作）费、维修费及其他费用。

（2）环境效益指数 环境效益指数是反映应用环保设备后环境质量改善的综合指标，其计算公式为

$$环境效益指数=\frac{治理前后某污染物排放量之差}{该污染物的允许排放量} \qquad (9-2)$$

（3）投资回收期 环保设备的投资回收期是指以环保设备的净现金收入（包括直接和间接的收益）抵偿全部投资所需要的时间，是用于考察环保设备投资回收能力的重要指标，一般以年为单位。根据是否考虑货币资金的时间价值，投资回收期可进一步分为静态投资回收期和动态投资回收期。

静态投资回收期计算公式为

$$T_{静态}=\frac{\mathrm{TI}}{M} \qquad (9-3)$$

动态投资回收期的计算公式为

$$T_{动态}=\frac{-\lg[1-(\mathrm{TI})i/M]}{\lg(1+i)} \qquad (9-4)$$

式中　$T_{静态}$——静态投资回收期，年；

　　　　TI——投资总额；

　　　　M——年平均净收益；

　　　　$T_{动态}$——动态投资回收期，年；

　　　　i——年利率或投资收益率，%。

【例 9-1】 某污水处理设备，初始投资为 50 万元，年运行费用为 3 万元，运行后每年可免交排污费 15 万元。设投资收益率为 20%，试分别计算静态和动态投资回收期。

解：年平均净收益 $M=15-3=12$（万元）。

由式（9-3）得，静态投资回收期为

$$T_{静态}=\frac{\mathrm{TI}}{M}=\frac{50}{12}\approx 4.2（年）$$

由式（9-4）得，动态投资回收期为

$$T_{动态} = \frac{-\lg[1-(TI)i/M]}{\lg(1+i)} = \frac{-\lg(1-50\times 0.2/12)}{\lg(1+0.2)} \approx 9.7(年)$$

由例 9-1 可以看出，动态投资回收期大于静态投资回收期，原因是动态投资回收期考虑了货币资金的时间价值。

9.2　环保设备设计技术经济分析

根据产品设计经济学的基本思想，在环保设备设计的全过程，都应以降低环保设备的寿命周期成本、提高经济效益和环境效益为目标，力图选择单位投资环境效益最佳的设计方案。

9.2.1　影响环保设备设计的技术经济因素

9.2.1.1　功能与成本

功能是指产品所具有的能满足用户某种需要的特性，或者说是产品所具有的性能、用途、使用价值。就环保设备而言，其功能则是对某一污染源进行治理，使其达到排放要求。实现环保设备的功能是设计师的首要任务，但同时又应特别注意各种技术经济因素如何影响不同的设计方案。

产品设计经济学的研究告诉我们，产品成本的绝大部分（甚至 90% 以上）花费在各级手段功能上。所以，在设计环保设备（特别是非标设备）时，应将重点放在寻求既能实现预定的目的功能又能以较低的成本（这里所说的成本是寿命周期成本，即寿命周期费用）来实现手段功能上。例如，某企业为了治理生产中的含尘气体，拟自行设计制造一台除尘设备，经测试，该企业含尘气体中的尘粒直径在 $10\mu m$ 以上。从环境工程技术可知，实现除尘这一目的手段功能很多，但从本例的实际出发，选用惯性力除尘器（如百叶窗式）这一方案，不但设备的设置费用较低，其运行成本也较低，即在实现目的的诸方案中，采用百叶窗式惯性除尘器设计方案，其寿命周期费用最低。

9.2.1.2　质量与成本

质量是反映产品在功能上满足用户需要的能力或程度。就环保设备而言，其功能是进行环境污染治理，使之达到要求的环境质量标准。因此，环保设备质量最终应以能否达到预定的环境质量标准来衡量。也就是说，选择适宜的环境质量设计标准，是降低环保设备寿命周期费用的关键。

图 9-1 反映环境质量（以污染物在环境中残留浓度表示）与污染防治费用 D、污染损失费用 T 及总费用 C 之间的关系。总费用最低的 M 点对应的环境质量即为理论上的最佳环境质量。若

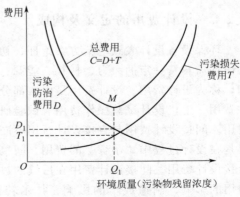

图 9-1　最佳环境质量模式

此点对应的环境质量等于或高于有关的环境质量标准，则这就是适宜的设计标准；若此点对应的环境质量标准低于有关的标准要求，则必须多支付一定的费用，使之达到有关标准的要求，即应以有关标准规定的值作为设计标准。

9.2.1.3 设备制造（或建造）条件

应用产品设计经济学进行环保设备设计时，为了降低设备成本，缩短生产周期，必须充分考虑所设计环保设备未来的制造（或建造）条件，以及市场上可较为便利地提供的零部件。由于环保设备（尤其是非标设备）的设计与制造，一般多为单件或小批量，所以讲求设计的生产性，即充分考虑未来制造（或建造）条件是非常必要的。

9.2.1.4 安全性、可靠性与经济性

安全性、可靠性与经济性是三个密切相关的概念，在环保设备设计过程中需要统筹考虑。一般来说，取较大的安全系数，提高系统的可靠性，势必使成本增加；但是，并不是成本愈高，设备的安全性、可靠性也必然会高。这里有个最佳匹配问题，即：将设备的安全、可靠性设计与费用有机地结合起来，以达到安全性、可靠性与成本之间的最佳组合。

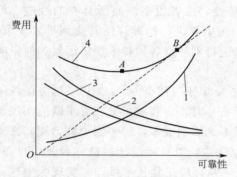

图 9-2 可靠性与费用的关系曲线
1—研制、设计与制造费用；2—使用与维修费用；
3—维修费用；4—总费用

可靠性是指设备、系统、零部件在规定条件下和规定时间内完成规定功能的能力。设备可靠性是维持设备生产效率、提高设备利用率的重要条件。合适的可靠性可以减少停工损失，降低寿命周期费用。环保设备（或系统）设计时，要求绝对完好（譬如袋式除尘器的滤袋失效概率为 0），是既不现实又不经济的。图 9-2 描述的为可靠性与费用的关系。从图 9-2 中可以看出，设备的可靠性提高，将导致研制、设计与制造费用（对用户来说，就是购置费用）增加，但使用和维修费用却随着可靠性的提高而降低。反之，如可靠性降低，就必然导致使用和维修费用大大增加，甚至造成报废，在经济上造成重大损失。一般，有两点很值得设计的时候给予关注，一是总费用最低的 A 点，一是单位费用可靠性最大的 B 点。

9.2.2 设计费用的定义及构成

环保设备设计大致包括方案论证、初步设计、详细设计和改进设计等四个阶段，而每个阶段均需花费一定的人力、材料、能源、设备和其他方面的费用。这四个阶段所有费用的总和，称为设计费用。设计费用是由两部分组成的：一部分是直接设计费用，它由编制技术文件费用、上机设计试验操作费用、试验研究费用和组织评价费用组成；另一部分是间接设计费用。间接设计费用与直接设计费用不同，它是指那些虽不是直接在设计过程中所花，但主要是在设计过程中"孕育"的费用。间接设计费用往往被设计者所忽视，其重要性并不小于直接设计费用。间接设计费用在后续的过程中才能表现出其影响，包括对销售的影响、设备使用的影响、制造成本的影响、技术转让的影响、推广使用的影响以及对后续设计的影响等。

设计费用与设备成本的关系见图 9-3。可以看出，设计费用较少时，设备成本较高。当设计费用达到一定数值后，设备成本下降缓慢，并不是花的设计费用越高，设备成本就越低，而是存在一个最佳相关区域。在这一区域以后，设计费用的增加，几乎不能降低设备成本。一般而言如果设计费用花得太少，就难免出现一些本该可以避免的设计缺陷，导致设备成本上升，甚至有可能出现前功尽弃的可能性。但是，也不能说设计费

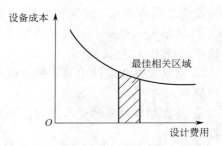

图 9-3　设计费用与设备成本关系示意图

用花得越多，设计质量就越高。对于那些指标不适当的优化设计，尽管花了较高的设计费用，也不会得到最优设计方案。同时，那种不准备进行改进设计，要求工作一次性准确无误的想法是不切实际的，势必拖延图纸进行试制的时间。一般各个设计阶段所花的费用不一样，且后一阶段都比前一阶段的耗费高。但后一阶段是建立在前一阶段的基础上的。

9.2.3　设计方案成本及其估算

设计方案成本是指采用某个设计方案进行产品生产所需要的生产成本。一般而言，环保设备（或系统）有的是成套设备（如一体化水处理设备），有的是建筑设施（如污水过滤池等），有的是两者的结合（如很多水处理系统）。对于建筑设施的成本估算，一般有建筑预算定额可循。这里介绍的成本估算，主要是指成套环保设备设计方案制造成本的估算。根据制造成本法，设计方案成本可分为直接材料费、直接人工费和制造费用。

（1）系数法　该方法是根据以往研制过或已经正式投产的同类产品或系列型谱中的基型产品的费用构成比，来估算新设计方案的成本。系数法又可分为简单系数法和综合系数法。

① 简单系数法。这种方法是以原材料费用的构成比为基础进行计算的，其计算式为

$$C_m = \frac{M_c}{f} \tag{9-5}$$

式中　C_m——设计方案成本，实际上是指设备制造成本；

M_c——设计方案的预计材料费用；

f——已知的同类设备的材料费用系数。

② 综合系数法。这种方法是以材料费用 M_c 以及材料、工资和管理这三项费用系数为基础进行计算的，公式为

$$C_m = M_c(1 + \frac{f_W + f_k}{f_M}) \tag{9-6}$$

式中　f_W，f_k，f_M——分别为已知的同类设备材料、工资和管理费用系数。

（2）差额调整法　差额调整法估算环保设备设计方案的成本，就是首先估算新设计方案与旧设计方案的成本差额，然后在旧的设计方案成本的基础上加以调整，从而得到新设计方案成本的估算值。差额调整法是以旧设备的实际成本为基数的。同时，成本相异单元又是由新方案与老产品相比较而确定的。所以，采用这种方法，需要具备新老方案的可比性，比较适用于改进型产品设计方案成本的估算。

差额调整法步骤是：

① 计算老产品的制造成本，并将老产品的制造成本按产品结构、材质、工艺方法等划

分为若干个成本单元，如除尘器外壳成本、滤袋成本、控制部分成本等。

② 从结构、材质、工艺方法等方面，将新设计的产品与老产品进行比较，找出成本相同的单元或成本不同的单元。

③ 剔除成本相同的单元，列出成本相异单元明细表，并且采用系数法或定额成本法估算相异单元的成本。

④ 计算相异单元的成本差额，即将老产品某单元的成本减去新设计方案相对应单元的估算成本。

⑤ 计算产品设计方案的成本：

$$C_m = C_{m0} - \sum_{i=1}^{K} \Delta C_{di} \tag{9-7}$$

式中　C_m——产品设计方案的成本；

　　　C_{m0}——老产品的实际成本（指制造成本）；

　　　ΔC_{di}——成本相异单元的成本差额；

　　　K——成本相异的单元数。

（3）定额成本法　这种方法是根据环保设备新产品设计方案的物资消耗和劳动消耗定额来估算设计方案的制造成本的。其计算程序如下：

① 估计物资消耗定额和劳动消耗定额。

② 查明物资单价和计算平均每小时工资标准。

③ 计算直接材料费用、直接人工费用和制造费用，其三者之和即为所估算的设计方案成本。

单位某新产品直接材料费用标准 $=\sum$（某材料标准设计用量×某材料标准设计单价）

$$\tag{9-8}$$

单位某新产品直接人工费用标准 $= \dfrac{\text{生产工人年度工资总额}}{\text{某新产品年生产设计能力}} \times \left(\begin{array}{c}\text{某新产品单位标准工时占全}\\\text{部产品单位标准工时比率}\end{array}\right)$

$$\tag{9-9}$$

单位某新产品制造费用标准 $= \dfrac{\text{年度制造费用总额}}{\text{某新产品年生产设计能力}} \times \left(\begin{array}{c}\text{某新产品单位标准工时占全}\\\text{部产品单位标准工时比率}\end{array}\right)$

$$\tag{9-10}$$

定额成本法较适用于测绘、仿制型产品设计方案的成本估计，因为测绘、仿制型产品使用外来图纸进行产品设计，产品结构已十分清晰，这就可以较准确地估算出设计方案的物资消耗定额和劳动消耗定额。

9.2.4　设计方案技术经济分析

设计方案技术经济分析中，通常采用方案比较法。这种方法主要是通过从不同方面说明若干方案技术经济效果的指标，对完成同一任务的几个技术方案进行计算、分析和比较，从中选出最优的方案。

货币资金具有时间价值。评价不同的设计方案时，由于投资的时间、投产时间、寿命周期等的不同，所取得的经济效果也不同。因此，是否考虑时间因素，直接关系到设计方案的经济效果评价的正确性。评价方案时，把处于不同时间的投资和效益换算成相同时间的数值后，才能提供经济上的可比性。也就是说，只有同一时间的货币价值，才有可比性。

9.3 环保设备应用技术经济分析

环保设备应用包括从设备投资到设备运行的整个过程。环保设备应用技术经济分析最主要的是进行投资分析和管理分析，以达到以单位寿命周期成本获得较好的环境效益。

9.3.1 环保设备投资分析

环保设备投资与生产投资不完全相同，后者的投资决策判据仅是成本与效益，前者则需要综合考虑环境治理的基本要求、经济效益、环境效益等综合指标。环保设备投资分析的方法有投资回收期法、寿命周期费用法、环境效益指数费用分析法、边际分析法（也叫费用-效益分析法）等。

9.3.1.1 投资回收期法

投资回收期法是以设备的收益算出回收设备投资所需时间，并用来评价其经济性的方法。显然，回收期愈短愈好。本章第 9.1.3 节中已介绍了投资回收期的概念及计算方法。

投资回收期法基本原理：将计算出来的投资回收期同标准投资回收期进行比较，只有当前者小于或等于后者时，该方案在经济上才可以考虑接受。

由于标准投资回收期是取舍方案的决策标准，因此，正确地确定这个标准具有重要的实际意义。标准投资回收期应按部门和行业来确定。

【例 9-2】 某污水处理设备的初始投资为 50 万元，运行后每年可免交排污费 12 万元，其静态投资回收期为 5 年。若不考虑货币资金的时间价值，标准投资回收期为 6 年，则此方案从经济上说是可行的。

若采用动态投资回收期来决策，则应注意所选择的投资收益率对决策结果的影响。

【例 9-3】 某企业有 A、B 两个备选投资方案，其中：

A 方案：设备投资 100000 元，有效期为 5 年，期末净残值为 9000 元，由此而产生的每年营业现金净流量为 40000 元。

B 方案：设备投资 80000 元，有效期为 5 年，期末净残值为 5000 元，由此而产生的每年营业现金净流量为 30000 万元。

已知利率为 8％的期限为 5 年的年金现值系数是 3.993，利率为 8％的期限为 5 年的复利现值系数是 0.681。假设该公司资金成本率为 8％。要求：分别计算 A、B 方案的现值指数，并比较两方案的优劣。

解：A 方案的现金流分别为：—100、40、40、40、40、49。

B 方案的现金流分别为：—80、30、30、30、30、35。

按照 8％的利率折现，则：

A 方案 NPV＝—100＋40×3.993＋9×0.681＝65.849

B 方案 NPV＝—80＋30×3.993＋5×0.681＝43.195

两方案的净现值（NPV）都大于零，如果资金允许，两个项目都值得投资。如果资金有限只能采纳一个，A 方案的净现值较大，显示利润较高，优先选择 A 方案。

投资回收期法应用简便，对于便于直接计量或换算计量经济价值的独立（单一）环保设备投资方案，可用这种方法来判断其可行性，以及该设备投资后的盈利能力。

9.3.1.2 寿命周期费用法

环保设备投资回收期主要是从经济价值角度来衡量环保设备应用的经济效果的。对于有些环保设备投资，其目的主要是改善环境质量。这时，对于几个都能达到环境质量标准的环保设备投资方案，可通过寿命周期费用的比较来选择最优方案。

在寿命周期费用分析中，经常要使用各类费用曲线。所谓费用曲线就是寿命周期费用在各个年份内产生费用的图形。

9.3.1.3 环境效益指数费用分析法

本章前面介绍了环境效益指数的概念。事实上，同样的环境效益指数可能由不同的环保设备投资来实现，或者同样的投资，由于环保设备的选型不同，可能导致不同的环境效益指数。因此，有必要将两者结合起来比较单位投资环境效益指数的大小。

设环境效益指数为 I_e，环保设备投资为 I，则单位投资的环境效益指数 PI 为

$$PI = \frac{I_e}{I} \tag{9-11}$$

显然，不同的环保设备（或系统）投资方案，单位投资环境效益指数 PI 大者为优。

9.3.1.4 费用-效益分析法

费用-效益分析法，也称为边际分析法、损益分析法，是一种经济评价的方法，它在全世界各国和国际机构的经济发展设计和规划中，得到广泛的应用。

就进行环保设备投资决策而言，既不是以达到最低要求的环境质量标准的投资为最佳，也不是以达到最高要求的环境质量标准的投资为最佳，而是应当把该环保设备投资活动引起的边际效益去和它的边际费用相比较，如果前者大于后者，就是有利的；否则，就是不利的，且以净收益最大为最佳。

在废气净化和水处理技术中，净化效率与投资是不成正比关系的，当净化效率达到某一程度后，继续增加费用所取得的效率是不明显的。以静电除尘为例，当效率在 90%～98% 范围内，除尘效率随费用的增加而稳定上升，假如要将效率再提高到 99.9%，虽提高不到 2%，但其费用将成倍地增长。同样，在大气污染控制中，环境卫生防护程度是控制费用的函数（参见图 9-4）。卫生防护程度（即净化效率或净化水平）的最低要求应是防止死亡（图 9-4 中 a 点），因此，环境污染控制的最低要求在 a 点上；b 点是实际最大防护要求；a 与 b 之间是费用与效益平衡区，我们可根据费用-效率分析选择最佳的环境质量（即防护程度）水平。

图 9-5 描述了废水处理费用与其处理程度的关系曲线。假如以废水处理费用为 EC，污染物处理程度为 EQ，那么，在第 I 段（相当于废水的一级处理）费用与效果极为明显，只需花费很少的处理费用就可使环境质量有很大的改善。处理程度愈高（污染物的去除率愈高），污染所造成的经济损失（即图 9-5 中的污染费用）就愈低。但是，继续增加处理费用（第 II 段，相当于二级处理），环境质量改善的程度相对效果比第 I 段就小了。而第 III 段（相当于三级处理）则要花费巨额资金，改善的环境质量却不明显。即在不同的处理程度下，投资的效果也很不相同。无限制地改善环境质量的要求，是不符合技术经济原则的。人们只能根据经济条件和环境条件找到一个结合点，使支付的费用最省，而取得的环境效果最大。这就是我们根据费用-效益分析法来确定最佳的环境质量要求的问题。

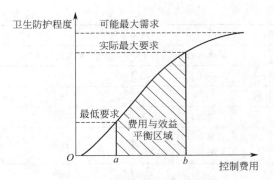

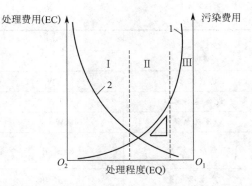

图 9-4　控制费用与净化效率的关系曲线　　　图 9-5　废水处理费用与其处理程度的关系曲线

1—处理费用；2—污染费用

【例 9-4】　某厂在生产过程中，每天排放 800t 有机废水，其平均 COD（化学需氧量）为 15000mg/L。为了保护环境，亟待治理。

下面对该废水采用好氧活性污泥法和厌氧发酵法两种不同工艺进行费用-效益分析。

（1）处理流程

第一方案：常规活性污泥法处理流程见图 9-6。

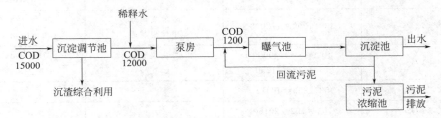

图 9-6　活性污泥法处理流程（单位：mg/L）

第二方案：厌氧发酵法工艺流程见图 9-7。

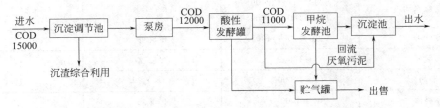

图 9-7　厌氧发酵法工艺流程（单位：mg/L）

（2）两方案的技术参数、投资和电费　废水处理的好氧与厌氧处理工艺技术参数、投资和电费等的对照情况，列入表 9-1～表 9-3。

表 9-1　两种处理工艺方案的技术指标对照

项　目	单　位	技术指标	
		活性污泥法	厌氧发酵法
处理水量	m³/d	8000①	800
进水 COD	mg/L	1200	12000
COD 去除率	%	90	95

239

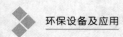

项 目	单 位	技术指标	
		活性污泥法	厌氧发酵法
总装机容量	kW	464.5	19
设备运行容量	kW	329	12
日耗电量	kW·h	7896	288
剩余污泥量	m³/d	脱水前 384 脱水后 192	微量
产生沼气量	m³/d	—	4800

① 原水 COD 为 12000mg/L，稀释至 COD 为 1200mg/L，故水量从 800m³/d 增大至 8000m³/d。

表 9-2　两种处理工艺方案投资对照

活性污泥法		厌氧发酵法	
项 目	投资/元	项 目	投资/元
调节沉淀池	105×267=28035	调节沉淀池	105×267=28035
提升泵房	6000×2=12000 150×45=6750	提升泵房	1200×2=2400 150×35=5250
曝气池	43×4000=172000	酸性发酵罐 甲烷发酵池	200×133=26600 180×1040=187200
鼓风机房	10000×4=40000 150×75=11250	二次沉淀池 贮气罐	105×90=9450 65×2400=156000
二次沉淀池	58×833=48314		
污泥浓缩池	105×192=20160		
污泥回流泵房	1500×3=4500 150×60=9000	污泥回流泵房	1200×2=2400 150×25=3750
污泥脱水间	3200×4=128000 150×100=15000		
污泥井	140×10=1400	污泥井	140×10=1400
化验室	17500	化验室	17500
水厕	12000	水厕	12000
化粪池	4000	化粪池	4000
厂区工程及其他	50000	厂区工程及其他	40000
不可预见费用	29500	不可预见费用	19639
总　计	630909	总　计	411624

表 9-3　两种处理工艺方案的电耗及电费对照

活性污泥法		厌氧发酵法	
项 目	量	项 目	量
提升泵房电耗	80kW	提升泵房电耗	8kW
曝气池电耗	300kW		
污泥回流泵房电耗	22.5kW	污泥回流泵房电耗	6kW

续表

活性污泥法		厌氧发酵法	
项　目	量	项　目	量
污泥脱水间电耗	52kW		
其他电耗	10kW	其他电耗	5kW
装机容量	464.5kW	装机容量	19kW
运行容量	329kW	运行容量	12kW
日耗电量	7896kW·h	日耗电量	288kW·h
日耗电费	710.64 元	日耗电费	25.92 元

（3）对不同处理工艺进行费用-效益分析　从上述技术指标、基本投资、电耗和电费等预计的费用数据，我们可以对活性污泥法和厌氧发酵法两种方案进行费用-效益分析（见表9-4）。

表 9-4　两种处理工艺方案的费用-效益分析

项　目		单　位	费用-效益数据	
			活性污泥法	厌氧发酵法
效果	废水处理量	m³/d	800	800
费用	1.基建投资	万元	63.1	41.20
	折旧费	万元	2.52	1.65
	2.经营费用	万元	24.35	3.86
	工资	万元	1.26	0.75
	药剂费	万元	0.5	1.50
	维修费	万元	1.26	0.83
	电费	万元	21.33	0.78
	3.日常运行费	元/d	895.5	183.42
	4.废水处理成本	元/m³	1.12	0.23
间接费用与收益	1.污泥	m³/d	192	—
	处理费用	元	556.8	—
	2.沼气回收量	m³/d	—	4800
	回收能源价值	元	—	288

　　表9-4所进行的分析基本上属于静态法，所计算的费用只是一个静态的概念。静态和动态分析的根本区别在于，前者没有考虑资金的时间价值，而在经济分析中，时间的概念却是十分重要的。如前所述，所谓资金的时间价值，就是说资金在流通过程中能产生新的价值。资金是用货币形式表现的劳动量，把它投入生产或服务领域都能产生新的价值。所以按动态法进行经济效果的分析，能更符合客观经济规律。

　　但是，静态分析计算比较简单，对于短期投资项目或比较单一的项目，仍是十分有用的方法，特别是投资偿还期（或投资回收期）目前仍是一项重要的经济评价指标。

　　下面采用动态分析方法对此两方案进行分析比较。

　　① 技术经济参数。见表9-5。

表 9-5　两种处理工艺的技术经济参数

参　　数	活性污泥法	厌氧发酵法
投资(K)	630909 元	411624 元
年经营费(S)	243500 元	38600 元
经济寿命(n)	20 年	20 年
利率(i)	10%	10%

② 动态分析计算。

按年费用法计算：采用公式 $C=KC_{rf}+S$ 计算。其中，C 为年费用；K 为投资；S 为年经营费；C_{rf} 为资金回收因子，且

$$C_{rf}=\frac{i(1+i)^n}{(1+i)^n-1}=\frac{0.1\times(1+0.1)^{20}}{(1+0.1)^{20}-1}=0.11746$$

由此计算得

$$C_{活}=630909\times0.11746+243500=317607(元)$$
$$C_{厌}=411624\times0.11746+38600=86949(元)$$

计算结果表明，活性污泥法的年费用比厌氧发酵法高 2.7 倍，厌氧发酵工艺处理该废水每年可节省 230658 元，说明此法在经济上是合理的，且技术上可行，是一种好方案。

按总费用比较法计算：采用公式 $V=K+SC_{rp}$。其中，V 为总费用的现值；K 为投资；S 为年经营费；C_{rp} 为现值因子，且 $C_{rp}=\dfrac{(1+i)^n-1}{i(1+i)^n}=\dfrac{(1+0.1)^{20}-1}{0.1\times(1+0.1)^{20}}=8.514$，由此计算得

$$C_{活}=630909+243500\times8.514=2704068(元)$$
$$C_{厌}=411624+38600\times8.514=740264(元)$$

按总费用比较法计算表明，活性污泥法的总资金投入量，比厌氧发酵法多 196 万元，即高 2.7 倍（见表 9-6）。从表 9-6 看出，无论是按年费用法或总费用比较法来说，活性污泥工艺均比厌氧发酵工艺费用高 2.7 倍。两种方法的结论是一致的。

表 9-6　两种处理工艺的动态经济分析比较

处理方案	投资/元	年经营费/元	经济分析比较/元	
			年费用法	总费用法
活性污泥法	630909	243500	317607	2704068
厌氧发酵法	411624	38600	86949	740264

9.3.2　环保设备运行管理分析

环保设备寿命为设备从诞生到报废的时间，分为设备自然寿命（物质寿命）、设备技术寿命（设备未坏，因技术落后而淘汰）、设备经济寿命（设备未坏，因经济上不合算而淘汰）。良好的环保设备运行管理对延长环保设备寿命、提高环保设备利用率、使环保设备发挥最佳的经济和环境效益有重要的作用。有效利用环保设备是提高投资的经济效益及环境效

益的必然要求。环保设备的有效利用率最基本的表达式为

$$有效利用率 = \frac{T_工}{T_工 + T_停}$$

(9-12)

式中　$T_工$——在规定时间内，环保设备在正常状态下累计运行的时间；

　　　$T_停$——在规定时间内，环保设备停止运行的累计时间。

在环保设备运行的全过程，应把有效利用率作为设备综合管理效果的重要指标。影响环保设备正常运行的最主要因素是可靠性和可维修性。尽管可靠性和可维修性在设计阶段就大体确定了，但加强运行管理和维修工作对提高环保设备的有效利用率也很重要。

思考题与习题

1. 环保设备主要的经济技术指标有哪些？

2. 环保设备寿命、环保设备寿命周期、环保设备寿命周期费用的概念各是什么？

3. 某企业拟购买一设备，预计该设备有效使用寿命为 5 年，在寿命期内每年能产生年纯收益 6.5 万元，若该企业要求的最低投资收益率为 15％，问该企业可接受的设备价格为多少？

4. 某企业研制一种新产品，预计 3 年内每年年初投资 1.5 万元，年利率为 15％，问相当于第一年年初一次投入资金多少？

5. 某设备除每年发生 5 万元运行费用外，每隔 3 年需大修一次，每次费用为 3 万元，若设备的寿命为 15 年，资金利率为 10％，求其在整个寿命期内设备费用现值为多少？

6. 某企业为开发某种环保设备新产品一次投资 50 万元，设年利率 $i = 20\%$，要求在 3 年内收回，问投资（年）回收金是多少？

7. 某投资者 5 年前以 200 万元价格买入一房产，在过去的 5 年内每年获得年净现金收益 25 万元，现在该房产能以 250 万元出售。若投资者要求的年收益率为 20％，问此项投资是否合算？

8. 某环保设备公司开发一种新产品，预计 2 年后收入 20 万元，希望年利率（即投资利润率）达 10％，那么起初用于该产品的投资最多不得超过多少？

9. 某厂以乙醇与氯气为原料生产氯油，为回收氯油废气中的氯乙烷，投资 26 万元建设一套回收装置，年运行费用为 4 万元，年回收氯乙烷的价值为 10 万元。若利率 $i = 15\%$，试求该项环保设备投资的静态和动态投资回收期。

10. 某企业为治理粉尘对空气的污染，拟自行设计制造一套处理设备，有两个设计方案：方案一的处理效果为总悬浮微粒（指 $100\mu m$ 以下微粒）不高于 $0.2mg/m^3$，总造价为 20 万元；方案二的处理效果为总悬浮微粒不高于 $0.3mg/m^3$，总造价为 15 万元。若处理前总悬浮微粒达 $80mg/m^3$，允许排放量（指 $100\mu m$ 以下微粒的总量）一级标准为 $0.15mg/m^3$，二级标准为 $0.30mg/m^3$，试确定哪个设计方案较优。

11. 某单位拟进行废水处理，有三种设计方案，每个方案的初始投资及年运行费用及其寿命如表 9-7 所示，若年利率 $i = 15\%$，试确定哪个设计方案较优。

表 9-7　三种设计方案

费用项目	方案一	方案二	方案三
初始投资	5 万元	8 万元	15 万元
年运行费用	2 万元	1 万元	1 万元
设备寿命	5 年	5 年	10 年

第 **10** 章 环保设备自动化及PLC的应用

10.1 引言

10.1.1 自动化技术与环保

自动化技术是一项综合技术，它与控制论、信息论、系统工程、计算机技术、电子学、液压技术、自动控制等有着密切的关系。随着自动化技术的不断发展，环保研究也越来越多地应用自动化技术来解决环保中的设备与系统的自动化问题。

从自动控制系统的角度来看，环保设备根据它们在自动控制系统中所处的环节不同可以分为三类。第一类是环保监测设备，该类设备主要完成污染物的发现、具体数值的监测、结果处理以及后续状况的监测等内容，例如对流速、流量的监测，及常见的空气质量监测等。第二类是输送污染物的动力设备，例如水泵、风机等。第三类是污染物处理设备，例如污水处理设备、工业制氧设备以及废气处置设备等。

自动化技术在环保领域的主要研究目的是提高环保设备以及环保系统的自动化程度，节约或保护能源和自然资源，减少人类活动造成的环境负荷。研究的主要内容是环保设备自动化、环保系统自动化以及与之相关的软件和信息管理系统，计算机技术、电气技术、电子学等自动化技术与环保设备相结合，可在传感器检测数据的基础上，利用处理器发出指令及时调整各个部件的工艺参数，确保整个环保设备或系统处于最佳运行与自动化状态。

提升环保设备或系统的自动化程度可以创造出经济效益、社会效益、环境效益协同并行的良性局面。在环保设备中运用自动化技术，可以促使环保工作效率整体提升。其中的自动监控系统可以实现连续地自动采集以及信息存储，还可对信息加以实时分析与处理，不仅可以节约成本，还能提升监测结果的精准度。自动化技术通过自动监测这一设备，不仅可以进行实时监测，同时还能促使监测结果更具准确性，为环境管理以及污染治理提供相应的科学依据，对治理污染源有较大帮助。

10.1.2 环保设备与系统自动化

环保设备自动化主要指对具体的某种环保设备的运行状态、设备维护、设备管理实施的自动化措施，使该设备具有自动能力，能顺利完成某项环保功能。如各种污水处理、固废处置等系统中的自动化环保设备。

　　环保系统自动化是对多台（套）环保设备组成的系统，实施自动化运行。环保系统一般都由中心站和若干子站构成。比如环境空气质量自动监测系统主要由中心计算机控制室和监测子站组成，而监测子站又由采集各类气体样品的数据自动采集和传输系统以及条件确保系统组成，数据自动采集系统又由二氧化硫、臭氧、PM_{10} 等气体的自动分析仪，及气象指数传感分析器、动态校准对比系统、数据自动挡采集系统等部分组成，旨在实现对数据自动采集分析处理、适时监控诊断、信息数据的上传和共享，支持实验室内各种监测设备和测量仪器的正常运行标准。为了保证环保系统的稳定可靠运行，需要对系统仪器定期进行养护维护，对于故障设备仪器及时进行检修和更换。

　　这些年，环保的需求不断转变，从水污染处理、大气污染改善、固体废物处理、环境卫生保证等各个方面不断扩展，海水淡化、大气清洁、垃圾分类、废物回收等新兴领域也逐渐崛起，新型自动控制环保设备有针对性地被创造和研发出来。

10.2　自动化技术在环保设备中的应用

10.2.1　污水处理设备自动化技术

　　污水处理系统具有复杂性的鲜明特征，如何有效治理污水是当前全球范围内关注的重点。从整体上来说，污水处理系统属于非线性系统，需要通过自动化控制的应用，来提高污水处理效率与污水处理质量。近年来，自动化技术广泛应用于污水处理设备中。例如以PLC技术为支撑的SBMBR污水处理系统可以看作是自动化污水处理设备的典范，该系统主要由3个部分组成，即搅拌水箱、曝气装置、MBR水箱，将PLC技术贯穿于整个设备运行的始终，对COD、氨氮、总磷等物质的去除具有良好作用。根据实践研究资料显示，氨氮、COD的去除率超过90%，总磷的去除率约为80%，在降低企业运行成本的同时，进一步推动污水处理控制系统朝着自动化的方向发展。

10.2.2　废气治理设备自动化技术

　　一是利用低温冷凝法治理挥发性有机物。该技术对处理设备的温度、压力具有较高要求，如果一旦离开冷凝器则会导致挥发性有机物的浓度升高。

　　二是溶剂吸收法。以溶剂为载体，利用气体在同一液体中溶解度不同的原理，将气体与溶剂结合达到分离净化有毒有害气体的效果。

　　三是利用生物法处理挥发性有机物。这是当前较为先进的一种处理方法，利用微生物新陈代谢，将某些有机物以及无机物实施生物降解，转换为 CO_2、H_2O，值得说明的是在这一环节中需要借助生物滴滤器方可实现。生物法与传统方法相比具有净化效率高的特点，广泛应用在污染程度较高的非亲水性挥发性有机物的治理当中。

　　四是活性炭吸附法。利用吸附剂的多孔结构将有害气体吸附到孔状结构中，达到分离有害气体的效果，可实现有机物的回收再利用。

　　上述四种技术都需要运用实时监测和自动化技术。

10.3　自动化控制对环保设备发展的作用

10.3.1　提升设备应用管理水平

自动化控制的应用有利于对设备展开自动化管理，设备的运行中要对数据进行不断地整理以及采集，这些数据是要传递给厂家的，可为设备的优化提供数据依据，从而对设备不断进行优化和改进，提升环保设备的针对性。

环保设备实现状态自动化管理，可以让设备的优化和利用更加便捷，从而提升环保部门对环保设备的实际管理与使用水平。环保设备实现自动化控制是时代发展的必然趋势，是新时代下的产物。

10.3.2　实现远程数据传输

现场环保设备运行中，不仅要实现对环境的监控，也要开展对环保设备本身的运行情况的监测，同时对两种数据及时做出适当的处理。现场环保设备要担任的任务非常多，使用嵌入式系统可以让环保设备的数据监测技术更加方便。对于企业和子站来说，污染源的监测环保设备实现自动化管理，可以借助总线控制对现场的环保设备实施数据的收集以及处理；但是对环保管理部门，这种形式的应用是不合适的，可采用其他先进的通信技术，比如 MODEM 等，支持远程信号的实时传输，从而为环保设备提供良好的支持。

10.3.3　中心站的功能完善

中心站是环保设备实现自动化控制的重要环节，中心站要完成对各类信息的宏观预测以及决策，还要进行对现场的远程管理和测控，因此中心站对软件的要求还是非常多的。比如数据的采集和技术处理、进行报警以及诊断、对环保设备进行远程的测控等。近年来环保设备的实际发展非常迅速，各类决策系统以及管理软件也在迅速更新和改进，效果不错，让环保设备自动化效率得到提升。

总之，环保自动监控系统具备自动采集、存储信息的多重功能，利用自动化技术可实时分析、处理各项环保监控信息，在节约成本的同时，确保环境监测结果的精准、客观，为环境污染治理、环境科学化管理提供准确依据。同时在环保设备中应用自动化设备有利于节约企业投入成本，减少企业在人力、物力等方面的投入，且极大程度提高了监测精准度，是降低环保成本的有效途径。自动化技术在环保设备中拥有广阔且良好的应用发展前景。因此，要更新思想观念，重视自动化技术，加强自动化技术与环保设备的深度融合，为环保工作的规范化、有序化、高效化的开展奠定基础。

10.4　PLC 在环保设备自动化控制中的应用

10.4.1　PLC 在环保工程中的意义

在传统条件下，环保工程的整体效益不高，环保设备自动化程度落后是重要原因。为优化环保工程，需要积极利用新技术，积极更新管控方式。

在信息技术全面快速发展的今天，可编程逻辑控制器（programmable logic controller，PLC）技术，借助网络信息技术、大数据技术、云计算技术，在环保工程中的应用越来越广泛，应用价值也越来越大。PLC能够很好地实现环保工程的自动监测与管理工作，进而显著提升环保工程的经济效益。

10.4.2　PLC在环保工程中的应用

（1）数据监控采集　环保工程是一项复杂化的工程，在环保工程的开展过程中，依托于这一系统能够全面实现信息数据的收集与汇总，能够充分保障信息数据的完整性，同时还能够在很大程度上提升信息汇总的效率。在环保工程的应用过程中，数据监控采集系统能够对实时数据进行存储，确保基础数据的可靠、安全，提供其他应用系统的数据来源，有效避免操作人员人为性的失误。环保工程是相对大型的工程，工程项目复杂多样，工程技术含量较高，若没有科学完善的信息系统或者监控系统，很难提升这类工程的整体质量。

环保工程涉及大量、繁琐的信息数据。从初期的信息数据收集，到中期的信息数据汇总，再到后期的信息数据控制，这一系列活动都是非常耗费人力与时间的，而PLC能够快速、全面收集与汇总信息数据，并确保这些信息数据的完整性。在环保工程开展实践中，操作人员能够对采取的信息数据进行存储与监控，确保它们的可靠安全。对于操作人员而言，PLC有效避免了他们由于粗心大意造成的失误，引导操作人员做出正确的决策。基于此，操作人员积极利用PLC能够显著提升工程的整体质量，提高工程的经济效益。

（2）全自动控制　环保工程不仅规模庞大、项目复杂多样，而且很多项目工程技术含量高，若没有科学、健全的控制系统，很难保证与提升工程的整体质量。在环保工程开展实践中，PLC的应用能够切实提升工程的自动化控制水平。以环保工程中的空气质量监测为例，PLC的应用，不仅能够精准监测空气质量，而且能够精准分析出空气中的污染物，然后通过既定的控制策略控制污染，进而提升空气质量监测的整体效能。

（3）实时在线监控　在环保工程的开展过程中，PLC自动化控制系统的应用，能够实现实时性的在线监控，能够实现自动化的分析与研判，进而综合全面地反馈信息。

一方面，在线监控技术的应用，能够依托于传输终端的传感器等来实现关键信息的收集和采集，以便优化决策水平、反馈真实信息。PLC带有丰富的通信接口。借助网络技术，PLC可以实时在线监控环保工程中的各项信息数据，然后实现自动化的分析与处理。具体来说，PLC能够依靠传输终端的传感器等设备实时在线采集与收集环保工程中的关键信息，若发现问题会及时向设备操作人员反馈真实信息，这就大大提高了操作人员的决策效率。

另一方面，在环保工程的开展过程中，通过在线监控系统的应用，还能够实现科学的数据预处理。PLC形成预处理之后，会将这种处理及时传送到中央控制系统，然后等中央控制系统发出最终的处理方式。虽然PLC的预处理并非一种最有效的处理方式，但它也是一种在最短时间内处理问题的方式。在环保工程中，有些问题出现后能够在短短几秒内发生质变，对于这些问题，PLC的预处理能够起到很好的效果。

（4）电气故障处理　以空气质量监测设备为例，为保证空气质量监测设备系统持续运行，操作人员必须保证空气质量监测设备在电气故障发生后自动启动。当发生电气故障后，PLC会从高压配电柜内电机综合自动化装置读取空气质量监测设备故障信号，如"电机事故跳闸"信号。PLC对空气质量监测设备的控制信号主要有两个：一是"设备启动"；二是

"设备停止"。在环保工程开展实践中，空气质量监测工作有多台设备运行，若 PLC 收到任意一台设备的故障信号，都会自动启动备用设备，即以多台设备互为备用的运行方式确保设备持续运行。需要注意的是，在工程实践中，有时 PLC 系统会发生继电器损坏、线路接触不良等问题，而这些问题会直接导致 PLC 系统时无法及时收到反馈信号。为了避免这种情况的发生，操作人员有必要在 PLC 系统中再制作一个"启动故障"信号。该信号的工作原理是：当 PLC 发出"设备启动"信号后一定时间内（如 3s）没有收到"设备启动"信号，就会判断该设备发生"启动故障"，然后自动启动其他设备。

10.5 PLC 的基础知识

10.5.1 PLC 的定义

可编程逻辑控制器（programmable logic controller），简称 PLC，它是一种专门为在工业环境下应用而设计的数字运算操作的电子装置。它采用可以编制程序的存储器，用来在其内部存储执行逻辑运算、顺序运算，计时、计数和算术运算等操作的指令，并能通过数字式或模拟式的输入和输出，控制各种类型的机械或生产过程。

目前在市场上可编程逻辑控制器的种类很多，配置的硬件代号不同，语句的助记符也略有差别，但使用和编程上是一致的。

10.5.2 PLC 的分类

（1）按产地分类 按产地可分为欧美、日本、韩国、中国等系列 PLC。其中欧美系列具有代表性的为德国西门子（Siemens）的 SIMATIC S7、美国罗克韦尔自动化（Rockwell Automation）的 A-B、美国通用电气（General Electric）的 Rx 等；日本系列具有代表性的为日本三菱（Mitsubishi）、欧姆龙（OMRON）、松下（Panasonic）的 FP-X 等；韩国系列具有代表性的为 LG 等；中国系列具有代表性的为中国汇川（Inovance）、合利时、浙江中控、中国信捷、台达等。如图 10-1 所示是德国西门子的部分产品。

（2）按 I/O 点数分类 根据不同的生产控制的要求，使用的处理输入信号数量都是不一样的，因此，PLC 为了满足和适应这种需求，根据 I/O（输入/输出）点数的多少和程序内存容量的大小，将 PLC 分为小、中、大等几种类型。

① 小型 PLC。小型 PLC 的 I/O（输出/输入）点数通常在 256 个以下，内存容量一般为 2KB。1KB 等于 1024B（B 为字节 byte），储存一个 1 或 0 的二进制码称之为一位（bit），一个字节等于 8 位。一个字是 16 位，小型 PLC 也有运算、数据通信和模拟量处理等功能，它设计紧凑坚固、扩展模块少，如 SIEMENS S7-200smart、S7-1200、三菱 FX 系列等。

② 中型 PLC。中型 PLC 的 I/O（输出/输入）点数通常在 256～2048 点之间，内存容量一般为 2～8KB。中型 PLC 具有逻辑运算、算术运算、数据传送、模拟量处理、中断等功能，广泛使用在开关量、模拟量还有数字量与模拟量混合控制的控制系统中。如 SIEMENS S7-300、S7-1500、三菱 Q 系列等。

③ 大型 PLC。大型 PLC 的 I/O（输出/输入）点数通常在 2048 点以上，内存容量高达

S7-300　　　　　　　S7-400

S7-1200　　　　　　　S7-1500

图 10-1　德国西门子部分产品

8KB 以上。大型 PLC 具有逻辑运算、算术运算、模拟量处理、联网通信、监视记录、中断、智能控制、远程控制等功能，能够完成比较大规模的控制，还可以形成分布式控制网络，完成整个工厂的网络自动化的控制。如 SIEMENS S7-400 等。

（3）按硬件的结构分类　根据 PLC 硬件安装结构及外形的特征，PLC 可分为整体式、模块式和混合式三种。

① 整体式结构。所谓的整体式结构指的是将 PLC 电源、CPU、I/O 端口装在一个箱体内组成的结构，被称为基本单元。还包括整体的每个部分组成、工作开关、模拟电位器、模块扩展端口、状态指示灯、程序存储卡及 I/O 接线端口等。除此之外还有主机箱外部的 RS-485 通信接口，可用于连接编程器（手持调试盒或计算机电脑）、触摸屏、PLC 网络等外部设备。整体式结构具有紧凑、体积小、重量轻及价格低等特点，但是整体式结构的主机 I/O 点数固定，使用不灵活。通常市面上的小型 PLC 基本采用这种结构，如图 10-2 所示是西门子和三菱的 PLC 系列。

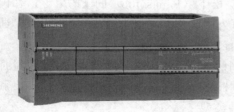

图 10-2　西门子和三菱的 PLC 系列

整体式结构的 PLC 为了让功能得以扩展还可配备特殊功能模块，如：模拟量模块、位置控制模块等。

② 模块式结构。为了使用扩展方便，部分小型的 PLC 和大中型的 PLC 一般采用模块式的结构，PLC 的结构是由机架和模块两个部分组成的，每个机架之间采用接口模块和电缆连接在一起。模块式结构又称之为积木式结构。把 PLC 的各个工作单元全部制作成独立的模块是模块式结构的特点，比如：中央处理器模块、输入输出模块、通信模块等。然后用带有插槽的母板将这些模块依照控制系统的需要选取后全部插到母板上，就组成了一个完整的 PLC。这种模块式结构的 PLC 有配置灵活、组装容易、扩展方便的三大优点，但是缺点是

结构比较复杂，体积也相对比较大，而且造价也特别高。这种结构多半用在大中型 PLC 上，例如。如图 10-3 所示是西门子三菱 PLC 的 Q 系列。

图 10-3 西门子三菱 PLC 的 Q 系列

③ 混合式结构。混合式结构的特点是把整体式结构和模块式结构两者相结合。将某种系列的 PLC 外形都制作成一样的外观和尺寸，在不使用模块式结构 PLC 中的母板的情况下将 CPU、I/O 口及电源等各个单元利用电缆连接起来，在安装控制设备时可以一层一层地叠装，这样就形成了混合式结构的 PLC。不仅系统的配置灵活多变，体积也会大大缩小。混合式结构的 PLC 在自动化领域使用非常广泛。

（4）按 PLC 功能大小分类 根据 PLC 功能的大小可分为低端 PLC、中端 PLC、高端 PLC 三种。

① 低端 PLC。具有逻辑运算、定时、计数、移位以及自诊断、监控等基本功能；还可有少量模拟量输入/输出、算术运算、数据传送和比较、通信等功能；主要用于逻辑控制、顺序控制或少量模拟量控制的单机控制系统。

② 中端 PLC。不仅包含了低端 PLC 的功能，还具备了较强的模拟量输入和输出、算术运算、数据传输、通信联网等功能，控制功能既可完成有开关量的又可完成有模拟量的。部分中端 PLC 还增加了中断、PID（比例、积分、微分）等控制功能，适合在复杂的控制系统中应用。

③ 高端 PLC。除具备中端机的功能外，还增加了有符号的算术运算、矩阵运算等功能，大大提高了运算的能力。此外高端机还拥有模拟调节、通信联网、监控、记录及打印等功能，使得 PLC 的功能更多、更强，能满足远程控制及大规模系统控制的要求，形成集散型控制系统。

10.5.3 PLC 的结构

（1）可编程逻辑控制器的结构 可编程逻辑控制器的结构多种多样，但其组成的一般原理基本相同，都是以微处理器为核心的结构。通常由中央处理单元（CPU）、存储器（RAM、ROM）、输入输出单元（I/O 单元）、电源、编程器和外部设备等部分组成，如图 10-4 所示。

① 中央处理单元（CPU）。中央处理单元（CPU）一般由控制电路、运算器和寄存器组成，通过地址总线、数据总线、控制总线与存储单元、输入输出接口电路连接。CPU 的功能包括：从存储器中读取指令，执行指令，取下一条指令，处理中断。

② 存储器（RAM、ROM）。存储器主要用于存放系统程序、用户程序及工作数据。存放系统软件的存储器称为系统程序存储器；存放应用软件的存储器称为用户程序存储器。存放工作数据的存储器称为数据存储器。常用的存储器有 RAM、EPROM 和 EEPROM。

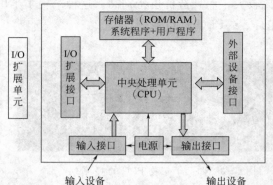

图 10-4 可编程逻辑控制器的结构图

③ 输入输出单元（I/O 单元）。I/O 单元实际上是 PLC 与被控对象间传递输入输出信号的接口部件。I/O 单元采用光电耦合器将输入、输出与 PLC 的内部电路隔离，防止强电干扰。接到 PLC 输入接口的输入设备是各种开关、按钮、传感器等。PLC 的各输出设备往往是电磁阀、接触器、继电器，而继电器有交流型和直流型、电压型和电流型等。

④ 电源。PLC 电源单元包括系统的电源及备用电池，电源单元的作用是把外部电源转换成内部工作电压。PLC 内有一个稳压电源用于对 PLC 的 CPU 单元和 I/O 单元供电。

⑤ 编程器。PLC 的工作是按照存储器中存储的用户程序动作顺序执行的。存储器中的这些程序通过编程器转换为可执行的数码存储到用户的存储器中，编程器的作用就是起到编辑的功能。同样也可以通过编程器完成对可编程控制器进行调试、检查和监视等功能，还可通过键盘去调用和显示 PLC 的一些内部状态和系统参数。编程器上有供编程用的各种功能键和显示窗口。

⑥ 外部设备。PLC 一般都配有打印机、EPROM 写入器，高分辨率屏幕图形监控系统等外部设备。

（2）PLC 的输入输出连接　在图 10-5 所示的可编程逻辑控制器的输入与输出连接示意图。在 PLC 的输入端，有两种类型的连接方法：一类是 PLC 的输入端连接开关与按钮，这一类输入是由人工操作的；另一类是 PLC 的输入端连接传感器，如行程开关等，这一类输入信号不需要人工干预，由系统自动产生。PLC 的输出端主要输出控制信号，控制开关的接通或断开、电机的运转或停止、灯的点亮或熄灭等。

10.5.4　PLC 的特点

PLC 有如下的几个特点。

（1）可靠性高，抗干扰能力强

① I/O 接口电路都采用光电隔离，PLC 内部电路与外部电路之间隔离，减少信号干扰。

② 每个输入端都采用滤波器，滤波时间通常为 $10\sim20\mathrm{ms}$。

③ 各部分模块都采取了防干扰措施，能防止辐射的干扰。

④ 内部开关电源性能好。

⑤ 每一个电子元器件选型都通过严格的筛选。

⑥ 自带内部诊断功能，电源或其他硬件出现故障或异常情况时，CPU 立即通过指示灯

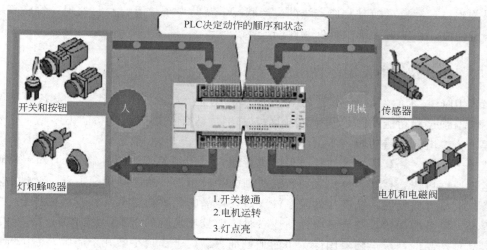

图 10-5　PLC 的输入与输出连接示意图

报警或采用有效措施，这样可以防止故障发生造成不必要的损失。

⑦ 大型的 PLC 可编程控制器还使用双 CPU 构成冗余系统，甚至有的还用三个 CPU 来构成表决系统，使得 PLC 的可靠性大大提升。

（2）I/O 模块适用性强及功能多样化　对于不同的生产现场的信号，PLC 的 I/O 功能模块都能与之相匹配，比如：电源是 AC（交流）或 DC（直流）；输出输入是开关量还是模拟量、脉冲信号还是持续信号等。与生产现场的各种器件和设备都可以直接连接，比如：微动开关、接近开关、驱动器、变频器、感应器、按钮开关、电磁阀、接触器等。除此之外，为了更好地进行操纵，还有触摸屏并具有多种人-机对话的语音模块；为了通过网络管理和监控生产现场，还有各种通信联网的接口及无线通信模块如蓝牙模块等。

（3）结构的模块化　除了小型单元式的 PLC 以外，为了适应各种生产现场的控制需求，绝大多数 PLC 都采取了结构的模块化。PLC 可编程控制器的每一个部件，甚至包括电源、CPU 和 I/O 都是采用的模块化结构设计，其规模和功能可根据用户需求来自由组合。模块化还大大方便了维护和修理，哪个部位模块出问题直接更换掉即可让系统恢复运行。

（4）编程方式简单上手快　PLC 可编程逻辑控制器的编程方式大部分都是类似于继电器控制逻辑的梯形图，对编程人员而言，一般很容易理解和掌握。

（5）安装方便和维护简单　PLC 可编程控制器可在各种生产加工环境下运行。只要将生产现场的设备与 PLC 对应的 I/O 端口连接起来，就可以立即启动作业。PLC 模块上有运行和故障指示灯，方便维护人员了解运行情况和查找故障。

（6）体积小，重量轻，能耗低　PLC 是将微电子技术应用于工业设备的产品，其结构紧凑，坚固，体积小，重量轻，功耗低。并且由于 PLC 的强抗干扰能力，易于装入设备内部，是实现机电一体化的理想控制设备。以三菱公司的 F1-40M 型 PLC 为例：其外形尺寸仅为 305mm×110mm×110mm，质量 2.3kg，功耗小于 25W；而且具有很好的抗振、适应环境温度及湿度变化的能力。

综上所述，PLC 的主要优势是：现场可修改程序且编程方便简单；整体结构模块化后维修起来方便；比继电器控制装置更稳定和可靠；体积小，能节省控制柜的空间，布局也随之变得美观；计算机可随时监控产线的生产状况，及时发现故障，及时处理；价格较继电器控制装置便宜，还节省了维护难度和时间成本。

10.5.5　PLC 技术的发展趋势

当代 PLC 技术的发展趋势是 PLC 技术发展迅速，产品更新换代；开发各种智能化模块，不断增强过程功能；PLC 与个人计算机（PC）结合；通信联网功能不断增强；发展新的编程语言，增强容错功能。

从技术上看，计算机技术的新成果会更多地应用于可编程逻辑控制器的设计和制造上，会有运算速度更快、存储容量更大、智能更强的品种出现；从产品规模上看，会进一步向超小型及超大型方向发展；从产品的配套性上看，产品的品种会更丰富、规格更齐全，完美的人机界面、完备的通信设备会更好地适应各种工业控制场合的需求；从市场上看，各国各自生产多品种产品的情况会随着国际竞争的加剧而打破，会出现少数几个品牌垄断国际市场的局面，会出现国际通用的编程语言；从网络的发展情况来看，可编程控制器和其他工业控制计算机组网构成大型的控制系统是可编程控制器技术的发展方向。目前的计算机集散控制系统 DCS（distributed control system）中已有大量的可编程逻辑控制器应用。伴随着计算机网络的发展，可编程逻辑控制器作为自动化控制网络和国际通用网络的重要组成部分，将在工业及工业以外的众多领域发挥越来越大的作用。

10.5.6　PLC 的应用领域

目前，PLC 应用领域在世界范围广泛应用于钢铁、石油、化工、电力、机械制造、汽车、交通运输及娱乐场所等行业之中，应用方式可分为以下几种：

（1）开关量控制逻辑　PLC 替代了传统的继电器控制方式，利用它逻辑运算的特性，实现了单独控制和多方控制及自动化生产线的控制等。可应用在单台设备控制中，也可应用在多种设备群控及自动化流水线中，例如注塑机、铣床、车床、磨床、打包流水线等。

（2）生产过程控制　在工业生产过程中，需要处理一些如温度、压力、流量和速度等连续变化的模拟量，PLC 可通过 A/D（模/数）和 D/A 转换模块及各种算术算法程序来处理这些连续变化的模拟量，从而形成一个闭环的控制方式。一般的闭环控制系统中应用最多的一种调节方法是 PID 调节。生产过程控制大多应用在冶金、化工、热处理等领域。

（3）运动控制　PLC 可应用在圆周运动和直线运动的控制当中。通过 PLC 的运动控制模块可控制伺服电机、步进电机的转动，实现对机械运动的精确控制。PLC 的运动控制应用在机械设备、机器人、自动化等领域，采用了数字控制技术。PLC 可接收计数脉冲，发出控制脉冲，频率可高达几千到几万赫兹。

（4）数据的处理　PLC 具有算术运算（包括矩阵运算、函数运算、逻辑运算）、数据传输、数据转换等功能，能有效完成数据的收集、解析及处理。这些数据可以与存储在存储器中的参考值比较，完成一定的控制操作，也可以利用通信功能传送到别的智能装置，或将它们打印制表。

数据处理一般用于大型控制系统，如无人控制的柔性制造系统；也可用于过程控制系统，如造纸、冶金、食品工业中的一些大型控制系统。

（5）通信及联网 PLC 通信包括 PLC 与 PLC 之间的通信还有 PLC 与其他自动化设备之间的通信。随着自动化网络的日益发展，现在基本上所有的 PLC 都有通信端口，通信也十分的方便。

10.6 PLC 的功能与工作原理

10.6.1 PLC 的主要功能

PLC 的主要功能是完成逻辑指令控制、定时器指令控制、计数器指令控制、步进（顺序）指令控制、PID 指令控制、数据处理控制、通信和联网控制等。另外，PLC 还拥有许多特殊的功能模块，比如：定位控制模块等。

10.6.2 PLC 的工作原理

PLC 采用循环扫描的工作方式，在 PLC 中用户程序按先后顺序存放，CPU 从第一条指令开始执行程序，直到遇到结束符后又返回第一条，如此周而复始不断循环。PLC 的扫描过程分为内部处理、通信操作、程序输入处理、程序执行、程序输出处理几个阶段。全过程扫描一次所需的时间称为扫描周期。当 PLC 处于停止状态时，只进行内部处理和通信操作服务等内容。在 PLC 处于运行状态时，从内部处理、通信操作、程序输入处理、程序执行到程序输出处理，一直循环扫描工作。

（1）输入处理 输入处理也叫输入采样。在此阶段，顺序读入所有输入端子的通断状态，并将读入的信息存入内存中所对应的映像寄存器中。

（2）程序执行 根据 PLC 梯形图程序扫描原则，按先左后右、先上后下的步序，逐句扫描，执行程序。遇到程序跳转指令，根据跳转条件是否满足来决定程序的跳转地址。从用户程序涉及输入输出状态时，PLC 从输入映像寄存器中读出上一阶段采入的对应输入端子状态，从输出映像寄存器读出对应映像寄存器的当前状态，根据用户程序进行逻辑运算，运算结果再存入有关器件寄存器中，对每个器件而言，器件映像寄存器中所寄存的内容，会随着程序执行过程而变化。

（3）输出处理 程序执行完毕后，将输出映像寄存器，即器件映像寄存器中的 Y 寄存器的状态，在输出处理阶段转存到输出锁存器，通过隔离电路，驱动外部负载。

10.6.3 PLC 的编程语言

1994 年 5 月 IEC（国际电工委员会）公布的可编程逻辑控制器编程语言的国际标准 IEC 1131-3 详细说明了可编程逻辑控制器采用的 5 种编程语言的表达方式，这 5 种语言分别是：梯形图（ladder diagram，LAD）、指令表（instruction list，IL）、功能块图（function block diagram，FBD）、顺序功能图（sequential function chart，SFC）和结构文本（structured text，ST）。Step7 标准软件包支持其中最常用的前三种，下面主要介绍梯形图、指令表和功能块图。

10.6.3.1 梯形图（LAD）

梯形图是一种从继电接触控制电路图演变而来的图形语言。它是借助类似于继电器的动合、动断触点，线圈，以及串、并联等术语和符号，根据控制要求连接而成的表示 PLC 输入和输出之间逻辑关系的图形，直观易懂。由于梯形图与继电接触控制电路图很相似，很容易被熟悉继电接触控制的电气人员和工程师所掌握，因此，梯形图得到了广泛应用。西门子 PLC 梯形图符号与物理继电器符号对照如表 10-1 所示。

表 10-1　物理继电器与 PLC 梯形图符号图对照

对照		物理继电器	PLC 梯形图
线圈		—⊏⊐—	—( )—
触点	常开	—／—	—⊢ ⊢—
	常闭	—↲—	—⊢／⊢—

梯形图按自上而下，从左到右排列，最左边的竖线称为左母线，以继电器线圈（或右母线）结束。西门子 PLC 梯形图示例如图 10-6 所示。

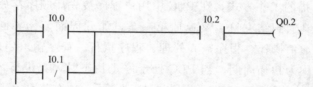

图 10-6　西门子 PLC 梯形图

梯形图的设计应注意：

① 梯形图的触点应画在水平线上，不能画在垂直分支上。

② 串、并联的处理方法是：在有几个串联回路相并联时，应将触点最多的那个串联回路放在梯形图最上面；在有几个并联回路相串联时，应将触点最多的并联回路放在梯形图的最左面。

③ 不准双线圈输出。

④ 梯形图程序必须符合顺序执行的原则，即从左到右、从上到下地执行。每一行都是从左母线开始，然后是触点的串、并联连接，最后是线圈，不能将触点画在线圈右边。

⑤ 对复杂的程序可先将程序分成几个简单的程序段，每一段从最左边触点开始，由上至下，由左向右进行编程，然后，再把程序逐段连接起来。

⑥ 外部输入/输出继电器、内部继电器、定时器、计数器等器件的接点可以被多次重复使用。

⑦ 线圈不能直接与左母线相连。如果需要，可以通过一个没有使用的内部继电器的常闭接点连接。两个或两个以上的线圈可以并联输出。

10.6.3.2 指令表（IL）

梯形图编程语言优点是直观、简便，但要求带 CRT（阴极射线管）屏幕显示的图形编程器方可输入图形符号。小型机一般无法满足，而是采用经济便携的编程器（指令编程器）将程序输入到可编程序控制器中，这种编程方法使用指令语句（助记符语言）。

语句是指令语句编程语言的基本单元，每个控制功能由一个或多个语句组成的程序来执行。每条语句是规定可编程逻辑控制器中 CPU 如何动作的指令，它是由操作码和操作数组成的。操作码用助记符表示要执行的功能（例如，LD 表示"取"，OR 表示"或"，OUT 表示"输出"，等等），操作数（参数）表明操作的地址（例如输入继电器、输出继电器、定时器等）或一个预先设定的值（例如定时值、计数值等）。

　　指令语句表是一种用指令助记符来编制 PLC 程序的语言，它类似于计算机的汇编语言，但比汇编语言易懂易学，若干条指令组成的程序就是指令语句表。一个复杂的控制功能是用较长的语句表来描述的。语句表编程语言不如梯形图形象、直观，但是在使用简易编程器输入用户程序时，必须把梯形图程序转换成语句表才能输入。

　　注意，对同样功能的指令，不同厂家的 PLC 使用的助记符一般不同。S7-200 系列的基本逻辑指令如表 10-2 所示。

表 10-2　S7-200 系列的基本逻辑指令

指令名称	指令符	功能	操作数
取	LD bit	读入逻辑行或电路块的第一个常开接点	
取反	LDN bit	读入逻辑行或电路块的第一个常闭接点	
与	A bit	串联一个常开接点	
与非	AN bit	串联一个常闭接点	bit:I,Q,M,SM,T,C,V,S
或	O bit	并联一个常开接点	
或非	ON bit	并联一个常闭接点	
电路块与	ALD	串联一个电路块	
电路块或	OLD	并联一个电路块	无
输出	= bit	输出逻辑行的运算结果	bit:Q,M,SM,T,C,V,S
置位	S bit,N	置继电器状态为接通	
复位	R bit,N	使继电器复位为断开	bit:Q,M,SM,V,S

　　指令操作数由操作标示符和参数组成。操作标识符由主标识符和辅标识符组成。主标识符有：I（输入过程映像寄存器）、Q（输出过程映像寄存器）、M（位寄存器）、PI（外部输入寄存器）、PQ（外部输出寄存器）、T（定时器）、C（计数器）、DB（数据块寄存器）、L（本地数据寄存器）。辅助标识符有：X（位）、B（字节）、W（字或 2B）、D（2DW 或 4B）。

　　在西门子的 PLC 编程软件 STEP-7 中，有专门的比较指令：IN1 与 IN2 比较，比较的数据类型可以是 B、I（W）、D、R，即字节、字整数、双字整数和实数。还可以有其他的比较式：＞、＜、≥、≤、＜＞等。当满足比较等式，则该触点闭合。

10.6.3.3　功能块图（FBD）

　　功能块图（FBD）使用类似于布尔代数的图形逻辑符号来表示控制逻辑。功能块图用类似于与门、或门的方框来表示逻辑运算关系，方框的左侧为逻辑运算的输入变量，右侧为输出变量，输入、输出端的小圆圈表示非运算，方框被"导线"连接在一起，信号自左向右流动。

　　如图 10-7 所示为 PLC 实现三相鼠笼电动机起/停控制的三种编程语言的表示方法。

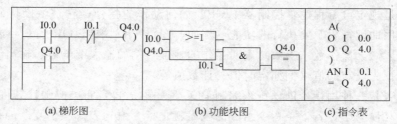

图 10-7 三种编程语言比较

10.6.4 PLC 应用开发

10.6.4.1 TIA 博途软件

西门子公司全新推出了 TIA 博途（totally integrated automation portal）软件，该软件将所有的自动化软件工具都统一到一个开发环境中，是业内首个采用统一工程组态和软件项目环境的自动化软件，可在同一个环境中组态几乎所有西门子可编程控制器、人机界面和驱动装置。在控制器、驱动装置和人机界面之间建立通信时的共享任务，可大大降低连接和组态成本。

TIA 博途软件包含 TIA 博途 STEP7、TIA 博途 WinCC、TIA 博途 Startdrive 和 TIA 博途 SCOUT 等，用户可以根据实际应用情况购买。

TIA 博途 STEP7 软件内部集成了 STEP7 Basic 和 WinCC Flexible Basic，该软件是对西门子的 S7-300/S7-400、M7-300/M7-400 以及 C7 控制器进行组态和编程的标准工具，它可以安装在 PC 上，用于管理一个自动化项目的硬件和软件系统。其主要功能包括硬件组态和参数设置、组态网络和通信连接、编写和调试控制程序、故障诊断、上位监控和项目归档等。

TIA 博途 STEP7 软件提供了通用的工程组态框架，可以用来对 S7-1200 系列 PLC 和 HMI 精简系列面板进行高效组态。S7-1200 是西门子推出的一款新型的模块化紧凑型控制器，它适应于中小型自动化项目的设计与实现。

STEP7 Basic 安装磁盘包含以下 SIMATIC 软件：用于 S7-1200 CPU 的 STEP7 Basic；用于 SIMATIC HMI 精简系列面板的 WinCC Flexible Basic；用于对 SIMATIC 软件产品进行授权的管理器。

10.6.4.2 Portal 视图

Portal 视图提供了面向任务的工具视图，可以快速确定要执行的操作或任务。双击 TIA 博途软件的快捷键方式打开该软件，打开的 Portal 视图界面如图 10-8 所示。该软件提供了一个友好的用户环境，供用户开发控制器逻辑、组态 HMI 可视化和设置网络通信等。STEP7 Basic 软件提供了 Portal 视图和项目视图两种视图。

根据工具功能组织的面向任务的 Portal 视图类似于向导操作。在 Portal 视图中，在左边窗口中选择不同的任务入口就可以处理相应的工程任务。这些任务主要有启动、设备与网络、PLC 编程、运动控制 & 技术、可视化以及在线与诊断等。

例如，选择"启动"任务后，在右边会出现该任务下的相应子功能，如"打开现有项目""创建新项目""移除项目"和"关闭项目"等操作。

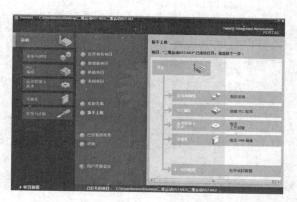

图 10-8　Portal 视图

10.6.4.3　项目视图

点击左下角的"项目视图"就可以切换到项目视图。项目视图如图 10-9 所示。项目视图是项目所有组件的结构化视图。

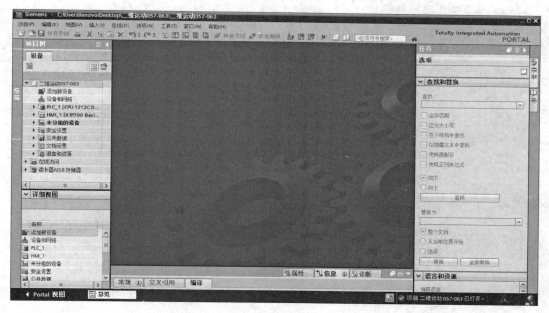

图 10-9　项目视图

项目视图类似于 Windows 界面，包括标题栏、菜单栏、工具栏、编辑区和状态栏等。项目视图的左侧是项目树窗口，使用项目树功能可以访问所有组件和项目数据，也可以在项目中直接执行任务，如添加新组件、编辑现有组件、扫描和修改现有组件的属性等。右侧是工作区等其他功能窗口，点击左下角的"Portal 视图"可以切换到 Portal 视图。下面介绍项目视图界面的主要功能。

① 标题栏：显示项目名称。

② 菜单栏：软件的功能菜单，提供功能操作。

③ 工具栏：提供了常用命令的按钮，可以更快地访问这些命令。

④ 项目树：使用项目树功能可以访问所有组件和项目数据。

⑤ 参考项目：除了可以打开当前项目，还可以打开其他项目进行参考。

⑥ 详细视图：显示总览窗口或项目树中所选对象的特定内容，包含文本列表或变量。

⑦ 工作区：在工作区内显示编辑的对象。

⑧ 分隔线：分隔程序界面的各个组件，可使用分隔线上的箭头显示和隐藏用户界面的相邻部分。

⑨ 巡视窗口：有关所选对象或所执行操作的附加信息均显示在巡视窗口中。

⑩ 编辑器栏：显示打开的编辑器，从而在打开元素间进行切换。

⑪ 状态栏：显示软件执行状态。

⑫ 任务卡：根据所编辑对象或所选对象，提供用于执行附加操作的任务卡。

10.6.4.4　S7-1200 CPU 指令系统

S7-1200 CPU 指令系统按照指令功能分为基本指令、扩展指令、工艺指令与通信指令，如图 10-10 所示。

图 10-10　STEP7 Basic
指令系统

基本指令包括位逻辑运算指令、定时器操作指令、计数器操作指令、移动操作指令、数学函数指令、比较操作指令、转换操作指令、程序控制指令、字逻辑运算指令、移位和循环指令。

扩展指令包括日期和时间指令、字符串＋字符指令、分布式 I/O 指令、中断指令、脉冲指令、配方和数字记录指令、数据块控制指令和寻址指令等。

工艺指令主要包括计数指令、PID 控制指令和运动控制指令等。

通信指令主要包括 S7 通信指令、开放式用户通信指令、WEB 服务器指令、其他指令、通信处理器指令和远程服务指令。

10.6.4.5　用户项目开发流程

S7-1200 PLC 的用户开发主要步骤是新建项目、硬件组态、PLC 编程、编译和保存用户程序、程序下载和仿真。

（1）项目的创建　在桌面找到 TIA Portal 软件图标，双击它，打开 Portal 视图界面，在该界面中，单击"创建新项目"，弹出如图 10-11 所示的新建项目界面。

在该界面中，输入项目名称、文件存放路径，然后，单击"创建"，弹出如图 10-12 所示的设备设置界面。

（2）硬件组态

① 在如图 10-12 所示的设备设置界面，单击"添加新设备"。弹出如图 10-13 所示的添加 CPU 界面。单击"控制器"图标，在右边的窗口中，选择控制器型号，这里选择西门子的"SIMATIC S7-1200"，CPU 选择"CPU 1212DC/DC/DC"，订货号选择"6E57 212-1AE40-0X80"。注意，模块的订货号以及插槽的位置要与工程项目的实际位置一致。

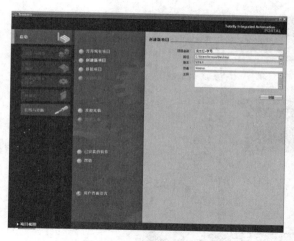

图 10-11 新建项目界面

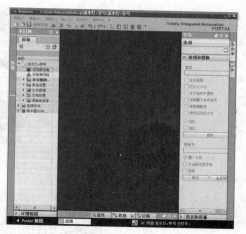

图 10-12 设备设置界面

② 单击"确定"按钮，选中的 CPU 会自动插在 1 号槽中，如图 10-14 所示。

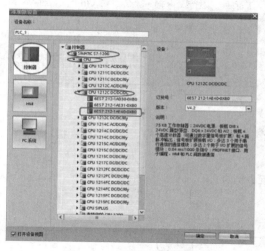

图 10-13 添加 CPU 界面

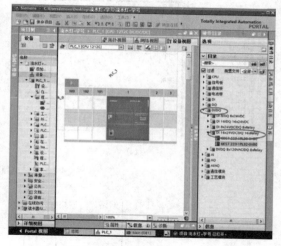

图 10-14 插入 CPU 的界面

③ 信号模块添加和属性配置，如图 10-15 所示。

（3）PLC 编程

① 编程输入方法。梯形图的编程元件主要有线圈、触点、指令盒、标号及连接线。在程序编辑器中输入指令的有两种方法。第一种是在指令树窗口中双击要输入的指令，就可在矩形光标处放置一个编程元件。第二种是在工具栏上单击触点、线圈或指令盒按钮，从弹出的窗口下拉菜单所列出的指令中选择要输入指令单击即可。如图 10-16 所示。

② PLC 触点及线圈。同一个输出点的线圈在程序里一般只能使用一次。但是线圈的常开触点及常闭触点可以在程序里重复多次使用，没有数量限制，如图 10-17 所示。

③ 同程序同线圈多次输出及处理方法。如果在用户程序中，同一编程元件的线圈（Q 输出点）使用了两次或多次，根据 PLC 从上到下循环扫描的工作机制，默认最后扫描到的位状态刷新为映像存储区的当前输出状态。如图 10-18 所示是同一线圈的错误用法。

利用中间继电器解决同一线圈多次输出的方法，如图 10-19 所示。

261

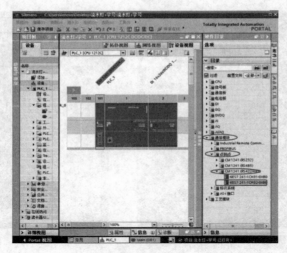

图 10-15　信号模块添加和属性配置

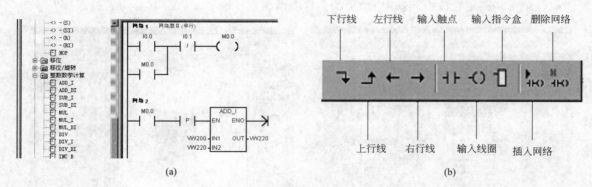

(a)　　　　　　　　　　　　　　　　(b)

图 10-16　编程元件的输入

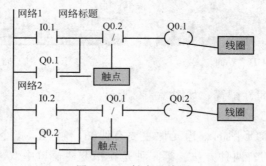

图 10-17　触点及线圈

④ 地址定义分配。创建符号表；在符号表中定义参数地址，梯形图中的直接地址编号可以用具有实际含义的符号代替，使用时只需给出符号或地址即可。具体方法是：在项目树中双击"PLC 变量"下的"显示所有变量"，打开符号编辑器，将所有的输入、输出变量以及中间变量逐一分配地址，然后在表中分别填写变量名称及与其对应的绝对地址，并在注释栏对变量的功能进行说明。

输入地址：当输入一条指令后，参数开始用问号（????）表示。问号表示参数未赋值。此时只需要在问号处输入一个在符号表中定义过的变量符号即可。

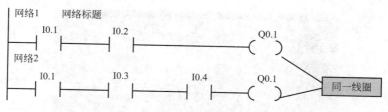

图 10-18　同一线圈的错误用法

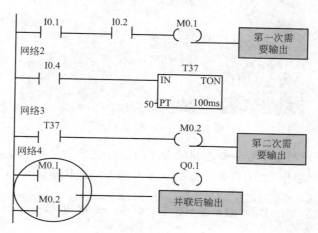

图 10-19　同一线圈多次输出的解决方法

（4）编译和保存用户程序

① 用工具栏按钮或 PLC 菜单进行编译，如图 10-20 所示。

图 10-20　工具栏按钮或 PLC 菜单编译

②"编译"允许编译项目的单个元素。当选择"编译"时，带有焦点的窗口（程序编辑器或数据块）是编译窗口；另外两个窗口不编译。

③"全部编译"对程序编辑器、系统块和数据块进行编译。当使用"全部编译"命令时，哪一个窗口是焦点无关紧要。

（5）程序下载

① 下载至 PLC 之前，必须核实 PLC 位于"停止"模式。检查 PLC 上的模式指示灯。如果 PLC 未设为"停止"模式，点击工具条中的"停止"按钮。

② 点击工具条中的"下载"按钮，或选择"文件"→"下载"。出现下载对话框，如图 10-21 所示。

③ 根据默认值，在初次发出下载命令时，"程序代码块""数据块"和"CPU 配置"（系统块）复选框被选择。如果不需要下载某一特定的块，清除该复选框。

④ 点击"确定"开始下载程序。如果下载成功，一个确认框会显示以下信息："下载成功"。

（6）仿真　梯形图（LAD）和功能块图（FBD）程序以能流的方式传递信号状态，通

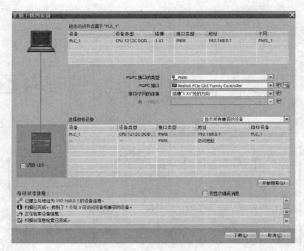

图 10-21　PLC 程序下载

过程序中线条、指令元素及参数的颜色判断程序的运行结果。在程序编辑界面中，单击如图 10-22 所示的工具栏"启用/禁用监视"按钮，即可进入监视状态。

图 10-22　"启用/禁用监视"按钮

线条颜色的含义是：绿色实线表示已满足；蓝色虚线表示未满足；灰色实线表示未知或未执行；黑色表示未互连。

鼠标单击变量，右键菜单选择"修改"可直接修改变量的值。同样，右键菜单选择"显示格式"可以切换显示的数据格式。如图 10-23 所示是按钮的仿真示例。

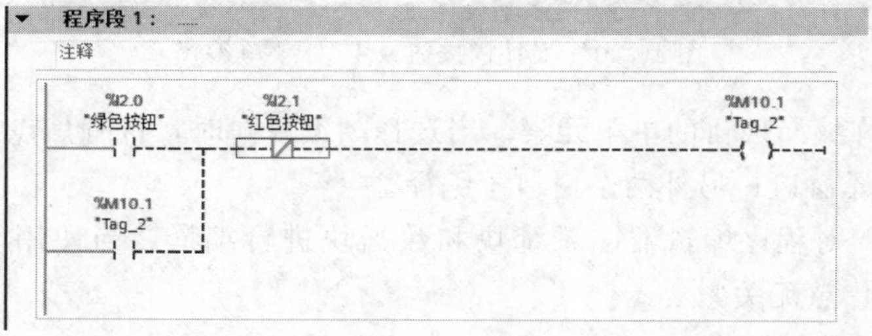

图 10-23　按钮的仿真示例

10.7　学习 PLC 的方法建议

关于学习 PLC 提供如下建议，仅供参考。

① PLC 是一门应用的学问，不是很高深的科学，普通人都可以学。但是，在学习 PLC 之前，学习一些关于计算机、电气、电子技术基础方面的基础知识对 PLC 的学习会有非常大的帮助，自己购买或到图书馆借阅这方面的书籍，如电气控制与 PLC、电工基础、电子

技术基础等方面的书籍。

② 学 PLC 最主要的就是动手，不愿意动手的人，或者只看指令视频的人，很难入门，所以，只有当你有了一定基础后，才可以抛开硬件只看视频。建议买个 PLC（例如西门子的），然后，配备计算机（笔记本）、PLC 软件、PLC 数据线等，自己编写一些程序进行实践。只要坚持就一定能学好这门技术。

③ 学习 PLC 要分阶段进行。

第一阶段：熟悉硬件。首先要了解电工知识、了解如何去控制电器，了解各种执行机构，然后就是了解 PLC 的工作方式、输入输出回路，最后了解相应的工艺。

第二阶段：学习 PLC 指令。首先需要精深 PLC 本身的编程语言梯形图、指令表语言。达到这个水平你只能读懂编好的程序，并可以设计一些工程需要的程序。在这行业还需要应用 VB（visual basic 编程语言）、VC＋＋（visual C＋＋编程语言）实现串口的通信、集散控制。在一些大型程序中还需要用到数据库的知识。PLC 入门很快但要不断进取努力。

第三阶段：学做项目。从小项目做起，多实践多动手，在项目实践中要善于总结，总结出设计程序的逻辑思维方法，了解程序的构造以及和其他程序的不同和特点。逐步积累经验，增加项目的难度，进步就很快速了。

1. 简述自动化技术概念。

2. 环保设备根据它们在自动控制系统中所处的环节不同可以分为哪三类？并简要说明。

3. 简述自动化技术在环保领域的主要研究目的与研究内容。

4. 举例说明自动化技术在环保设备中的应用。

5. 简要说明自动化控制在环保设备发展完善中的意义。

6. 简要说明 PLC 在环保工程应用中的意义。

7. PLC 在环保中有哪些应用？

8. 简述 PLC 的定义。

9. 简要说明 PLC 的分类方法。

10. PLC 的结构由哪几部分组成？

11. 简述 PLC 的应用领域。

12. 可编程逻辑控制器采用的哪 5 种编程语言的表达方式？简要说明。

13. 西门子 PLC 由什么软件工具进行开发？并简要说明该软件的使用方法。

第 **11** 章 环保设备课程设计

11.1 环保设备课程设计的目的

环保设备课程设计是培养学生设计能力的重要教学环节，学生完成该课程设计后，应达到以下目的：

① 培养独立思考、独立工作、团队协调的工作能力以及实事求是、遵纪守法、诚信做事、科学严谨、艰苦奋斗的工作作风。

② 使学生能将环境工程基础课和有关选修课程（如机械制图、机械原理及机械设计等）中所学到的知识，在设计中综合地加以运用，进而得到巩固、加深和发展。

③ 掌握环保设备设计的基本方法和步骤，培养学生初步树立正确的设计思想。

④ 培养学生查阅、熟悉和运用技术文献资料，如有关国家（或部颁）标准、手册、图册、规范等的能力，以完成作为工程技术人员在设计方面所必备的基本训练。

⑤ 培养学生进行方案比较分析、论证的能力，培养学生工程设计计算、图纸绘制及设计说明书编制的能力，培养综合运用所学专业知识分析问题和解决工程设计问题的能力，为今后从事工程设计打下良好的基础。

11.2 环保设备课程设计的要求

环保设备课程设计应满足几点要求：

（1）树立正确的设计思想　结合生产实际，综合地考虑经济、实用、可靠、安全和先进等方面的要求，严肃认真地进行设计。

（2）要有积极主动的学习态度　在课程设计中遇到问题时，要随时复习有关教科书或查阅资料，通过积极思考，提出个人见解，并主动解决，不要简单地向老师请教答案。

（3）正确处理好几个关系

① 继承和发展的关系。设计者应在独立思考的同时，使用设计资料和继承前人经验。对于初学设计的人来说，学会收集、理解、熟悉和使用各种资料，正是设计能力培养的重要方面。因此正确处理好继承和发展条件下的抄、搬、套问题，正是设计能力强的重

要表现。

② 正确处理标准规范和设计要求的关系。环保设备设计非常强调标准规范，但是这并不是限制设计的创造和发展，因此遇到与设计要求有矛盾时，经过必要的手续可以放弃标准而服从设计要求。但非标准件中的参数，一般仍宜按标准选用。

③ 学会统筹兼顾、抓主要矛盾，计算结果要服从结构设计的要求。对初学设计者，最易把设计片面理解为就是理论上的强度、刚度等计算，认为这些计算结果不可更改，实际上，对一个合理的设计，这些计算结果只对零件尺寸提供某一个方面的依据。而零部件实用尺寸一定要符合结构等方面的要求。注意按几何等式关系计算而得的尺寸，一般不能随意圆整变动；按经验公式得来的尺寸，一般应圆整使用。

④ 处理好计算与画图的关系。设计中要求算、画、选、改同时进行，但零件的尺寸，以最后图样确定的为准。

（4）能查阅有关资料和有关国家标准

（5）设计成果包括设计说明书和设计图纸　每个小组分工合作撰写 1 份课程设计报告，并附分工情况说明书一份；每个学生应至少完成设计图纸一张，并提供个人小结。

① 设计报告内容正确完整、文字通顺、简明扼要、条理清晰、计算准确，图表要清楚整齐，每个图、表都要有名称和编号，并与说明书中内容一致。

② 能运用 AutoCAD 软件，按照《机械工程 CAD 制图规则》（GB/T 14665—2012）和《CAD 工程制图规则》（GB/T 18229—2000）等 CAD 制图标准较熟练、规范地绘制零件图和简单装配图。应做到：投影正确，视图布局合理，内容主次分明，标题栏规范，线条清晰、粗细适当，尺寸完整、清晰，文字标注字体字高合适，图纸应附有一定文字说明，图签规范。

11.3　环保设备图绘制

以图形为主的图样是工程设计、制造和施工过程中用来表达设计思想的主要工具，被称为"工程界的语言"。若设计者提供的图样不规范，会给图纸使用者带来不便，甚至产生误导。利用 CAD 绘图软件绘制二维或三维图形，必须以工程制图和机械设计理论为基础，计算机绘图不能脱离《工程制图》的基本投影理论、机件表达方法和国家相关标准而独立进行。因此，需掌握机件的各种表达方式，掌握标准件和常用件的规定画法，明确图形的尺寸标注、公差制定及表面粗糙度标注的技术要求，学会看、画零件图和装配图的方法，并按照《机械工程 CAD 制图规则》（GB/T 14665—2012）和《CAD 工程制图规则》（GB/T 18229—2000）等 CAD 制图标准规范绘制环保设备图纸。

11.3.1　环保设备图内容

（1）一组视图　表达设备的主要结构形状和零部件之间的装配关系。而且，这组视图符合机械制图国标的规定。

（2）四类尺寸　为设备制造、装配、安装检验提供的尺寸数据有四类：①表示设备总体大小的总体尺寸；②表示规格大小的特性尺寸；③表示零部件之间装配关系的装配尺寸；

④表示设备与外界安装关系的安装尺寸。

（3）零部件编号及明细表　把组成设备的所有零部件依次编号，并把每一编号的零部件名称、规格、材料、数量、单重及图号或标准号等内容填写在主标题栏上方的明细表内。

（4）技术特性表　用表格形式列出设备的主要工艺特性，如操作压力、温度、物料名称、设备容积等内容。

（5）技术要求　常用文字说明的形式，提出设备在制造、检验、安装、材料、表面处理、包装和运输等方面的要求。

（6）标题栏　常放在图样的右下角。有规定的格式，用以填写设备的名称、主要规格、制图比例、设计单位、图样编号，以及设计、制图校核和审定人员的签字等。

（7）其他需要说明的问题　如图样目录、附注、修改表等内容。

11.3.2　环保设备图简化画法

绘制环保设备图时，除采用机械制图国标中规定的画法外，还可以根据环保设备结构的特点和设计、生产制造的要求，对其进行简化制图。

11.3.2.1　标准零部件的画法

设备上的零部件如果是标准件，或是复用图，或是外购件，在装配图中只需按比例画它们的外形轮廓，如图 11-1 所示是几种简化的外形轮廓图例。

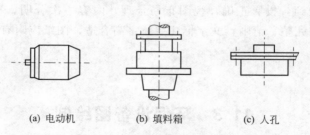

(a) 电动机　　　(b) 填料箱　　　(c) 人孔

图 11-1　外形轮廓的简化画法

11.3.2.2　管法兰的简化画法

① 装配图中对管法兰的画法不必分清法兰类型和密封面形式等，一律简化成如图 11-2 所示的形式。对于它的类型、密封面形式、焊接形式等均在明细表和管口表中标出。

② 对于有特殊结构的法兰，要用局部视图表示出。如图 11-3 所示的是带衬层的管法兰局部剖视图，其中衬层断面可不加剖面符号。

③ 设备上对外连接的管法兰除特殊场合外，均不配对画出。

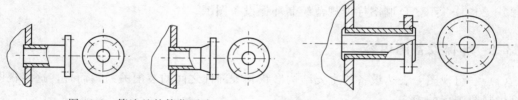

图 11-2　管法兰的简化画法　　　　　图 11-3　带衬层的管法兰的简化

11.3.2.3 重复结构的简化画法

（1）螺栓连接的简化画法

① 螺栓孔可用中心线和轴线表示，可省略圆孔的投影，如图 11-3 所示；

② 装配图螺栓的连接，可用粗实线画出的简化符号"＋""×"表示，如图 11-4 所示；

③ 图样中相同规格的螺栓孔和螺栓连接，在数量较多且均匀分布时，可只画几个符号，并表示出跨中或对中分布的方位。

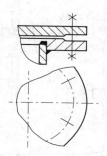

图 11-4　装配图螺栓的连接筒

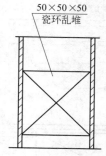

图 11-5　设备中的填充物的简化

（2）填充物的表示方法　设备中的填充物，如果材料、规格、堆放方法相同，在剖视图中可用交叉的细直线表示，同时注写有关的文字说明（规格和堆放方法）如图 11-5 所示。对装有不同规格的材料或不同堆放方法的填充物，必须分层表示，分别注明填充物的规格和堆放方法。

（3）多孔板孔眼的表示方法

① 换热器中的管板、折流板或塔板上的孔眼，按△形排列时，可简化成如图 11-6 的画法，细实线的交点为孔眼中心。为表达清楚也可画出几个孔眼并注上孔径孔数和间距尺寸。对孔眼的倒角、表面粗糙度和开槽情况等需用局部放大图表示，图 11-6(a) 中"＋"是管板拉杆位置孔，应另画局部视图表示。

② 板上的孔眼按同心圆排列时，可简化成如图 11-6(b) 的画法。

③ 对孔数要求不严的多孔板，如筛板，不必画出孔眼的连心线，可按图 11-6(c) 的画法和注法表示，对它的孔眼尺寸和排列需用局部放大图表示。

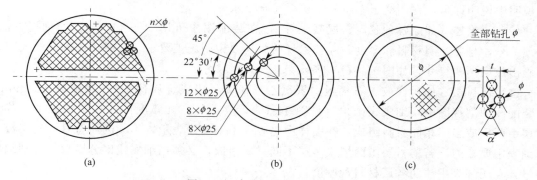

图 11-6　多孔板孔眼的简化方法

11.3.2.4 管束和板束的表示方法

当设备中有密集的管道，如列管式换热器中的换热管，在装配图中只画一根管道，其余管道均用中心线表示，如图11-7(a)所示；如果设备中某部分结构由密集的有相同结构的板状零件所组成（如板式换热器中的换热板），用局部放大图或零件图将其表达清楚后，在装配图上可用交叉细实线简化画出，如图11-7(b)所示。

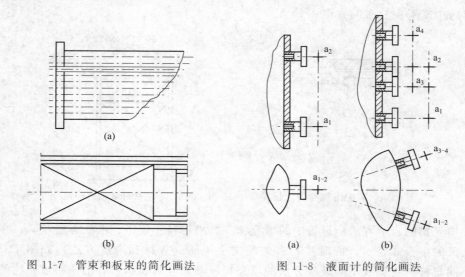

图11-7 管束和板束的简化画法

图11-8 液面计的简化画法

11.3.2.5 液面计的简化画法

装配图中对液面计的表示，其两个投影可简化成如图11-8(a)的画法，符号"＋"，并用粗实线画出；带有两组或两组以上液面计时，可以按图11-8(b)的画法，在俯视图上正确表示出液面计的安装方位。

11.3.2.6 设备衬里的简化画法

设备衬里用剖视表达，但应注意薄涂层和厚涂层，薄、厚衬层的表达有所区别：

(1) 薄涂层［如搪瓷、喷镀（涂）金属及塑料］ 其衬里属于表面处理性质，只要在技术说明中说明即可，在图样上不编号，也无特殊要求。

(2) 厚涂层（如涂各种胶泥、混凝土等） 在装配图中可用如图11-9(a)的剖视方法，必须编号，且要注明材料和厚度，在技术说明中还要说明施工要求，有时还用局部放大图详细画出涂层结构尺寸，如图11-9(b)所示。

(3) 薄衬层（如衬橡胶、石棉板、聚氯乙烯薄膜、铅或金属薄板） 厚度为 $1\sim 2mm$，在装配图的剖视图中用细实线画出（见图11-10），要编号，其厚度标注在明细表中。若薄衬层由两层或多层相同材料组成，在图样中仍画一条细实线表示，不画剖面符号，其层数在明细表中要注明。若薄衬层由两层或多层不同材质组成，必须用细实线区分层数，分别编出件号，在明细表中注明各层材料和厚度。

(4) 厚衬层（如衬耐火砖、耐酸板，辉绿岩板等） 在装配图的剖视图中，可简化成图11-11(a)的画法。但必须另绘局部放大图，详细表示厚衬层结构尺寸，分区编注件号，如图11-11(b)所示。若厚衬层由数层不同材料组成，可用不同剖面符号区分开，并在图旁用图例说明剖面符号，如图 11-12 所示。

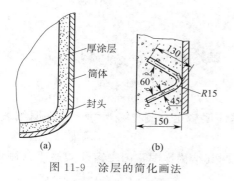

图 11-9　涂层的简化画法

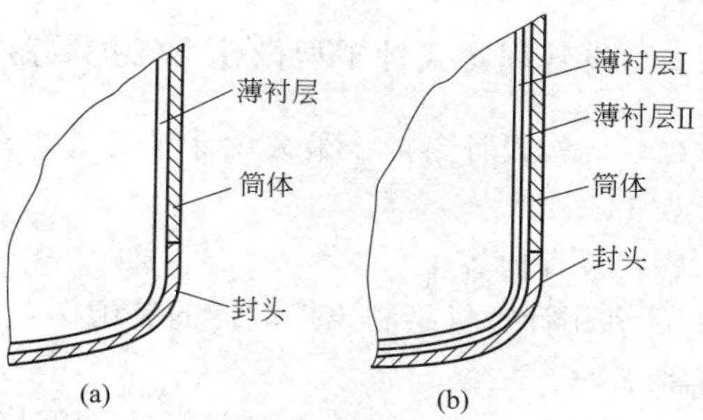

图 11-10　薄衬层的简化画法

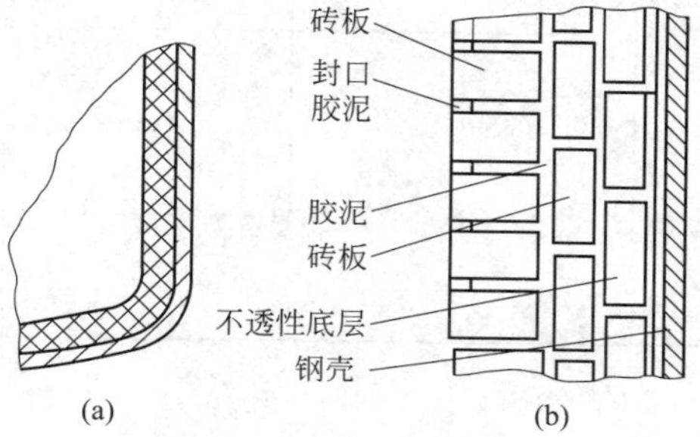

图 11-11　单层衬层的简化画法

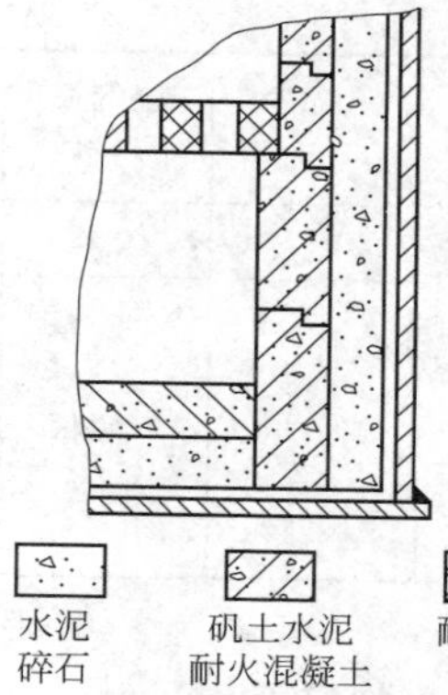

图 11-12　数层衬层的简化画法

11.3.2.7　注意事项

① 剖视图中不影响形体表达的轮廓线，可省略不画。例如多孔板在剖视图中孔眼的轮廓线常被省略。

② 表示设备某一部分的结构采用的剖视允许只画出需要的部分，而省略一些多余的投影。

11.4　环保设备课程设计题目

题目 1　设计辐流式沉淀池

（1）已知设计参数　最大设计流量 $Q_{\max}=2500\text{m}^3/\text{h}$，池数 $n=2$，表面负荷 $q_0=2\text{m}^3/(\text{m}^2 \cdot \text{h})$，设计人口 40 万。

（2）设计内容

① 利用计算机绘制辐流式沉淀池的装配图，并标注基本尺寸；

② 对浮渣箱、橡胶刮板、刮泥机结构分别进行详细设计，并用计算机绘制其结构详图，

且要求图中注明施工（制作）尺寸、构件明细表及技术要求等内容。

题目2　设计固定式钟罩型微孔空气扩散器

（1）已知设计参数　最大设计曝气量 $2.5m^3/h$，服务面积 $0.6m^2/$个，其余相关参数可参考表11-1。

（2）设计内容

① 利用计算机绘制该扩散器的装配图，图中需注明施工（制作）尺寸、构件明细表及技术要求；

② 对气泡扩散盘进行详细设计，利用计算机绘制其结构详图，图中需注明施工（制作）尺寸、构件明细表及技术要求。

表 11-1　微孔空气扩散器的规格和性能

型号	孔径 /μm	孔隙率 /%	曝气板 材料	曝气量 /[m^3/（个·h）]	服务面积 /（m^2/个）	氧利用率 /%	动力效率 /[kg/（kW·h）]	阻力 /Pa
HWB-1	150	30~50	钛板	1~3	0.3~0.5	20~25	4~6	1500~3500
HWB-2								
HWB-3		40~50	陶瓷板					
BYW-Ⅰ				0.8~3	0.3~0.75		4~5.6	3000
BYW-Ⅱ								

题目3　设计生物转盘

（1）已知设计参数　最大设计进水量 $Q=1000m^3/d$，平均进水 $BOD_5=200g/m^3$，高峰负荷持续时间为 5h，水温 18℃，要求处理效果为 90%。

（2）设计内容

① 利用计算机绘制塔式生物转盘的装配图，图中需注明施工（制作）尺寸、构件明细表及技术要求；

② 对盘片进行详细设计，利用计算机绘制其结构零件图，图中需注明施工（制作）尺寸、材质及技术要求。

题目4　某燃煤电厂电除尘器设计

（1）已知主要工艺参数　烟气量为 $15×10^4m^3/h$，进口浓度最高为 $70g/m^3$，出口浓度应低于 $140mg/m^3$。

（2）设计内容

① 利用计算机绘制该电除尘器结构总图，图中需标注主要部件尺寸、明细表及技术要求；

② 对电晕极、集尘极、进出气相等构件进行详细设计，利用计算机绘制其结构详图，图中需注明施工（制作）尺寸、构件明细表及技术要求等。

题目 5　设计填料塔

（1）已知设计参数　矿石焙烧炉送出的气体冷却至 20℃，通入填料塔用清水洗涤除去其中的 SO_2。炉气流量 1000 m^3/h，炉气平均分子量 32.16g/mol，洗涤水耗用量 2.26×10^4 kg/h。采用 25mm×25mm×2.5mm 的陶瓷拉西环以乱堆方式充填。取空塔气速为泛点气速的 73%。

（2）设计内容

① 利用计算机绘制该填料塔结构总图，且图中需标注主要部件尺寸、明细表及技术要求；

② 对支承栅板、液体再分布器、液体分布装置进行详细设计，利用计算机绘制其结构详图，图中需注明施工（制作）尺寸、构件明细表及技术要求。

题目 6　设计隔声罩

（1）已知设计参数　外壁使用 2mm 厚钢板制作，钢板的隔声量 $\overline{R} = 29$dB，平均吸声系数 $\overline{a}_1 = 0.01$。发电机的倍频程噪声频谱如表 11-2 所示。

表 11-2　发电机倍频程噪声频谱

序号	说明	倍频程中心频率 Hz							
		63	125	250	500	1000	2000	4000	8000
1	距机器 1m 处声压级/dB	90	99	109	111	106	101	97	81
2	机器旁允许声压级（NR-80）/dB	103	96	91	88	85	83	81	80

（2）设计内容

① 用计算机绘制隔声罩结构总图，图中需标注主要部件尺寸、明细表及技术要求；

② 对传动轴用消声器、橡胶垫进行详细设计，利用计算机绘制其结构详图，图中需注明施工（制作）尺寸、构件明细表及技术要求。

题目 7　设计 20t/h 锅炉的脱硫除尘装置

（1）已知设计参数

① 锅炉基础技术参数。

烟气量：$Q = 70000$ m^3/h；

烟气温度：160～180℃；

烟气中含 SO_2 浓度：1200～2000mg/m^3；

烟气中含尘浓度：2000mg/m^3；

锅炉燃烧煤的标准：2 号煤，含硫量小于 1%。

② 废碱液量。漂洗车间排放的废碱液量 7t/h，含 NaOH 10g/L，温度 80℃。

③ 锅炉除尘脱硫装置的设计要求。

除尘后烟气含尘浓度：150mg/m^3 以下；

脱硫后烟气中含 SO_2 量：360mg/m^3 以下。

经分析，该脱硫除尘设备大致有：除尘脱硫设备若干（包括水膜除尘器、脱硫塔、旋液分离器、碱液槽、泵等）；锅炉运行所需设备（包括引风机、烟囱、除尘烟道）；废液处理设备（曝气池、罗茨鼓风机）。

（2）设计内容

① 优化确定该脱硫除尘装置流程图，并用计算机绘制。

② 分别对水膜除尘器、脱硫塔、旋液分离器进行详细设计，利用计算机绘制其结构详图，图中需注明施工（制作）尺寸、构件明细表及技术要求。

题目8 设计工业废水处理工艺设备

（1）已知设计参数　某酿酒厂的废水由生产废水和少量生活污水组成，日均排水量约400t。生产废水 COD 为 500～2000mg/L，BOD 为 250～1500mg/L，SS 浓度平均为400mg/L，pH＝5～9；处理后的废水排入市政下水道，要求达到市政 A 级排放标准，即pH＝6～9，COD≤150mg/L，BOD≤150mg/L，SS 浓度≤160mg/L。

假如现已确定其废水处理工艺流程如图 11-13 所示。

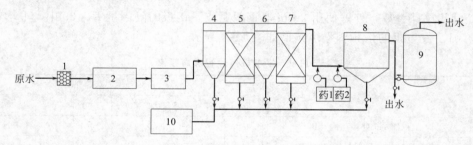

图 11-13　废水处理工艺流程

1—格栅机；2—地下兼性调节池；3—1#生物接触氧化池；4—1#沉淀池；5—2#生物接触氧化塔；
6—2#沉淀池；7—3#生物接触氧化塔；8—3#沉淀池；9—砂滤柱；10—污泥浓缩池

其工艺流程说明如下：

本水处理工艺流程由以下处理单元组成：格栅机、地下兼性调节池、1#地下生物接触氧化池、1#地上斜板沉淀池、2#与3#地上生物接触氧化塔、2#地上斜板沉淀池、地上加药系统、3#地上斜板沉淀池、地下清水贮池、地上砂滤柱，风机和废水提升泵均在地下设备间。

① 格栅机。截留水中较大污染物（瓶盖、标签等），以防对泵的损害，并可降低部分污染负荷。

② 地下兼性调节池。除了具有一般调节池均化废水水质、水量的作用外，此调节池实际还是一座兼性池，对难降解的有机化合物进行水解酸化，使整个处理流程具有良好的处理效果。调节池废水停留时间 8h。

③ 地下生物接触氧化池。采用穿孔管曝气，污泥负荷为 2.5kg BOD/（kg MLSS·d），停留时间 3.5h，COD 去除率为 50％左右。其出水泵到地上斜板沉淀池进行后续处理，该处理单元与调节池相连，有调节水质水量的功能。

④ 两段好氧生物接触氧化塔。采用钢结构，两塔串联，塔内装有聚氯乙烯软性纤维填料，生物量较大，易挂膜。1#塔停留时间 6h，2#塔停留时间 5h。经此二段处理，COD 去除率约为 85％。此两塔直接相连，中间不设二沉池，这是结构变形设计，目的是将3#生物

塔变成为活性污泥及生物接触氧化复合型处理系统，从而强化该单元处理效果。3#塔出水自流至 2#斜板沉淀池，进行固液分离。

⑤ 混凝沉淀系统。由两台计量泵定量加两种药剂到管道混合器，混合后流入与 3#斜板沉淀池相连的反应器，其出水流进 3#沉淀池进行固液分离，出水流进清水池后外排，若超标，经砂滤柱过滤后再外排。

⑥ 污泥脱水系统。三个斜板沉池底泥均排入地下污泥浓缩池进行浓缩脱水，三周后通过板框压滤机进一步脱水，污泥含水率为 65%左右，外运至垃圾场或作花木肥料。

（2）设计内容　对以下几种设备（构件）进行详细设计，利用计算机绘制其结构详图。

① 1#-2#生物接触氧化池；

② 1#沉淀池；

③ 板框压滤机。

要求设计图注明施工（制作）尺寸、构件明细表及技术要求。

11.5　教学建议

（1）本课程可以课程设计的成绩作为考核成绩。

（2）本课程在第 6 或第 7 学期开出为宜，课内教学 24 学时。可利用环保设备商业动画教学软件在多媒体上演示，以形象表达多种设备的外观、内部结构、运行过程，使学生取得感性认识。

（3）课堂教学与课程设计可平行进行，从课程开始讲授时就将课程设计任务逐步布置下去，让学生课下讨论研究、思考、温故知新，逐步完成设计，使学生在设计、绘图能力的训练上多下功夫。

（4）学生（或学生小组）应认真完成老师布置的具体题目或自选题目，使设计质量达到一般工程设计中的初步设计水平。

① 确定优化治理工艺，对设备关键参数进行设计和计算，编写说明书；

② 可只对工艺流程中的某一重要设备绘制 1～2 张设备总装图及 2～3 张零部件图，要保证机械设备图纸的绘制质量；

③ 对所选用或补充设计的设备与生产线的投资费用进行（静态与动态）分析，编写说明书；

④ 留出课堂时间，使学生（或学生小组）在讲台上各自介绍自己的设计及图纸，听取其他小组的修改意见与评价。

（5）教师对各组设计的图纸、说明书逐一给予审核；并通过讲评与总结，提高同学们相关的知识水平。

参考文献

［1］ 李明俊，孙洪燕.环保机械与设备.北京：中国环境科学出版社，2005.

［2］ 陈家庆.环保设备原理与设计.2版.北京：中国石化出版社，2008.

［3］ 陈家庆.环保设备原理与设计.3版.北京：中国石化出版社，2019.

［4］ 徐志毅.环境保护技术和设备.上海：上海交通大学出版社，1999.

［5］ 金兆丰.环保设备设计基础.北京：化学工业出版社，2005.

［6］ 周兴求.环保设备设计手册.北京：化学工业出版社，2004.

［7］ 郭立君.泵与风机.北京：中国电力出版社，1996.

［8］ 金毓崟，李坚，孙治荣.环境工程设计基础.北京：化学工业出版社，2002.

［9］ 杨德钧，沈卓身.金属腐蚀学.2版.北京：冶金工业出版社，1999.

［10］ 杨世伟，常铁军.材料腐蚀与防护.哈尔滨：哈尔滨工程大学出版社，2003.

［11］ 罗辉，胡亨魁，周才鑫.环保设备设计与应用.北京：高等教育出版社，2004.

［12］ 郑铭.环保设备——原理·设计·应用.北京：化学工业出版社，2001.

［13］ 刘宏.环保设备：原理·设计·应用.4版.北京：化学工业出版社，2019.

［14］ 张洪，李永峰，李巧燕.环境工程设备.哈尔滨：哈尔滨工业大学出版社，2016.

［15］ 郝吉明，马广大.大气污染控制工程.2版.北京：高等教育出版社，2004.

［16］ 叶三纯，闻浩南.现代膜设备与膜组件组装.北京：化学工业出版社，2015.

［17］ 张邦俊，翟国庆.环境噪声学.杭州：浙江大学出版社，2001.

［18］ HJ/T 90—2004.声屏障声学设计和测量规范.

［19］ 汪群慧.固体废物处理与资源化.北京：化学工业出版社，2004.

［20］ 周律.环境工程技术经济和造价管理.北京：化学工业出版社，2001.

［21］ 蔡纪宁，张秋翔.化工设备机械基础课程设计指导书.北京：化学工业出版社，2003.

［22］ 郭奇.环保设备的现状及发展趋势.设备管理与维修，2018（19）：122-123.

［23］ 王子昂.提高机械设计制造及其自动化的有效途径探讨.山东工业技术，2018（19）：62-63.

［24］ 段礼才.西门子 S7-1200 PLC 编程及使用指南.北京：机械工业出版社，2019.